建筑安装工程施工工长丛书

管道工长

夏 怡 主编

金盾出版社

内容提要

本书依据现行的管道工操作标准和规范进行编写,主要介绍了管道工程施工图识读,管道工程管理,管道工程常用材料,管材及管件加工制作,管道连接,管道焊接,管道支吊架与附件安装,管道安装,管道试压、吹扫与清洗,管道绝热与防腐,管道工程质量控制等内容。

本书可作为管道工长的职业培训教材,也可作为施工现场管道工长的常备参考书和自学用书。

图书在版编目(CIP)数据

管道工长/夏怡主编. -- 北京:金盾出版社,2012.8
(建筑安装工程施工工长丛书)
ISBN 978-7-5082-7501-7

Ⅰ.①管… Ⅱ.①夏… Ⅲ.①管道施工—基本知识
Ⅳ.①TU81

中国版本图书馆 CIP 数据核字(2012)第 051045 号

金盾出版社出版、总发行
北京太平路5号(地铁万寿路站往南)
邮政编码:100036 电话:68214039 83219215
传真:68276683 网址:www.jdcbs.cn
封面印刷:北京精美彩色印刷有限公司
正文印刷:北京万友印刷有限公司
装订:北京万友印刷有限公司
各地新华书店经销
开本:850×1168 1/32 印张:13.75 字数:356千字
2012年8月第1版第1次印刷
印数:1~6 000 册 定价:33.00 元

本书编委会

主　编　夏　怡

副主编　王笑冰　赵文华

参　编（按姓氏笔画排序）

　　　　　　马可佳　马艳敏　王春乐　刘书贤
　　　　　　曲彦泽　宋巧琳　张　健　张　彬
　　　　　　李　娜　杜　宝　郑大为　姜立娜
　　　　　　姜鸿昊　战　薇　蒋南琛　韩艳艳
　　　　　　雷　杰

前　言

　　管道工程是应用多种现代科学技术的综合性工程,它既包括大量的一般性建筑和安装工程,也包括专业性的工程施工技术。近年来,我国城市建设正在蓬勃发展,城市中的民用管道的安装范围不断拓展,技术发展也很快,同时对工人素质要求也越来越高。为了适应城市建设的需要,不断提高管道工长的素质和工作水平,我们根据国家最新颁布实施的标准、规范、规程以及行业标准,组织多年来从事管道安装和现场管理的工程师,汇集他们的实际工作经验,针对工长工作时所必需的参考资料和要求,编写了此书。

　　书中编入多种新材料、新工艺、新技术,具有很强的针对性、实用性和可操作性。内容深入浅出、通俗易懂。

　　本书体例新颖,包含"本节导读"和"技能要点"两个模块,在"本节导读"部分对该节内容进行概括,并绘制出内容关系框图;在"技能要点"部分对框图中涉及的内容进行详细的说明与分析。力求能够使读者快速把握章节重点,理清知识脉络,提高学习效率。

　　本书在编写过程中得到了有关领导和专家的帮助,在此一并致谢。由于时间仓促,加之作者水平有限,虽然在编写过程中反复推敲核实,但仍不免有疏漏之处,恳请读者热心指正,以便作进一步修改和完善。

编　者

目　　录

第一章　管道工程施工图识读

第一节　给水排水施工图识读

本节导读：

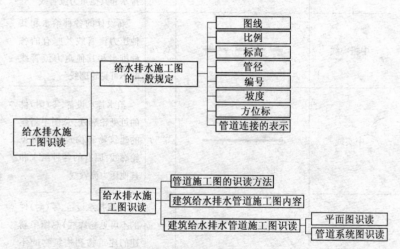

技能要点 1：给水排水识图的一般规定

1. 图线

(1)图线的宽度 b，应根据图纸的类型、比例大小等复杂程度，按照现行国家标准《房屋建筑制图统一标准》GB/T 50001—2010 中的规定选用。线宽 b 宜为 0.7mm 或 1.0mm。

(2)建筑给水排水专业制图，常用的各种线型宜符合表 1-1 的规定。

表 1-1　管道施工图常用线型

名　称	线　　型	线宽	用　　途
粗实线	━━━━━	b	新设计的各种排水和其他重力流管线
粗虚线	━ ━ ━ ━	b	新设计的各种排水和其他重力流管线的不可见轮廓线
中粗实线	─────	$0.7b$	新设计的各种给水和其他压力流管线;原有的各种排水和其他重力流管线
中粗虚线	─ ─ ─ ─	$0.7b$	新设计的各种给水和其他压力流管线及原有的各种排水和其他重力流管线的不可见轮廓线
中实线	────	$0.5b$	给水排水设备、零(附)件的可见轮廓线;总图中新建的建筑物和构筑物的可见轮廓线;原有的各种给水和其他压力流管线
中虚线	─ ─ ─ ─	$0.5b$	给水排水设备、零(附)件的不可见轮廓线;总图中新建的建筑物和构筑物的不可见轮廓线;原有的各种给水和其他压力流管线的不可见轮廓线
细实线	────	$0.25b$	建筑的可见轮廓线;总图中原有的建筑物和构筑物的可见轮廓线;制图中的各种标注线

续表 1-1

名称	线　型	线宽	用　途
细虚线	— — — — —	0.25b	建筑的不可见轮廓线;总图中原有的建筑物和构筑物的不可见轮廓线
单点长画线	— · — · —	0.25b	中心线、定位轴线
折断线	╱╲	0.25b	断开界线
波浪线	～～～	0.25b	平面图中水面线;局部构造层次范围线;保温范围示意线

(3)同一张图纸内,相同比例的各图样,应选用相同的线宽组。

(4)相互平行的图例线,其净间隙或者线中间隙不宜小于0.2mm。

(5)虚线、单点长画线或者双点长画线的线段长度和间隔,宜各自相等。

(6)单点长画线或者双点长画线,当在较小图形中绘制有困难时,可用实线代替。

(7)单点长画线或者双点长画线的两端,不应是点。点画线与点画线交接点或者点画线与其他图线交接时,应是线段交接。

(8)虚线与虚线交接或者虚线与其他图线交接时,应是线段交接。虚线为实线的延长线时,不得与实线相接。

(9)图线不得与文字、数字或者符号重叠、混淆,不可避免时,应首先保证文字的清晰。

2. 比例

(1)图样的比例,应为图形与实物相对应的线性尺寸之比。

(2)比例的符号应为":",比例应以阿拉伯数字表示。

(3)比例宜注写在图名的右侧,字的基准线应取平;比例的字高宜比图名的字高小一号或二号(图 1-1)。

平面图 1:100   1:20

图 1-1 比例的注写

（4）建筑给水排水专业制图常用的比例见表 1-2。

表 1-2 管道施工图常用比例

名　称	比　例	备　注
区域规划图、区域位置图	1：50000、1：25000、1：10000、1：5000、1：2000	宜与总图专业一致
总平面图	1：1000、1：500、1：300	宜与总图专业一致
管道纵断面图	竖向 1：200、1：100、1：50 纵向 1：1000、1：500、1：300	—
水处理厂(站)平面图	1：500、1：200、1：100	—
水处理构筑物、设备间、卫生间、泵房平、剖面图	1：100、1：50、1：40、1：30	—
建筑给水排水平面图	1：200、1：150、1：100	宜与建筑专业一致
建筑给水排水轴测图	1：150、1：100、1：50	宜与相应图纸一致
详图	1：50、1：30、1：20、1：10、1：5、1：2、1：1、2：1	—

（5）在管道纵断面图中，竖向与纵向可采用不同的组合比例。

（6）在建筑给水排水轴测系统图中，当局部表达有困难时，该处可以不用按照比例绘制。

（7）水处理工艺流程断面图和建筑给水排水管道展开系统图可以不用按照比例绘制。

3. 标高

（1）标高符号以及一般标注方法应符合现行国家标准《房屋建筑制图统一标准》(GB/T 50001—2010)的规定。

（2）室内工程应标注相对标高；室外工程宜标注绝对标高，当无绝对标高资料时，可标注相对标高，但应与总图专业一致。

（3）压力管道应标注管中心标高；重力流管道和沟渠宜标注管

(沟)内底标高。标高单位以 m 计时,可注写到小数点后第二位。

(4)在下列部位应标注标高:

1)沟渠和重力流管道。

①建筑物内应标注起点、变径(尺寸)点、变坡点、穿外墙及剪力墙处。

②需控制标高处。

2)压力流管道中的标高控制点。

3)管道穿外墙、剪力墙和构筑物的壁以及底板等处。

4)不同水位线处。

5)建(构)筑物中土建部分的相关标高。

(5)标高的标注方法应符合下列规定:

1)平面图中,管道标高应按照图 1-2 的方式标注。

2)平面图中,沟渠标高应按照图 1-3 的方式标注。

3)剖面图中,管道及水位的标高应按照图 1-4 的方式标注。

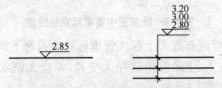

图 1-2　平面图中管道标高标注法

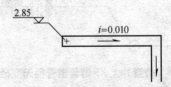

图 1-3　平面图中沟渠标高标注法

4)轴测图中,管道标高应按照图 1-5 的方式标注。

(6)建筑物内的管道也可以按照本层建筑地面的标高加管道安装高度的方式标注管道标高,标注方法应为 $H+\times\cdot\times\times$,$H$ 表示本层建筑地面标高。

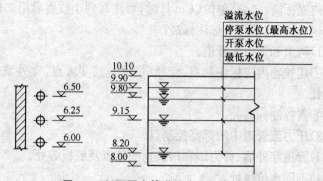

图1-4   剖面图中管道及水位标高标注法

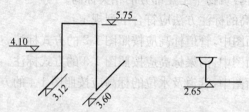

图1-5   轴测图中管道标高标注法

(7)总图管道布置图上标注管道标高宜符合下列规定:

1)检查井上、下游管道管径无变径,并且无跌水时,宜按照如图1-6所示的方式标注。

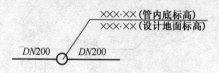

图1-6   检查井上、下游管道管径无变径并且无跌水时的管道标高标注

2)检查井内上、下游管道的管径有变化或有跌水时,宜按照如图1-7所示的方式标注。

3)检查井内一侧有支管接入时,宜按照如图1-8所示的方式标注。

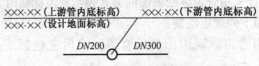

**图1-7 检查井内上、下游管道的管径有变化
或有跌水时管道标高标注**

4)检查井内两侧均有支管接入时,宜按照如图1-9所示的方式标注。

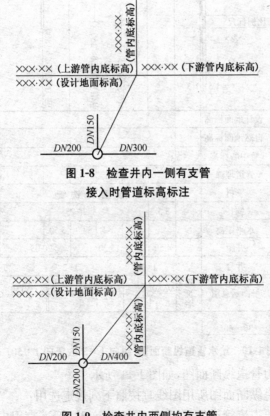

**图1-8 检查井内一侧有支管
接入时管道标高标注**

**图1-9 检查井内两侧均有支管
接入时管道标高标注**

(8)设计采用管道纵断面图的方式表示管道标高时,管道纵断面图宜按照下列规定绘制:

1)采用管道纵断面图表示管道标高时应包括下列图样和内容:

①压力流管道纵断面图如图 1-10 所示。

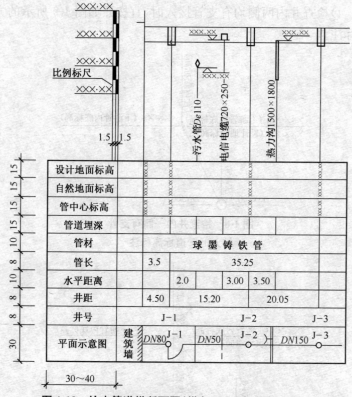

图 1-10   给水管道纵断面图(纵向 1∶500,竖向 1∶50)

②重力管道纵断面图,如图 1-11 所示。

2)管道纵断面图所用图线宜按照下列规定选用:

①当压力流管道管径不大于 400mm 时,管道宜用中粗实线单线表示。

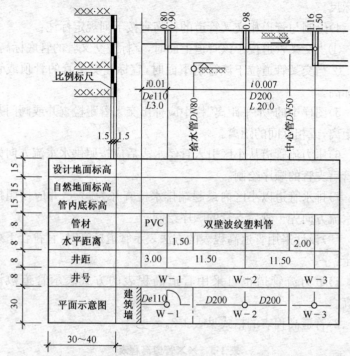

图1-11 污水(雨水)管道纵断面图(纵向1:500,竖向1:50)

②重力流管道除建筑物排出管外,不分管径大小均宜用中粗实线双线表示。

③图样中平面示意图栏中的管道宜用中粗单线表示。

④平面示意图中宜将与该管道相交的其他管道、管沟、铁路以及排水沟等按照交叉位置给出。

⑤设计地面线、竖向定位线、栏目分隔线、检查井、标尺线等宜用细实线来表示,自然地面线宜用细虚线来表示。

3)图样比例宜按照下列规定选用:

①在同一图样中可采用两种不同的比例。

②纵向比例应与管道平面图一致。

③竖向比例宜为纵向比例的1/10,并且应在图样左端绘制比

例标尺。

4)绘制与管道相交叉管道的标高宜按下列规定标注:

①当交叉管道位于该管道上面时,宜标注交叉管的管底标高。

②当交叉管道位于该管道下面时,宜标注交叉管的管顶或管底标高。

5)图样中的"水平距离"栏中应标出交叉管距检查井或阀门井的距离,或相互间的距离。

6)压力流管道从小区引入管经水表后应按照供水水流方向先干管后支管的顺序绘制。

7)排水管道以小区内最起端排水检查井为起点,并应按照排水水流方向先干管后支管的顺序绘制。

(9)设计采用管道高程表的方法表示管道标高时,宜符合下列规定:

1)重力流管道也可采用管道高程表的方式表示管道敷设标高。

2)管道高程表的格式见表1-3。

表1-3　　××管道高程表

序号	管段编号		管长(m)	管径(mm)	坡度(%)	管底坡降(m)	管低跌落(m)	设计地面标高(m)		管内底标高(m)		埋深(m)		备注
	起点	终点						起点	终点	起点	终点	起点	终点	

4.管径

(1)管径表示方法。管径以"mm"为单位。各类管材管径的标注方法,见表1-4。

表 1-4 各类管材管径标注方法

管道类别	管径规格表示
水煤气输送钢管（镀锌或非镀锌）、铸铁管等管材	公称直径 DN
建筑给水排水塑料管等管材	公称外径 dn
无缝钢管、焊接钢管（直缝或螺旋缝）等管材	外径 D×壁厚
铜管、薄壁不锈钢管等管材	公称外径 Dw
混凝土管、钢筋混凝土管等管材	内径 d

注：当设计中均采用公称直径 DN 表示管径时，应有公称直径 DN 与相应产品规格对照表。

（2）管径的标注。管径尺寸标注方法应符合下列规定：

1）单根管道时，管径应按照图 1-12a 的方式标注。

2）多根管道时，管径应按照图 1-12b 的方式标注。

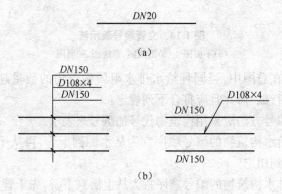

图 1-12 管径标注方式

（a）单管管径标注方式 （b）多管管径标注方式

5. 编号

（1）当建筑物的给水引入管或排水排出管的数量超过一根时，应进行编号，编号宜按照图 1-13 的方法表示。

（2）建筑物内穿越楼层的立管，其数量超过一根时，应进行编号，编号宜按照图 1-14 的方法表示。

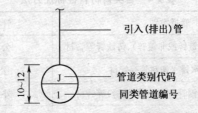

图 1-13　给水引入(排水排出)管编号表示法

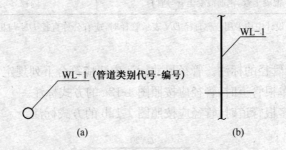

图 1-14　立管编号表示法
(a)平面图　(b)剖面图、系统图、轴测图

(3)在总图中,当同种给水排水附属构筑物的数量超过一个时,应进行编号,并且应符合下列规定:

1)编号方法应采用构筑物代号加编号来表示。

2)给水构筑物的编号顺序宜为从水源到干管,再从干管到支管,最后到用户。

3)排水构筑物的编号顺序宜为从上游到下游,先干管后支管。

(4)当给水排水工程的机电设备数量超过一台时,宜进行编号,并应有设备编号与设备名称对照表。

6. 坡度

管道为便于排水、排气应设置坡度。

$$坡度=\frac{两点间的高差}{两点间的水平距离}$$

坡度常用百分数、比例或者比值表示,坡向采用指向下坡方向的箭头表示,坡度百分数或比例数字应标注在箭头的短线上。用比值标注坡度时,常用倒三角形标注符号,铅垂边的数字常定为1,水平边上标注比值数字,如图1-15所示。

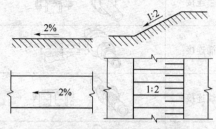

图1-15　坡度的标注方法

7. 方位标

方位标是用来确定管道安装方位基准的图标。在管道底层平面上,一般用指北针表示建筑物或管线的方位。单独的指北针用细实线画出,圆圈直径宜为24mm,指针的尾端宽度宜为直径的1/8。

在建筑总平面图或室外总体管道布置图上,除了用指北针外还可以用风向频率玫瑰图来表示朝向。在化工管道平面图上,可以用带有指北方向的坐标方位图表示朝向。

管道图方位标如图1-16所示。

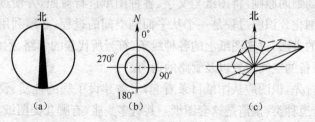

图1-16　方位标

(a)指北针　(b)坐标方位图　(c)风向频率玫瑰图

8. 管道连接的表示

管道的连接形式有很多种,最常见的几种管道连接形式及其规定符号见表1-5。

表 1-5　管道连接形式及其规定符号

序号	管道连接方式	图　　例	规定符号
1	法兰连接	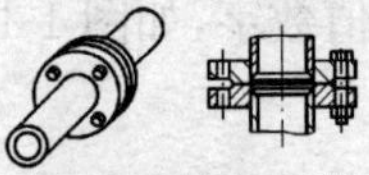	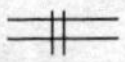
2	承插连接	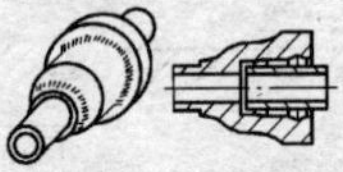	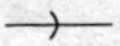
3	螺纹连接		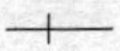
4	焊接连接	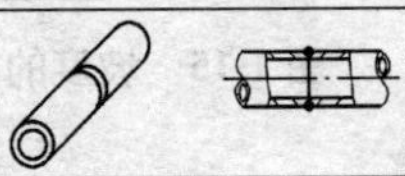	

法兰连接符号在平、立(剖)面图以及系统图中最为常见,承插、螺纹和焊接连接符号一般仅在系统图中出现。管道的连接形式一般需在施工说明中注明。

技能要点 2:管道施工图的识读方法

各种管道施工图的识图方法应遵循从整体到局部、从大到小、从粗到细的原则,将图纸与文字、各种图纸进行对照,方便逐步深入和细化。识图过程是一个从平面到空间的过程,必须利用投影还原的方法,再现图纸上的各种线条、符号所代表的管路、附件、器具、设备的空间位置以及管路的走向。

首先,识图应从图纸目录看起,了解建设工程的性质、设计单位、管道种类,搞清楚这套图纸一共有多少张,有哪几类图纸,以及图纸编号;其次看施工说明书、材料表、设备表等一系列文字说明,然后按照流程图(原理图)、平面图、立(剖)面图、系统轴测图及详图的顺序,逐一详细阅读。由于图纸的复杂性和表示方法的不同,各种图纸之间应该相互补充,相互说明,所以,在看图的过程中,不能死板地一张一张地看,而应该将内容相同的图纸对照起来看。

对于每一张图纸,识图时,首先从标题栏看起,了解图纸名称、比例、图号、类别以及设计人员,其次看图纸上所画的内容、文字说明和各种数据,弄清管线编号、管路走向、介质流向、坡度坡向、管径大小、连接方法、尺寸标高和施工要求;对于管路中的管子、管件、附件、支架、器具(设备)等,应弄清楚材质、名称、种类、规格、型号、数量、参数等,同时还要弄清楚管路与建筑物、设备之间的相互依存关系和定位尺寸。

技能要点3:建筑给水排水管道施工图内容

建筑内部给排水管道施工图主要包括平面图、系统图和详图三部分。主要内容见表1-6。

表1-6 建筑给排水管道施工图内容

序号	项目	内 容
1	平面图	建筑给排水管道平面布置图是施工图中最重要和最基本的图样,其比例为1:50和1:100两种。主要表明室内给水排水管道、卫生器具和用水设备的平面布置。识读时应掌握的主要内容和注意事项有以下几点: (1)查明卫生器具、用水设备(开水炉、水加热器)和升压设备(水泵、水箱)的类型、数量、安装位置、定位尺寸 (2)弄清给水引入管和污水排出管的平面位置、走向、定位尺寸、与室外给排水管网的连接方式、管径及坡度 (3)查明给水排水干管、主管、支管的平面位置与走向、管径尺寸及立管编号 (4)对于消防给水管道应查明消火栓的布置、口径大小及消火栓箱形式与设置;对于自动喷水灭火系统,还应查明喷头的类型、数量以及报警阀组等消防部件的平面位置、数量、规格、型号 (5)应查明水表的型号、安装位置及水表前后的阀门设置情况 (6)对于室内排水管道,应查明清通设备的布置情况,同时,弯头、三通应考虑是否带检修门;对于大型厂房的室内排水管道应注意是否设有室内检查井以及检查井的进出管与室外管道的连接方式;对于雨水管道应查明雨水斗的布置、数量、规格、型号,并结合详图查清雨水管与屋面天沟的连接方式及施工做法

续表 1-6

序号	项目	内　　容
2	系统图	给水和排水管道系统图是分系统绘制成的正面斜等轴测图,主要表明管道系统的空间走向。识读时应掌握的主要内容和注意事项如下: (1)查明给水管道系统的具体走向,干管敷设形式,管径尺寸,阀门设置以及管道标高;识读给水系统图时,应按照引入管、干管、立管、支管及用水设备的顺序进行 (2)查明排水管道系统的具体走向、管路分支情况,管径尺寸、横管坡度、管道标高、存水弯形式、清通设备设置型号、弯头、三通的选用是否符合规范要求;识读排水管道系统图时,应按卫生器具或排水设备的存水弯、器具排水管、排水横管、立管、排出管的顺序进行
3	详图	室内给排水管道详图主要包括:管道节点、水表、消火栓、水加热器、开水炉、卫生器具、穿墙套管、排水设备、管道支架等,图上均注有详细尺寸,可供安装时直接使用

技能要点 4:建筑给水排水管道施工图识读

1.平面图识读

如图 1-17～图 1-20 所示是某中学办公楼的管道平面图。如图 1-17 所示为底层管道平面图,由于比例较小,管道在该平面图中不太清晰,因此,如图 1-18～图 1-20 所示是将管道集中的房间放大画出,以方便读图。下面以此为例来识读管道平面图。

(1)明确配水器具和卫生设备。从图中可以看出,该办公楼共有四层,要了解各层给水排水平面图中,哪些房间布置有配水器具和卫生设备,以及这些房间的卫生设备的布置情况。从管道平面图中可以看出,该建筑为南北朝向的四层建筑,用水设备集中在每层的盥洗室和男、女厕所内。在盥洗室内有三个放水龙头的盥洗槽和一个污水池,在女厕所内有一个蹲式大便器,在男厕所内有两个蹲式大便器和一个小便槽。

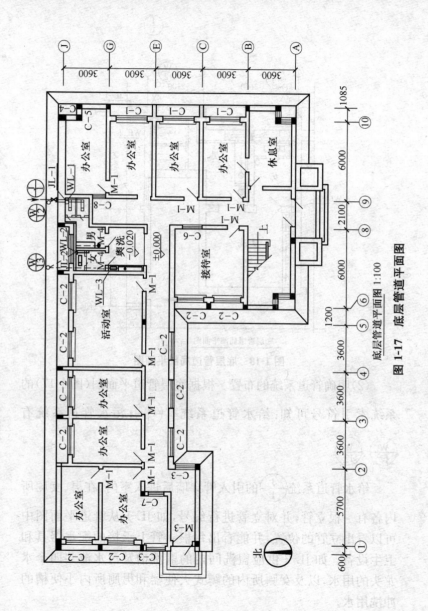

底层管道平面图 1:100

图 1-17 底层管道平面图

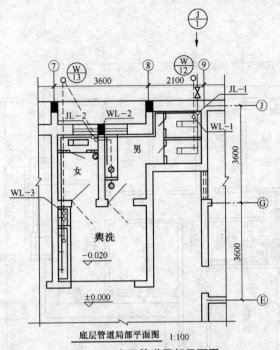

底层管道局部平面图 1:100

图 1-18 底层管道局部平面图

(2)明确管道系统的布置。根据底层管道平面图(图 1-17)的系统索引符号可知:给水管道系统有 $\frac{J}{1}$;污水管道系统有 $\frac{W}{12}$、$\frac{W}{13}$。

给水管道系统 $\frac{J}{1}$ 的引入管穿墙后进入室内,在男、女厕所内各有一根立管,并对立管进行编号,如 JL-1 从管道平面图中可以看出立管的位置,并能看出每根立管上承接的配水器具和卫生设备。如 JL-2 供应盥洗间内的盥洗槽及污水池共四个水龙头的用水,以及女厕所内的蹲式大便器和男厕所内小便槽的冲洗用水。

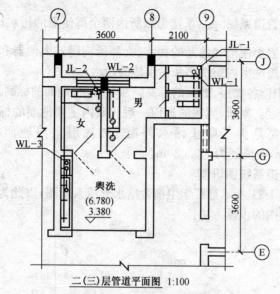

二(三)层管道平面图 1:100

图 1-19 二(三)层管道平面图

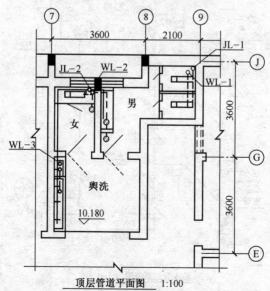

顶层管道平面图 1:100

图 1-20 顶层管道平面图

污水管道系统 $\dfrac{W}{12}$ 承接男厕所内两个蹲便器的污水；$\dfrac{W}{13}$ 承接男厕所内小便槽和地漏的污水、女厕所内蹲式大便器和地漏的污水以及盥洗室内盥洗槽和污水池的污水。

(3)识读各楼层、地面的标高。从各楼层、地面的标高,可以看出各层高度。厕所、厨房的地面一般比室内主要地面的标高低一些,这主要是为了防止污水外溢。如底层室内地面标高为±0.000m,盥洗间为−0.020m。

2.管道系统图识读

如图 1-21 所示是某学生宿舍给水管道系统图,以此为例说明管道系统图的识读方法。

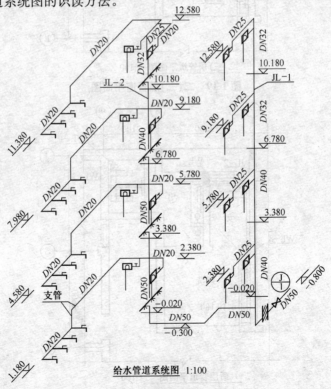

给水管道系统图 1:100

图 1-21　给水管道系统图

　　(1)按一定顺序识读。一般从室外引入管开始,按照其水流流程方向,依次为引入管、水平干管、立管、支管、卫生器具。例如有水箱,则要找出水箱的进水管,再从水箱的进水管、水平干管、立管、支管、卫生器具依次识读。

　　(2)识读各个给水管道系统的具体位置、线路及标高等。如底层给水管道系统$\frac{J}{1}$识读如下。首先与底层管道平面图(图1-18)配合识读,找出$\frac{J}{1}$管道系统的引入管。从图1-21可以看出,室外引入管为$DN50$,其上装一阀门,管中心标高为-0.800m;$DN50$的进水管进入男厕所后,在墙内侧穿出底层地面(-0.020m)作为立管JL-1($DN40$)。在JL-1标高为2.380m处接一根沿⑨轴墙$DN25$的支管,其上连接大便器冲洗水箱两个。在JL-1标高为-0.300m处接一根$DN50$的管道同厕所北墙平行,穿墙后在女厕所墙角处穿出底层地面作为JL-2($DN50$)。在JL-2标高为2.380m处接出支管,其中一支上接小便槽的冲洗水箱,另一支上连接大便器的冲洗水箱并沿⑦轴墙进入盥洗室,降至标高为1.180m,其上接四个水龙头。

第二节　暖通空调施工图识读

本节导读:

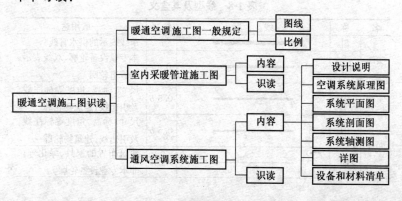

技能要点 1：暖通空调施工图一般规定

1. 图线

（1）图线的基本宽度 b 和线宽组，应根据图样的比例、类别及使用方式确定。

（2）基本宽度 b 宜选用 0.18mm、0.35mm、0.5mm、0.7mm、1.0mm。

（3）图样中仅使用两种线宽时，线宽组宜为 b 和 $0.25b$；三种线宽的线宽组宜为 b、$0.5b$ 和 $0.25b$，并应符合表 1-7 的规定。

（4）在同一张图纸内，各不同线宽组的细线，可统一采用最小线宽组的细线。

（5）暖通空调专业制图采用的线型及其含义，宜符合表 1-8 的规定。

表 1-7　线宽

线宽	线宽组（mm）			
b	1.4	1.0	0.7	0.5
$0.7b$	1.0	0.7	0.5	0.35
$0.5b$	0.7	0.5	0.35	0.25
$0.25b$	0.35	0.25	0.18	(0.13)

注：需要缩微的图纸，不宜采用 0.18 以及更细的线宽。

表 1-8　线型及其含义

名　称		线　型	线宽	一般用途
实线	粗		b	单线表示的供水管线
	中粗		$0.7b$	本专业设备轮廓、双线表示的管道轮廓
实线	中		$0.5b$	尺寸、标高、角度等标注线及引出线；建筑物轮廓
实线	中		$0.5b$	尺寸、标高、角度等标注线及引出线；建筑物轮廓
	细		$0.25b$	建筑布置的家具、绿化等；非本专业设备轮廓

续表 1-8

名 称		线 型	线宽	一般用途
虚线	粗	▬ ▬ ▬ ▬	b	回水管线及单根表示的管道被遮挡的轮廓
	中粗	▬ ▬ ▬ ▬	$0.7b$	本专业设备及双线表示的管道被遮挡的部分
	中	– – – –	$0.5b$	地下管沟、改造前风管的轮廓线;示意性连线
	细	- - - - -	$0.25b$	非本专业虚线表示的设备轮廓等
波浪线	中	〜〜〜〜	$0.5b$	单线表示的软管
	细	～～～～	$0.25b$	断开界线
单点长画线		— · — · —	$0.25b$	轴线、中心线
双点长画线		— ·· — ·· —	$0.25b$	假想或工艺设备轮廓线
折断线		—/\—	$0.25b$	断开界线

(6)图样中也可使用自定义图线及含义,但应明确说明,且其含义不应与本标准发生矛盾。

2. 比例

总平面图、平面图的比例,宜与工程项目设计的主导专业一致,其余可按照表 1-9 选用。

表 1-9 比例

图 名	常用比例	可用比例
剖面图	1:50、1:100	1:150、1:200
局部放大图、管沟断面图	1:20、1:50、1:100	1:25、1:30、1:150、1:200
索引图、详图	1:1、1:2、1:5、1:10、1:20	1:3、1:4、1:15

技能要点 2:室内采暖管道施工图内容

室内采暖管道施工图主要表示一栋建筑物的供暖系统,一般包括平面图、系统图、详图。主要内容见表 1-10。

表 1-10　室内采暖管道施工图内容

序号	项　目	内　容
1	平面图	平面图表示的是建筑物内采暖管道及设备的平面布置,主要内容如下: (1)建筑物的层数、平面布置 (2)热力入口位置、散热器的位置、种类、片数和安装方式 (3)管道的布置、干管管径和立管编号 (4)主要设备或管件的布置
2	系统图	采暖系统图与平面图配合,反映了采暖系统的全貌,系统图内容如下: (1)管道布置方式 (2)热力入口管道、立管、水平干管走向 (3)立管编号、各管段管径和坡度、散热器片数、系统中所用管件的位置、个数和型号等
3	详图	采暖施工图的详图包括标准图和节点图两种。标准图是详图的重要组成部分。供水管、回水管与散热器之间的连接形式、详细尺寸和安装要求,均可用标准图表示。采暖管道施工中常用标准图的内容如下: (1)膨胀水箱、冷凝水箱的制作、配件与安装 (2)分汽罐、分水器、集水器的构造、制作与安装 (3)疏水器、减压阀、减压板的组成形式和安装方法 (4)散热器的连接与安装要求 (5)采暖系统立管、支管、干管的连接形式 (6)管道支架、吊架的制作与安装 (7)集汽罐的制作与安装
4	设计与施工说明	设计与施工说明是设计图的重要补充,一般有以下内容: (1)热源的来源、热媒参数、散热器型号 (2)安装、调整运行时应遵循的标准和规范 (3)施工图表示的内容 (4)管道连接方式及材料等

技能要点 3:室内采暖管道施工图识读

　　如图 1-22 所示是某办公大厦一层和二层采暖平面图,如图 1-23 所示是该办公大厦采暖系统图,识读时将平面图与系统图对照起来看。

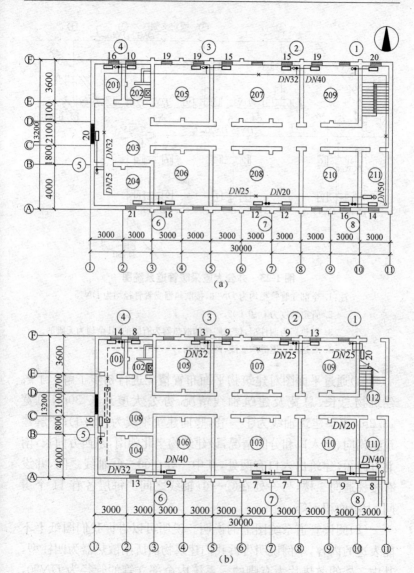

图 1-22　办公大厦采暖管道平面图

(a)二层采暖平面图　(b)一层采暖平面图

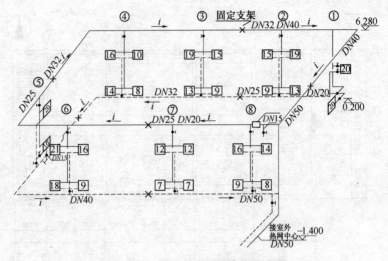

图 1-23　办公大厦采暖管道系统图

注：1. 全部立管管径均为 $DN20$，接散热器支管管径均为 $DN15$。

　　2. 管道坡度为 $i=0.002$。

　　3. 散热器为四柱型，仅二层楼的散热器为有脚的，其余均为无脚的。

　　4. 管道刷一道醇酸底漆，两道银粉。

　　(1)通过平面图对建筑物平面布置情况进行初步了解。了解建筑物总长、总宽及建筑轴线情况，办公大厦总长 30m，总宽 13.2m，水平建筑轴线为①～⑪，竖向建筑轴线为Ⓐ～Ⓕ；了解建筑物朝向、出入口和分间情况，该建筑物坐北朝南，东西方向长，南北方向短，建筑出入口有两处，其中一处在⑩～⑪轴线之间，并设有楼梯通向二楼，另一处在Ⓒ～Ⓓ轴线之间。每层各有 11 个房间，大小面积不等。

　　(2)阅读管道系统图上的说明。说明可以告诉我们图纸上不能表达的内容，本例说明告诉我们建筑物内所用散热器为四柱型，其中二楼的散热片为有脚的。系统内全部立管的管径为 $DN20$，散热器支管管径均为 $DN15$。水平管道的坡度均为 $i=0.002$，管道油漆的要求是一道醇酸底漆，两道银粉漆，回水管过门装置可见标准图。

(3)掌握散热器的布置情况。本例除在建筑物两个入口处散热器布置在门口墙壁上外,其余的散热器全部布置在各个房间的窗台下,散热器的片数都标注在散热器图例内或边上,如107房间两组散热器均为9片,207房间两组散热器均为15片。

(4)了解系统形式及热力入口情况。通过对系统图的识读,可以知道本例系双管上分式热水采暖系统,热煤干管管径$DN50$,标高-1.400由南向北穿过Ⓐ轴线外墙进入111房间,在Ⓐ轴线和11轴线交角处登高,并在总立管安装阀门。

(5)查明管路系统的空间走向、立支管设置、标高、管径、坡度等。本例总立管登高至二楼6.000m,在顶棚下面沿墙敷设,水平干管的标高以⑪轴线和Ⓕ轴线交角处的6.280m为基准,按$i=0.002$的坡度和管道长度进行计算求得。干管的管径依次为$DN50$、$DN40$、$DN32$、$DN25$和$DN20$。通过对立管编号的查看,本例一共8根立管,立管管径全部为$DN20$,立管为双管式,与散热器支管用三通和四通连接。回水干管的起始端在109房间,标高0.200m,沿墙在地板上面敷设,坡度与回水流动方向同向,水平干管在109房间过门处,返低至地沟内绕过大门,具体走向和做法在系统图有所表示,如果还不清楚的话,可以查阅标准图。回水干管的管径依次为$DN20$、$DN25$、$DN32$、$DN40$、$DN50$,水平管在111房间返低至-1.400m,回水总立管上装有阀门。

在供水立管始端和回水立管末端都装有控制阀门(1号立管上未装,装在散热器的进出口的支管上)。

(6)查明支架及辅助设备的设置情况。干管上设有固定支架,供水干管上有4个,回水干管上有3个,具体位置在平面图上已表示出来了,立、支管上的支架在施工图是不画出来的,应按规范规定进行选用和设置。在供水干管的末端设有集气罐(在211房间内),为横式Ⅱ型,集气罐需要加工制作,其加工详图如图1-24所示。

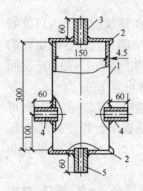
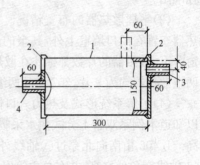

图 1-24 集气罐构造

1. 外壳 2. 盖板 3. 放空气管 4. 供水干管 5. 供水立管

(7)采暖管道施工图有些画法是示意性的,有些局部构造和做法在平面图和系统图中无法表示清楚,因此在看平面图和系统图的同时,根据需要查看部分标准图。例如水平干管与立管的连接方法如图 1-25 所示,散热器与立支管的连接方法如图 1-26 所示,散热器安装所用卡子或托钩的数量及位置如图 1-27 所示(图中的数字为散热器的片数)。

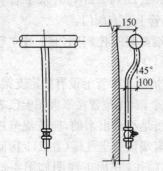
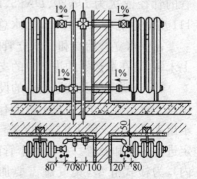

图 1-25 干管和立管的连接方法   **图 1-26 热水双管散热器连接**

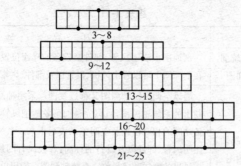

图 1-27 柱形散热器卡子安装数量和位置

技能要点 4:通风空调系统施工图内容

通风空调系统施工图内容见表 1-11。

表 1-11 通风空调系统施工图内容

序 号	项 目	内 容
1	设计说明	设计说明中应包括以下内容: (1)工程性质、规模、服务对象以及系统工作原理 (2)通风空调系统的工作方式、系列划分和组成以及系统总送风量、排风量和各风口的送风量、排风量 (3)通风空调系统的设计参数。如室外气象参数、室内温湿度、室内含尘浓度、换气次数以及空气状态参数等 (4)施工质量要求和特殊的施工方法 (5)保温、油漆等的施工要求
2	空调系统原理图	系统原理方框图是综合性的示意图,它将空气处理设备、通风管路、冷热源管路、自动调节及检测系统联结成一个整体,构成一个整体的通风空调系统。它表示了系统的工作原理以及各环节的有机联系。这种图样一般通风空调系统中不绘制,只在比较复杂的通风空调工程中才绘制
3	系统平面图	在通风空调系统中,平面图上表明风管、部件以及设备在建筑物内的平面坐标位置。其中包括: (1)风管,送、回(排)风口,风量调节阀,测孔等部件和设备的平面位置,与建筑物墙面的距离以及各部位尺寸 (2)送、回(排)风口的空气流动方向 (3)通风空调设备的外形轮廓、规格型号以及平面坐标位置

续表 1-11

序　号	项　目	内　容
4	系统剖面图	剖面图上表明风管、部件及设备的立面位置及标高尺寸。在剖面图上可以看出风机、风管以及部件、风帽的安装高度
5	系统轴测图	通风空调系统轴测图又称透视图。采用轴测投影原理绘制出的系统轴测图,可以完整而形象地把风管、部件以及设备之间的相对位置及空间关系表示出来。系统轴测图上还注明风管、部件以及设备的标高,各段风管的规格尺寸,送、排风口的形式和风量值。系统轴测图一般用单线表示 识读系统图能帮助我们更好地了解和分析平面图和剖面图,更好地理解设计意图
6	详图	通风空调详图表明风管、部件及设备制作和安装的具体形式、方法和详细构造及加工尺寸。对于一般性的通风空调工程,通常都使用国家标准图册,对于一些有特殊要求的工程,则由设计部门根据工程的特殊情况设计施工详图
7	设备和材料清单	通风、空调施工图中的设备材料清单是将工程中所选用的设备和材料列出规格、型号、数量,作为建设单位采购、订货的依据

技能要点 5:通风空调系统施工图识读

图 1-28 和表 1-12 为某车间排风系统的平面图、剖面图、系统轴测图及设备材料清单。该系统属于局部排风,其作用是将工作台上的污染空气排到室外,用来保证工作人员的身体健康。系统工作状况是由排气罩到风机为负压吸风段,由风机到风帽为正压排风段。

(1)施工图设计说明的识读。从施工图设计说明中可以了解到:

1)风管采用 0.7mm 的薄钢板;排风机使用离心风机,型号为 4-72-11,所附电机是 1.1kW;风机减振底座采用 N0.4.5A 型。

2)加工要求:使用咬口连接,法兰采用扁钢加工制作。

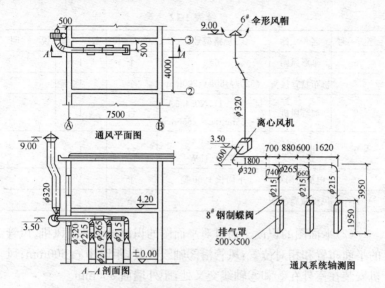

图 1-28 排风系统施工图

说明:1. 通风管用 0.7mm 薄钢板。

2. 加工要求:

①采用咬口连接。

②采用扁钢法兰盘。

③风管内外表面各刷樟丹漆 1 遍,外表面刷灰调和漆 2 遍。

3. 风机型号 4-72-11,电机 1.1kW,减振台座 NO.4.5A。

3)油漆要求:风管内表面、外表面各刷樟丹漆一遍,灰调和漆两遍。

表 1-12 设备材料清单

序 号	名 称	规格型号	单 位	数 量	说 明
1	圆形风管	薄钢板 $\delta=0.7$mm,$\phi215$	m	8.50	
2	圆形风管	薄钢板 $\delta=0.7$mm,$\phi265$	m	1.30	
3	圆形风管	薄钢板 $\delta=0.7$mm,$\phi320$	m	7.80	
4	排气罩	500mm×500mm	个	3	
5	钢制蝶阀	8#	个	3	

续表 1-12

序　号	名　　称	规格型号	单　位	数　量	说　明
6	伞形风帽	6#	个	1	
7	帆布软管接头	$\phi320/\phi450L=200mm$	个	1	
8	离心风机	4—72—11，NO. 4.5A $H=65mm$，$L=2860mm$	台	1	
9	电动机	J02—21-4 $P=1.1kW$	台	1	
10	电机防雨罩	下周长 1900 型	个	1	
11	风机减震台座	—	座	1	

（2）平面图的识读。通过对平面图的识读可了解到风机、风管的平面布置和相对位置：风管沿③轴线安装，距墙中心 500mm；风机安装在室外在③和Ⓐ轴线交叉处，距外墙面 500mm。

（3）剖面图的识读。通过对 A—A 剖面图的识读可以了解到风机、风管、排气罩的立面安装位置、标高和风管的规格。排气罩安装在室内地面，标高是相对标高±0.00，风机中心标高为＋3.50m。风帽标高为＋9.00m。风管干管为 $\phi320$，支管为 $\phi215$，第一个排气罩和第二个排气罩之间的一段支管为 $\phi265$。

（4）系统轴测图的识读。通过识读平面图和剖面图已对整个排风系统有了一个大致的印象，然后再识读系统轴测图，就可对整个系统有一个清楚地认识了。系统轴测图形象具体地表达了整个系统的空间位置和走向，还反映了风管的规格和长度尺寸，以及通风部件的规格型号等。

实际工作中，识读通风空调施工图时，常将平面图、剖面图、系统轴测图等几种图样结合起来一起识读，可随时对照，一种图样未表达清楚的地方可以立即查看另一种图样。这样大大节省了看图时间，能对图纸有深入的了解，还能发现图纸中存在的问题。

第二章　管道工程管理

第一节　管道工程施工组织设计

本节导读：

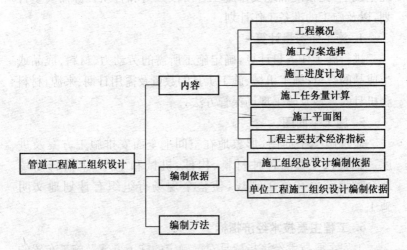

技能要点1：施工组织设计的内容

　　施工组织设计是根据施工图设计阶段的设计图纸和有关技术文件编制的。编制时，应结合工程实际状况，考虑当地的施工条件和施工水平，具体内容如下：

1. 工程概况

　　主要介绍建设工程的性质和特点，施工地区的气象、地形、地质和水文情况，以及该地区原有各类管道的分布情况；施工力量、施工条件;劳动力、材料、机具等的供应情况。

2. 施工方案选择

依据工程概况,结合人力、材料、机具等条件,合理安排总的施工顺序,选择最佳的施工方法及组织技术措施。通过进行施工方案的技术经济比较来确定最佳方案。

3. 施工进度计划

根据建设单位对工期的要求,确定施工延续时间和开工与竣工日期;确定各项具体的施工顺序;工期、成本、资源等方面通过采用计划的方法,进行计算和调整,使其达到工程既定的目标。并在此基础上,比较准确地安排施工各阶段人力和各项资源需要量计划,以及施工的准备工作计划。

4. 施工任务量计算

进行施工任务量计算,确定施工所需的劳动力、材料、成品或半成品的数量;施工机械、施工工具的数量及需用日期、来源;材料和机具的运输及施工现场保管方法。

5. 施工平面图

通过施工平面图,形象地在空间上全面安排施工方案及进度。把投入工程的各种材料、构件、机械和生产、生活行动场地合理地布置在施工现场,使整个现场有组织有计划地文明施工。

6. 工程主要技术经济指标

工程主要技术经济指标是对已确定的施工方案及施工布置的技术经济效益进行全面的评价,用来衡量组织施工的水平。它包括施工周期、劳动生产率、工程质量评定、降低成本指标、安全生产指标、材料节约以及工程机械的使用费率等。

技能要点 2:施工组织设计的编制依据

1. 施工组织总设计编制依据

(1)计划文件。如国家批准的基本建设计划文件,单位工程项目一览表,分期分批投产的期限要求,投资指标和工程所需设备材料的订货指标,建设地点所在地区主管部门的批件,施工单位的中标文件或施工单位主管上级下达的施工任务书等。

(2)设计文件。如批准的初步设计或技术设计说明书,总概算或修改的总概算和已批准的计划任务书。

(3)建设地区的调查研究资料。如气象、地质、地形、地方资源、交通运输条件和公用设施等。

(4)定额文件。包括概算指标、预算定额、劳动定额、概算额、工期定额等。

(5)有关上级的指示及国家现行的规范、规定、法规,地区颁发的安全、消防、环保等管理制度。

(6)类型相似或近似项目的经验资料。

(7)土建单位编制的施工组织总设计。

2. 单位工程施工组织设计编制依据

(1)施工图纸。包括本工程的全部施工图、设计说明书以及所需要的标准图。

(2)建设单位的投产使用计划、土建单位的施工进度计划、开竣工时间、工期以及土建安装相互配合交叉施工的要求。

(3)国家现行和本地区本企业颁发的规范、规定、规程、法规,以及安全、消防、环保等管理制度。

(4)设备、材料的申购订货资料(引进设备、材料的到货日期)。

(5)工期定额、预算定额和劳动定额。

(6)类似工程项目的经验资料,标准工艺卡以及新技术、新工艺等资料。

(7)施工组织总设计对本工程的原则规定和部署。

技能要点3:施工组织设计的编制方法

(1)在各种施工过程中,客观上各工序间存在着一定的工艺关系,施工时一定要合理地安排好各工序的先后顺序。如室内给水管道施工时,应先安装房屋的引入管,然后安装干管、立管和支管,最后安装各用水设备的配水管和配水附件。若打乱了这一顺序,不但会给施工带来某些不便,而且还会给施工质量和施工进度带来一定影响。在合理安排施工工序的同时,还应采用正确的施工方法,考虑施工机具可能具备的能力,并兼顾施工组织、工程质量及安全要求。例如,在大型土方工程中,一定要考虑土方量平衡规划,减少往返运输。此外,还应考虑当时的气象条件和施工现场的安全技术要求;在寒冷地区冬季来临之前,一定要先安排室外工程和埋地管道的施工,特别是需要破土的地下工程;在同一垂直面的空间不应上下同时施工,如在楼板或屋面板吊装时,该层的管道安装工作就必须停止。

(2)合理地制定施工进度,以便工程施工能连续均衡地进行,以利于提高技术操作水平,确保工程质量,节省人力物力。

(3)对建筑安装工程施工中消耗的大量人力、物力进行精密的计算。防止计算上的重复劳动,施工部门可直接引用设计文件所附带的设计概算及其他有关数据。单位工程或季节性施工设计中的实物工程量,可根据施工图预算或施工图直接计算。在进行工程量计算时,应遵照相应的计算规则,并结合施工方法和技术措施的要求。

(4)科学地进行施工总平面图布置。按照国家和各地区的规定,既要满足施工要求,又不能过分求全。在保证顺序施工的前提下,尽量少占用土地;尽量利用已有设施或永久工程做施工临时工程;尽量地减少材料、设备的二次倒运;布置总平面图时,还需符合施工安全操作要求及文明施工、工地防火等有关规定。

第二节　管道工程施工管理

本节导读：

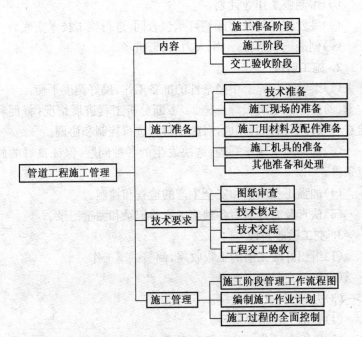

技能要点 1：管道工程施工管理内容

　　施工管理全过程按照阶段可划分为施工准备、施工、交工验收三个阶段。由于施工管理范围比较广泛，与各专业管理的配合关系密切，而且各地区安装企业机构设置也不完全相同，因此，在施工全过程中各个不同阶段，施工管理工作的重点和具体内容是不同的。一般安装企业施工管理工作包括的基本内容如下：

1. 施工准备阶段

(1)熟悉和审查图纸,摸清工程情况。

(2)编制施工图预算和施工预算。

(3)编制施工组织设计或施工方案。

(4)合理设计和布置好施工现场。

(5)编制施工作业计划。

(6)签发施工任务书或签订承包合同,进行施工技术交底。

(7)创造施工条件,组织人力、物资进场。

2. 施工阶段

(1)继续进行施工中经常性的准备工作,搞好调度平衡。

(2)按照计划组织综合施工,不断分析工程进展情况,督促和检查各项计划指标的完成,对施工过程进行控制和协调。

(3)加强施工现场管理,解决发生的各种问题,保证良好的施工条件。

(4)加强工程质量和安全生产的检查和控制。

(5)认真及时地填写各种施工原始记录和测量记录。

3. 交工验收阶段

(1)组织好竣工前的工程收尾,调整试车工作。

(2)整理交(竣)工资料。

(3)办理交(竣)工手续。

(4)提出工程结算资料。

(5)组织人员分期分批撤离现场。

技能要点 2:管道工程施工准备

1. 技术准备

决定施工之前的准备,前提是认真审阅图纸资料,按照设计要求进行具体准备工作。技术方面的准备主要有以下几方面:

(1)了解管线的介质种类、工作参数和流程,用来确定施工管段的影响范围。

(2)对于大型的工程应编制施工组织设计。另外,对影响生产、生活一天以上的安装工程还应编出简要施工计划。

(3)落实水电等施工动力来源。

(4)明确提出施工的范围和质量标准,并且根据具体情况制定出合理可行的施工周期。

(5)除事故性或灾害性抢修施工外,对于一般安装维修工程应办理检修影响范围内的管道停止运行手续,对需要动土、动火的管道部位、场所,还需要办理动土、动火手续,并且还应得到主管部门的批准后方可施工。

(6)操作人员必须了解所施工管道介质的性质和技术安全要求;特别是在进行易燃、易爆、易中毒、易灼伤等类的管道施工时,要严格规定并遵守安全要求。

2. 施工现场的准备

管道施工现场准备的原则是力求方便施工、保证安全,但根据工程量的大小可以有所不同。

(1)按照防火要求安排设置施工指挥部办公室、休息室、作业工棚、检修用的大型机具及材料堆放场所。

(2)施工现场和道路必须保持畅通,道路宽度和转弯半径必须保证符合行车安全要求,架空的管线净空高度必须保证各种车辆的安全通行。

(3)施工现场内的危险地区,如坑、井、高压电气设备等,需设立危险标志,夜间要设红灯信号。楼层面的孔洞应加设牢靠的盖板或围栏。

(4)施工现场应有足够的照明,电气线路的架设必须符合电气规程要求。

(5)施工用的备品、配件、机具、设备的堆放,必须整齐稳固。拆除的废旧设备材料,要及时运走清除。

(6)施工现场应配备必要的消防器材和防毒器材。

(7)施工现场的易燃、易爆、有害物质,应有专人保管或清出现场。不能清除的应加强治安防护。

3. 施工用材料及配件准备

(1)各种施工用的材料、配件必须全部合格、配齐,并应略有富余。

(2)材料应根据需要及时运至现场,并存放在防避风雨的室内或棚内,材料应放于垫木或货架上,按型号、规格堆放整齐、牢靠。

(3)不合格的材料严禁运至现场。

(4)应特别注意准备施工用的少量的附件,如垫片、螺钉、管架的管卡、滑托等。

4. 施工机具的准备

施工前要做好检修机具的准备和检查,其主要要求如下:

(1)各种施工机械及电机的传动危险部分,应设安全防护装置。

(2)各种起重运输机械,必须设有联锁开关及超载、回转、卷扬和行程控制等安全装置。常用起重工具,如卷扬机、桅杆、井字架、手动葫芦、千斤顶等均应完好,安全可靠。

(3)施工用脚手架、跳板应安全可靠。

(4)施工用的电气设备和手提电动工具、导线要绝缘良好,外壳必须接地。

(5)电气焊工具、安全附件要完好,焊机外壳须接地,导线应绝缘良好,乙炔发生器与氧气瓶距明火不小于10m,发生器与氧气瓶的距离不少于7m。

5. 其他准备和处理

各种管道在施工开工前都要做好清理工作,对管道内的可燃性、伤害性或有毒介质必须彻底清除,以防止检修中发生燃烧、爆炸和中毒等事故。具体做法如下:

(1)管网停止运行后根据管网介质的性质,首先进行降温、卸压、排放和置换。

1)高温管道进行降温。若无特殊要求或特殊措施,管道温度应降至 60℃以下。

2)排放介质时要注意安全,易燃、易爆介质要注意防火、防爆;酸、碱液体及可燃液体应尽量回收,水类液体排放时应引至排水系统,不得随意就地排放。对于少量的排放也应绝对保证安全。可燃气体的排放点应高于站人的地面或平台 3.8m 以上,且在 10m 之内不得有明火。

(2)对管道内介质进行清洗或置换。

1)管段内介质的清洗和吹洗。当管道输送的介质为易燃、易爆、酸、碱、有毒等介质时,要使用蒸汽或者用水冲洗,然后再用氮气或空气吹干(可燃液体和气体不能用空气置换,应用氮气置换),从而达到安全置换的目的。

2)气体分析。对于输送易燃、易爆介质的管道,当经过吹洗置换后应取样分析,确认可燃介质的浓度在爆炸下限以下才可动火。一般置换气体的体积不小于置换介质容积的 4 倍。总之,一定要达到安全要求后,才可动火。

(3)断电。所有修理管段的电磁阀、电动阀等电源均应切断,并挂上禁止送电的警告牌。

(4)安装盲板。用盲板将修理管段与运行管段截断分开。由于阀门有可能渗漏和错误操作,故不应采用阀门切断法使修理管段和运行管段分开。

技能要点 3:管道工程施工管理技术要求

技术管理工作是指施工过程中的各项基本技术活动,如图纸审查、技术核定、技术交底、技术复核、工程交工验收等。

1. 图纸审查

图纸审查是技术管理工作中一项最根本而且重要的环节。认真做好图纸审查,对减少施工图中的差错,提高工程质量,保证施工顺利进展起着重要的作用。

(1)图纸审查的步骤是熟图、初审、内部会审、综合会审。

1)熟图:管道工长、技术员在领到施工图纸后必须先认真学习,弄清设计意图及技术标准要求,熟悉工艺流程及工程特点。

2)初审:指在熟图的基础上,在管道工种内组织有关人员详细核对本工种图纸的细节。

3)内部会审:指施工单位内部各专业工种间的施工图审查。核对各工种间的相互部分标高尺寸有无矛盾,并协商配合施工事宜。

4)综合会审:指由建设单位牵头组织,设计、土建及各专业安装施工单位参加的施工图审查。在企业内部会审的基础上,核对安装与土建或机械化吊装之间相关部分有无矛盾,并商定相互之间的配合事宜。

(2)图纸审查的主要内容有:

1)设计是否符合国家有关的技术政策、经济政策及有关规定。

2)核对图纸与说明有无矛盾;核对图纸与有关技术资料对设备的安装尺寸、位置、标高有无矛盾;核对管道与生产工艺设备、电气设备及其管道在平面位置上和安装标高上有无矛盾;核对管道与建筑结构之间有无矛盾。

3)审查设计是否符合施工技术装备条件,需要采用特殊的施工方法和特定技术措施时,技术上有无困难,设备上能否满足,质量安全上能否有可靠保障。

4)核对有无特殊材料(包括新材料)要求,其品种、规格、数量能否满足需要。

图纸经过会审后,应由组织单位将会审提出的问题和解决办法,以"图纸会审纪要"形式,正式行文,参加单位均加盖公章,作为与设计图纸同时使用的技术文件。

2. 技术核定

经会审后的图纸在施工过程中,如果发现设计图纸仍有差错,与实际情况不符,或因施工条件发生变化,或材料和半成品等不符合原设计要求,或因新工艺、新技术以及职工提出合理化建议等,需要局部修改原设计时,应执行设计变更签证制度。设计变更应由施工单位填写安装技术问题核定单,经建设单位或设计单位同意后,方可进行施工,不得擅自修改。

3. 技术交底

为了使参与施工任务的所有人员明确所担负工程任务的特点、技术要求、施工工艺等,做到人人心中有数,方便有计划有组织地完成施工任务,施工前必须认真做好技术交底工作。

(1)根据工程的规模和技术复杂程度,技术交底工作一般分四级进行:

1)第一级为重点工程,且技术较为复杂,应由公司总工程师向工程处(工区)主任工程师、技术队长及有关职能部门负责人等进行交底,明确关键性的施工技术问题,主要项目的施工工艺及对特殊施工技术和用料提出试验项目、技术要求、注意事项等内容。

2)第二级,凡由工程处编制施工组织设计或施工方案的工程项目,由工程处(工区)主任工程师向工程处有关职能人员和施工队单位工程负责人、技术员、工长、质量员、安全员等进行交底。交底的主要依据是编制的施工组织设计或施工方案。交底的主要内容是:图纸要求、施工方法和应注意的关键问题、质量要求;施工组织设计或施工方案的全部内容;新的操作方法和有关的操作规程、技术规程;安全施工的注意事项等。

3)第三级,凡由施工队编制施工方案的工程项目由施工队技术队长或单位工程负责人向施工队技术员、工长、质量员、安全员等交底。交底的主要依据是施工队编制的施工方案,其交底内容与上面介绍的工程处向施工队交底内容基本相同。

4)第四级,由工长或技术员向班组进行交底,这是最基层的技术交底,是将上级技术要求落实到工程项目上的重要环节,因此,除口头交底外,必须进行书面交底,必要时需用示范操作方法进行交底。

(2)工长向班组进行技术交底时,应结合管道工程的关键部

位,提出质量要求、操作要点及注意事项,制订出保证质量、安全的技术措施。工长交底的主要内容如下:

1)结合具体操作部位,贯彻落实公司、工程处、施工队各级技术交底工程的各项技术要求。

2)落实上级对关键项目、关键部位及"五新"推广项目和部位的质量要求、操作要点及注意事项等。

3)提出管道工程关键部位的尺寸、轴线、标高、管道预留孔洞和支架预埋件的位置、规格及尺寸。

4)交代管道工程的施工方法、施工顺序、工种之间,管道安装与土建之间的交叉配合施工要求。

5)交代管道工程具体的施工技术措施、工程质量和安全生产的技术措施。

6)交代架空管道的吊装和工艺管道吹扫试压的注意事项。

7)交代已掌握的设计变更情况。

工人班组接受交底后,应组织工人进行认真讨论,明确施工意图,确保按交底内容和要求进行施工。

4. 工程交工验收

(1)工程交工验收的基本形式。

1)隐蔽工程验收:施工过程中隐蔽工程(如埋地管道)完成后,必须及时组织隐蔽工程验收。

2)分部分项工程验收:指分部分项工程完成后进行的工程验收。

上述隐蔽工程验收、分部分项工程验收又称中间验收,中间验收资料是单位工程交工验收的重要资料。

3)分期验收:分期验收又称临时验收,是在局部项目或个别单位工程已达投产条件,因生产或施工需要必须提前动用而进行的工程验收。

(2)工程交工验收应具备的资料。

1)建筑采暖与煤气工程:施工图、竣工图及设计变更文件,设备、制品和主要材料的合格证和试验记录,隐蔽工程验收记录和中间试验记录,设备试运转记录,水压试验记录,给水及采暖系统通水冲洗记录,分项、分部、单位工程质量检验记录。

2)建筑排水硬聚氯乙烯管道工程,施工图、竣工图及设计变更文件,主要材料、零件、制品和设备的出厂合格证或试验记录,中间试验记录和隐蔽工程验收记录,灌水和通水试验记录,工程质量事故处理记录,分项、分部、单位工程质量检验记录。

技能要点 4:管道工程施工管理

1. 施工阶段管理工作流程图

施工阶段管理工作流程如图 2-1 所示。

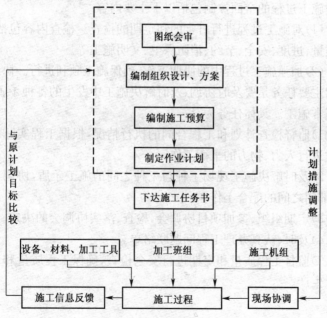

图 2-1 施工阶段管理流程图

2. 编制施工作业计划

项目中的每个分部分项工程都要根据总进度编制相应的施工作业计划,一般可以分为月计划、旬计划、周计划、日计划。根据多年的施工实践,许多重点特殊的项目,只有编制日计划、周计划才能确保重大节点、总进度的完成。计划编制后要认真地向班组及组员进行交底,要交任务、交技术、交质量、交安全、交文明施工。

3. 施工过程的全面控制

要想全面控制施工过程,就要按照施工准备工作的全面安排和作业计划要求对施工过程在进度、质量、安全、节约等各方面实行全面的检查、分析和调节,确保生产计划的全面完成。

施工过程的全面控制包括以下主要内容:

(1)对施工过程进行日常的和定期的检查。检查内容包括:工程质量、进度、安全、节约、消防保卫、文明施工等。

(2)加强施工过程中的协调工作,确保施工顺利进行。协调工作的主要任务是要及时协调,及时解决施工中发生的各种矛盾,保证正常施工。具体任务为:

1)监督检查计划和工程合同的执行情况,根据工程实际情况及时进行人力、物力的平衡工作。

2)及时解决施工现场工种与工种之间的施工矛盾,协调各单位、部门之间的配合工作。

3)定期组织、参加项目协调会,检查、落实协调会的决定。

4)及时、认真办理工程问题联络单。

5)监督工程质量和定期进行安全检查,确保工程质量和现场安全生产。

第三节　施工安全管理

本节导读：

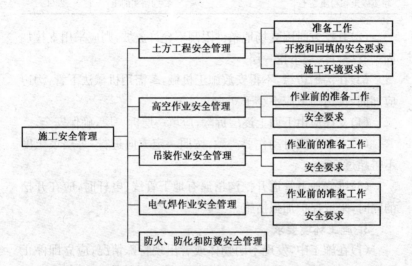

技能要点 1：土方工程安全管理

　　管道安装过程中，常需开挖土石方，在土石方开挖作业过程中，容易发生塌方、滑跌、中毒等事故。

1. 土方开挖的准备工作

　　(1)做好必要的水文、地质和地下隐蔽工程的调查工作。

　　(2)若有地下水和管道工程漏水，应做好排水设施、机具、材料的准备工作。

　　(3)做好隐蔽工程交底和安全技术交底工作。

2. 土方开挖和回填的安全要求

　　(1)沟槽开挖，当土壤湿度正常，土质良好，且无地下水影响时，可不设支撑，也不必明显放坡，应符合开挖深度，深度应符合表

2-1 的规定。

表 2-1 基坑(槽)和管沟不设坡度时的允许深度

土的种类	允许深度(m)	土的种类	允许深度(m)
堆填的砂土和砾石土	1.00	黏土	1.50
粉质砂土和粉质黏土	1.25	特别密实的土	2.00

(2)开挖方时因受场地条件限制不允许放坡,则应采用支撑加固。支撑好一层下挖一层。

(3)在沟槽边缘,不得安放施工机械,若需用机械法下管,沟边应加固,沟边通道应不小于 0.4m。

(4)支撑应由下而上逐层拆除,应填一层拆一层,确保安全。

(5)人工夯实时动作要一致,按照一定方向进行,每层填土度不得超过 20cm。

(6)维修地下管道开挖沟槽遇有地下管线、电杆时,应在开挖的同时,采取保护加强措施。

3. 施工环境要求

(1)在施工中,发现不明物体或者出现特殊情况,应立即停止作业,待弄清情况,采取必要的措施后,才可继续施工。

(2)开挖区域要设警示牌,夜间要设红灯示警。

(3)经常检查沟槽边坡,发现有裂纹及落土时,应立即采取安全防护措施。

(4)沟槽内有积水时,应及时排除,特别是对湿陷性黄土、膨胀土等对水敏感性强的土壤,更应及时排除积水。

(5)在坑、井、沟内进行管道维修时,应保持良好的通风状态,如发现有毒气体,应立即停止施工,采取可靠的安全措施后,方可继续作业。

(6)当沟槽开挖较深或离建筑物、构筑物较近时,应与建筑结构技术人员联系,如需支撑加固,应提前做出方案,备好材料。

(7)严禁人员在沟、槽、井内坐卧休息。

(8)夜间施工,必须设置足够的照明。

技能要点 2:高空作业安全管理

高空作业是指在距坠落高度基准面 2m 或 2m 以上的高处进行的作业。在管道安装与维修工程的高空作业中,为避免各类事故发生,掌握一些必要的安全技术要求是十分重要的。

1. 高空作业前的准备工作

(1)凡高空作业人员,均需作身体检查,体检不合格者不得参加高空作业。凡患心脏病、高血压、低血压等病或年老体弱、酗酒、精神不佳等人员都不得参加高空作业。

(2)遇大雾和 6 级以上大风天气不准露天进行高空作业,遇高温、冰冻、大风、阴雨等不良天气,应采取相应有效的安全技术措施。

(3)作业前,须对操作者进行现场安全教育,明确每个人的工作特点及安全注意事项。

(4)检查所用的登高工具和安全用具(如安全帽、安全带、梯子、脚手架、脚手板、安全网等)是否牢靠。相关安全规定和安全要求按照表 2-2～表 2-5 执行。

(5)夜间作业应有充足的照明设施。

表 2-2 脚手板材料规格要求

材　　　料	厚度(mm)	宽度(mm)	长度(m)	备　　　注
木脚手板	≥50	250	—	不准使用腐朽、扭曲、裂纹、破裂、大横头节
竹脚手板	≥50	400	2.2～3	螺栓必须拧紧,竹片螺栓孔不大于 10mm
钢制脚手板	2～3	230～250	1.5～3.6	凡有裂纹、扭曲的不准使用

注:1. 脚手板要在脚手架横杆上铺满,高于 3m 以上的脚手架外侧应设有高 180mm 的挡脚板,并加设 1m 高的保护栏杆。

2. 脚手架的负荷量,每 1m 不超过 270kg。

3. 竹脚手板是由许多 50mm 宽的竹片用螺栓穿织成的。

4. 钢脚手板由 I 级钢材的钢板制造。

表2-3 脚手架材料规格要求

材料名称		规格要求
木杆	立杆	小头直径大于 70mm
	大小横杆	小头直径大于 80mm
竹竿	立杆	小头直径大于 75mm
	大横杆	小头直径大于 90mm，小头直径大于 60mm 而小于
	小横杆	90mm 的竹竿可双杆合并使用
钢管		外径 48～51mm，壁厚 3～3.5mm 的钢管长度 4～6.5m 或 2～2.3m
缆风绳	钢丝	直径大于 6mm
	扒钉、U 型螺栓	直径大于 12mm
捆扎绳	钢丝	8 号镀锌钢丝
	麻绳	直径大于 10mm 的麻绳

表2-4 脚手架铺设要求 （单位:m）

名 称	木脚手架				竹脚手架	
	宽度	大横杆间隔	小横杆间隔	立杆间隔	立杆间隔	小横杆间隔
要求	>1.2	<1.2	<1.0	<1.5	<1.3	<0.75

注:竹脚手架必须搭设双排架子。

表2-5 梯子的安全技术指标

材 料	宽度(mm)	梯级间距(mm)	梯子与地面倾角	梯脚与墙的距离
竹	350～600	<300	60°～70°	不得小于梯长的 1/4
木	350～500	<400	60°～70°	
金属	350～500	<350	60°～70°	不得小于梯长的 1/4

2. 高空作业的安全要求

(1)高空作业人员使用安全带时,应将钩绳的根部联结到背部尽头处,并将绳子牢系在坚固的建筑结构件或金属结构架上,行走时应把安全带缠在身上,不准拖着走。衣袖和裤脚要扎好,并不得穿硬底鞋和带钉子的鞋。

(2)高空作业人员不许站在梯子的最上二级工作,更不许 2 人以上同时在一个梯子上工作。使用"人字梯"时,必须将两梯间的安全挂钩拴牢。

(3)高空作业使用的工具应放在随身携带的工具袋中,如果不方便随身携带工具袋应把工具放在稳当的地方。严禁上下抛掷,必要时可用绳索绑牢后吊运。

(4)高空堆放的物品、材料或设备,不准超负荷;堆积材料和操作人员不可聚集在一起。

(5)多层交叉作业时,如上下空间同时有人作业,其中间必须有专用的防护棚或其他隔离设施,否则不得在下面工作。上下方操作人员必须戴安全帽。

(6)高空进行电气焊作业时,严禁其下方或附近有易燃易爆物品,必要时要有人监护或采取隔离措施。

(7)高空作业人员距普通电线至少应保持在 1.0m 以上,距普通高压电线应保持在 2.5m 以上,距特高压电线应保持在 5.0m 以上的距离。运送管道等导体材料,应严防触碰电线。在车间内高空作业时,应注意吊车滑线,防止触电。如必须在吊车附近工作时,应事先联系停电,并设专人看管电源开关或设警示牌。

技能要点 3:吊装作业安全管理

在管道安装与维修工程中,常常利用吊装作业的方法来移动或升运阀门、管件等。在吊装作业中,经常发生因物件脱落而造成人身设备事故,故吊装作业人员必须熟练掌握并认真执行有关安全技术要求。

1. 吊装作业前的准备工作

(1)作业前应制订出安全操作规程和方案,做到思想重视,统一步调,统一指挥。

（2）必须熟悉各种指挥信号，并能准确地按信号行动。

（3）必须严格检查各种工具、索具及设备是否完好、可靠，是否符合安全技术规定，不准超负荷使用。起重机具所用绳索和钢丝绳必须有足够的备用强度。

（4）起吊区域周围，应设临时围障，严禁无关人员入内。

（5）注意天气情况，遇大风和雨天时，不得在露天进行吊装作业，防止事故发生。

2. 吊装作业安全要求

（1）系结管材和设备时应使用特制的长环，不适合采用绳索打结方法。绳索系结尽量避免选在重物棱角处，或者在棱角处垫入木板或软垫物。重物的重心必须处于重物系结处之间的中心，以保持平衡。

（2）不准在索具受力或起吊物悬空的情况下中断作业，更不准在吊起重物就位固定前离开操作岗位。

（3）起吊时，要有专人将起吊物扶稳，严禁甩动。起吊物悬空时，严禁人员在起吊物、起吊臂下停留或通过。在卷扬机、滑轮及牵引钢丝绳旁不准站人。

（4）操作卷扬机必须听从指挥，看清信号。作牵引时，中间不经过滑轮不准作业；滑移物件时，绳索套结要找准重心，并应在坚实、平整的路面上直线前进，卸车或下坡时应加保险绳。

（5）卧式滚移重物时，地面必须平整，枕木要硬实，钢管要圆直，物件前后不准站人。

（6）使用千斤顶时，顶盖与重物间应垫木块，要缓慢顶升，随顶随垫。多台同时顶升时，动作要协调一致。

（7）使用起重扒杆时，定位准正确，封底应牢固。不得在受力后产生扭曲、沉、斜等现象。

（8）在搬运和起吊材料设备时，应注意电线的相互间距，应远离裸露电线。在金属容器内或潮湿场所工作时，需用电压为12V的安全灯，在干燥环境中也不应超过25V。

技能要点 4:电气焊作业安全管理

管道安装与维修离不开电气焊作业,在该项作业中常易发生触电、烧伤、火灾、爆炸、中毒等事故,所以作业人员应按照下列安全技术要求进行操作。

1. 电气焊作业前的准备工作

(1)从事电焊、气焊的操作人员,经过体检合格与经过安全技术培训考试合格后,才可进行独立作业。

(2)工作前,作业人员应穿戴好工作帽、皮手套、绝缘胶鞋等劳动保护用品。电焊时应戴防护面罩,除熔渣时应戴上平光眼镜,仰面焊时应扣紧衣服、扎紧袖口,戴好防火帽;气焊时,要戴适度的有色眼镜,以免损伤视力。

(3)在易燃易爆场所施焊时,应事先办理动火手续,采取防火措施,并设专人看护。电焊时,周围 5m 内不应有有机灰尘、垃圾、木屑、棉纱及汽油、油漆等易燃易爆物品;周围 10m 内不准有氧气瓶、乙炔发生器等。

(4)对受压容器、密闭容器、各种油箱、管道及沾有可燃气体和溶液的工件进行操作时,必须事先进行检查,冲洗掉有害、有毒、易燃易爆物质,解除容器及管道压力,消除容器密封状态(如敞开口、旋开盖),然后才能进行操作。

(5)电焊机的电源线路安全及检修必须由电工完成。开关应装在能防火防水的闸箱内,严禁两台电焊机使用一把闸刀开关。

(6)经常移动的电焊机须设防雨罩,其裸线和传动部分,应设有防止接触的防护罩。当发现电焊机外壳有电时,应立即停止工作,并切断电源进行检修。

(7)交流电焊机的工作电压不得超过 80V;直流电焊机的工作电压不得超过 110V;电焊机运转时温度不得超过 60℃。

(8)焊接、切割密闭空心工件时,须留有出气孔。焊接铜、铅、锌、铝等有色金属工件时,必须戴加厚口罩或防毒面具,并加强通风换气。

2. 电气焊作业安全要求

(1)作业中应严格遵守一般焊工安全操作规程和有关电石、乙炔发生器、水封安全器、橡胶软管和氧气瓶的安全使用规则,以及焊割工具安全操作规程。

(2)禁止使用易产生火花的工具去开启氧气或乙炔气阀门。

(3)作业前或停工较长时间再工作时,须检查所有设备。氧气瓶、乙炔发生器及橡胶软管接头、阀门及紧固件应紧固牢靠,不准有破损和漏气现象。在氧气瓶及附件、橡胶软管和工具上,均不得沾有油脂或泥垢。

(4)严禁用火燎烤或用工具敲击冻结的设备或管道。而应以40℃的温水溶化冻结的氧气阀或管道,以热水、蒸汽或23%～30%氯化钠热水溶液加热、解冻或保温乙炔发生器、回火防止器。乙炔瓶严禁受外力强烈震动。

(5)只准用肥皂水检查设备、附件及管路是否漏气。严禁用火试验是否漏气。

(6)作业中,如检查、调整压力器件及安全附件时,应取出电石篮,采取措施待消除余气后方可进行。

(7)氧气瓶、乙炔气瓶(或乙炔发生器)应单独放于阴凉通风处,严禁与易燃气体、油脂及其他易燃物质混放在一起,运送时也必须单独进行。

(8)工作完毕或离开作业现场时,应把氧气瓶和乙炔发生器放在指定地点并拧上气瓶上的安全帽。下班时乙炔发生器应卸压、放水,取出电石篮。

技能要点 5:防火、防化和防烫安全管理

(1)施工现场要建立健全的防火管理措施,在易发生火灾的地方要设置沙箱、灭火器具和消防水源。

(2)在易燃易爆车间和油库等场所进行施焊或明火作业时,必须事先采取隔离、吹净和化验等安全措施,办理好动火签证后方可进行施工。自燃及易燃物品应存放在危险品仓库内,用多少取多少,并严禁带入火种。

(3)一旦发生火灾,首先要采取灭火措施,并立即通知消防部门。一般物品着火可用水、灭火器或砂土灭火;油类物品着火可用砂土及泡沫灭火器灭火,严禁用水扑灭着火的油类;电气设备着火时,首先应切断电源,并用干式灭火器将火熄灭,禁止用水或泡沫灭火器灭火,防止触电。

(4)射钉枪弹头等爆炸物品应由专人负责保管,严禁放在宿舍、办公室等人员密集区内。放爆炸物的仓库应符合防爆、防雷和防火要求,与人员居住地区保持一定的安全距离。

(5)检修贮存或输送易燃、易爆、有毒、有腐蚀性等气(液)体的容器或管道时,应将容器或管道内的气(液)体排放干净,用水或蒸汽清洗,也可采用惰性气体置换,使其达到可安全操作的程度。检修前应进行取样分析,检查合格并办理好安全签证后方可施工。

(6)当使用脱脂剂和酸洗液时,除应有良好的通风或适当的除尘设施外,施工人员要戴防护眼镜,穿纯丝质或毛质工作服,并穿戴耐酸橡胶高筒靴和手套。一旦皮肤接触化学药品,应立即用水冲洗,较严重者应送医院治疗。脱脂剂不得与浓酸、浓碱接触,二氯乙烷与精馏酒精不能同时使用,脱脂和酸洗后的废液应当妥善处理。

(7)在配制产生氢气的稀硫酸时,应将浓硫酸缓慢倒入水中,边倒边轻轻搅动。不允许将水倒入酸中,以免酸液飞溅而烧伤皮肤。

(8)施工中要注意防止自然灾害。夏季施工时,沿海地区需加强防台风措施。由于夏季雨水多,还要加强防洪、防雷以及防雷击引起的火灾的防护措施。要注意工人的防暑降温,尤其是在连续高温情况下的防护。

(9)冬期施工时,要注意人员和管路、设备的防寒、防冻保温工作,防止因取暖造成的火灾和煤气中毒事故。

第四节　施工工程工料计算

本节导读:

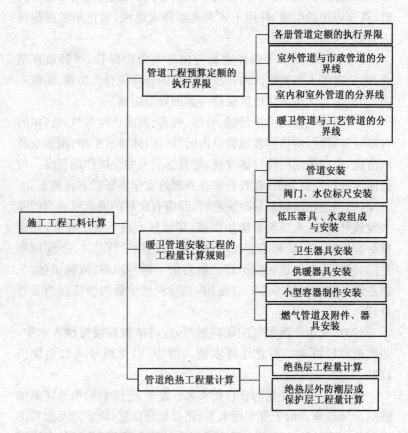

技能要点 1:管道工程预算定额的执行界限

在《全国统一安装工程预算定额》中有两册定额属于管道工程

定额,即第六册《工艺管道工程》和第八册《给排水、采暖、燃气工程》。在《全国统一市政工程预算》中,涉及管道工程的有四册,即《给水工程》、《排水工程》、《燃气工程》和《集中供热工程》。在安装工程和市政工程中的同类介质管道有互相连接的问题,这就必须明确两类定额的执行界限。另外,在建筑安装工程中还规定了工艺管道和暖卫管道的划分界限。因此,在编制预算时,必须按照这些界限使用定额。

1. 各册管道定额的执行界限

在《全国统一安装工程预算定额》中,规定的各册管道定额执行界限,如图 2-2 所示为给排水管道定额的执行界限,如图 2-3 所示为供热管道定额的执行界限。

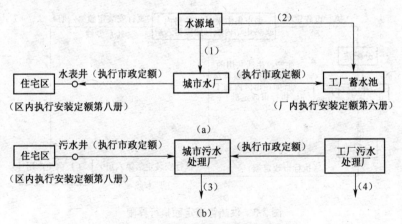

图 2-2 给排水管道定额执行界限

(a)供水管道 (b)排水管道

注:(1)、(2)为水源管道,如不是城市给水管道,定额规定,凡长度<1000km 的水源管道执行安装定额第六册。(3)、(4)为排水管道,若为城市给排水管道,执行市政工程定额。

图中标明定额册号的为《全国统一安装工程预算定额》,市政工程预算定额未标明定额册数。其中,如图 2-3 所示的供热管道定额的执行界限中,由集中供热的热源至住宅区热力站之间的管网通常称为一级网,一级网和热力站都执行市政工程定额。而热力站之后至用户的室外供热管网通常称为二级网,即住宅区内的室外供热管网,应执行安装工程预算定额第八册。这种划分与执行市政工程的《集中供热工程》定额有矛盾。在《集中供热工程》定额中,规定的集中供热管网(热媒为热水或蒸汽)的界限为:"自热源厂外第一块流量孔板、管件或焊口起至采暖热用户建筑物外墙皮 1.5m 止(或户外第一个阀门、进户装置的第一个接头零件止)"。根据这条规定,由集中供热的热源通向居住区的一级网和居住区内的二级网及热力站,都执行市政工程定额,而住宅建筑物外墙皮 1.5m 内管道,执行《全国统一安装工程预算定额》。

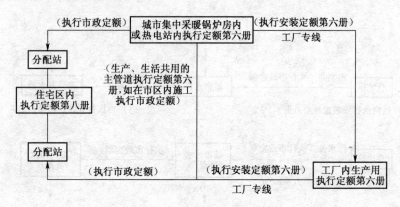

图 2-3　供热管道定额执行界限

2. 室外管道与市政管道的分界线

(1)室外给水管道与市政给水管道的分界线,以从市政管道引出的第一个水表井为界;无水表井以这两种给水管道的碰头点为界。

(2)室外排水管道与市政排水管道的分界线,民用建筑区以二者的碰头点或者小区外第一个污水井为界,厂区以厂外第一个污水井为界。

3. 室内和室外管道的分界线

(1)给水管道室内外分界线以距建筑物外墙皮 1.5m 为界,入口处设阀门者以阀门为界。

(2)排水管道室、内外分界线以户外第一个排水检查井为界。

(3)采暖管道以入口阀门或以建筑物外墙皮往外 1.5m 为界。

4. 暖卫管道与工艺管道的分界线

(1)从锅炉房或换热器间引出的采暖管道和泵站引出的生活给水管道与消防管道,以距锅炉房或泵站外墙皮 1.5m 为界。锅炉房和泵站内的设备配管属于工艺管道。

(2)从设在高层建筑内的加压间引出的生活给水管道,以泵间的外墙皮为界。泵间内的设备配管属于工艺管道。

(3)从生产用管道或生产、生活合用管道接出的生活用管道,以及从生活用管道上接出的生产用管道,以二者的碰头点为界。

技能要点 2:暖卫管道安装工程的工程量计算规则

暖卫管道安装工程施工图预算的工程量,执行《全国统一安装工程预算定额》第八册定额说明和《全国统一安装工程预算工程量计算规则》第九章的有关规定。

1. 管道安装

(1)各种管道,均以施工图所示的管道中心线长度以"米"为计量单位,不扣除阀门及管件(包括减压器、疏水器、水表、伸缩器等组成安装)所占的长度。

在计算管道安装工程量时,应注意以下三点:

1)管道的水平长度,按采暖平面图中的实际安装位置利用比例尺量截或按建筑物轴线计算。管道的垂直长度,不宜用比例尺量截,应按采暖系统图所注标高差计算。

2)在给水系统中,弯管段的中心长度,以弯头两侧直管臂中心线交点(弯头角顶点)为起(止)点,按组成的各直管段中心线交点之间的直线距离计算,如图 2-4 所示。

3)在排水系统中,根据管道安装工程量按中心线长度计算的规定,编者认为:排水管在提材料计划计算直管长度时,应考承插排水铸铁管上的斜三通、斜四通接出的分支管的斜线长度。其长度应以主、支管中心交点为计算起点,沿管中心线计算至末端,如图 2-5 所示。

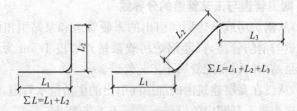

图 2-4　弯管段工程量长度计算

如图 2-5 所示,其分支管线长度为 $\sum L = L_1 + L_2$,但 L_1 和 L_2 长度计算比较麻烦,可按分支管的直线长度(水平投影长度)L,再加上斜三通或斜四通的支管斜线增加长度 $\Delta L = L_1 - L_3$ 计算。不同规格斜三通、斜四通支管斜线增加长度 ΔL,可从表 2-6 中查得。

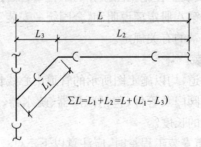

图 2-5　斜三通分支管线长度计算

表 2-6　排水铸铁斜三通或四通斜线增加长度（单位：mm）

主管规格	支管规格	45°斜四通	45°斜三通	TY 三通
50	50	70	70	40
75	75	80	80	50
	50	80	70	40

续表 2-6

主管规格	支管规格	45°斜四通	45°斜三通	TY 三通
100	50	90	80	60
	≤100	90	90	60
150	50	100	100	90
	≤100	100	100	70
	≤150	120	130	80

(2)镀锌铁皮套管制作以"个"为计量单位,其安装包括在管道安装定额内,不得另行计算。

(3)管道支架制作安装,室内管道公称直径 32mm 以下的安装工程已包括在内,不得另行计算。

(4)各种伸缩器制作安装,均以"个"为计量单位。方形伸缩器的两臂,按臂长的 2 倍合并在管道长度内计算。

(5)管道消毒、冲洗、压力试验,均按管道长度以"m"为计算单位,不扣除阀门、管件所占的长度。

2. 阀门、水位标尺安装

(1)各种阀门安装均以"个"为计量单位。法兰阀门安装,如仅为一侧法兰连接时,定额所列法兰、带帽螺栓及垫圈数量减半,其余不变。

(2)各种法兰连接用垫片,均按石棉橡胶板计算,如用其他材料,不得调整。

(3)法兰阀(带短管甲乙)安装,均以"套"为计算单位,如接口材料不同时,可作调整。

(4)自动排气阀安装以"个"为计量单位,已包括了支架制作安装,不得另行计算。

(5)浮球阀安装均以"个"为计量单位,已包括联杆及浮球安装,不得另行计算。

(6)浮标液面计、水位标尺是按国标编制的,如设计与国标不符时,可作调整。

3. 低压器具、水表组成与安装

(1)减压器、疏水器组成安装以"组"为计量单位,如设计组成与定额不同时,阀门和压力表数量可按设计用量进行调整,其余不变。

(2)减压器安装按高压侧的直径计算。

(3)法兰水表安装以"组"为计量单位,定额中旁通管及止回阀如与设计规定的安装形式不同时,阀门及止回阀可按设计规定进行调整。其余不变。

4. 卫生器具安装

(1)卫生器具组成安装以"组"为计量单位,并且按照标准图综合了卫生器具与给水管、排水管连接的人工与材料用量,不得另行计算。

(2)浴盆安装不包括支座和四周的砌砖及瓷砖粘贴。

(3)蹲式大便器安装,已包括了固定大便器的垫砖,但不包括大便器蹲台砌筑。

(4)大便槽、小便槽自动冲水箱安装以"套"为计量单位,已包括了水箱托架的制作、安装,不得另行计算。

(5)小便槽冲洗管制作与安装以"m"为计量单位,不包括阀门安装,其工程量按相应定额另行计算。

(6)脚踏开关安装,已包括了弯管与喷头的安装,不得另行计算。

(7)冷热水混合器安装以"套"为计量单位,不包括支架制作安装,其工程量可按相应定额另行计算。

(8)蒸汽-水加热器安装以"台"为计算单位,包括莲蓬头安装,不包括支架制作安装及阀门、疏水器安装,其工程量可按相应定额另行计算。

(9)容积式水加热器安装以"台"为计量单位,不包括安全阀安装,保温与基础砌筑可按相应定额另行计算。

（10）电热水器、电开水炉安装以"台"为计量单位，只考虑本体安装，连接管、连接件等工程量可按相应定额另行计算。

（11）饮水器安装以"台"为计量单位，阀门和脚踏开关工程量可按相应定额另行计算。

5. 供暖器具安装

（1）热空气幕安装以"台"为计量单位，其支架制作安装可按相应定额另行计算。

（2）长翼、柱型铸铁散热器组成安装以"片"为计量单位，其汽包垫不得换算；圆翼形铸铁散热器组成安装以"节"为计量单位。

（3）光排管散热器制作安装以"m"为计算单位，已包括联管长度，不得另行计算。

6. 小型容器制作安装

（1）钢板水箱制作，按施工图所示尺寸，不扣除人孔、手孔重量，以"kg"为计量单位，法兰和短管水位计可按相应定额另行计算。

（2）钢板水箱安装，按国家标准图集水箱容量"m^3"，执行相应定额。各种水箱安装，均以"个"为计量单位。

7. 燃气管道及附件、器具安装

（1）各种管道安装，均按设计管道中心线长度，以"m"为计量单位，不扣除各种管件和阀门所占长度。

（2）除铸铁管外，管道安装中已包括管件安装和管件本身价值。

（3）承插铸铁管安装定额中未列出接头零件，其本身价值应按设计用量另行计算，其余不变。

（4）钢管焊接挖眼接管工作，均在定额中综合取定，不得另行计算。

（5）调长器及调长器与阀门连接，包括一副法兰安装，螺栓规格和数量以压力为 0.6MPa 的法兰装配，如压力不同可按设计要求的数量、规格进行调整，其他不变。

（6）燃气表安装按不同规格型号分别以"块"为计量单位，不包括表托、支架、表底垫层基础，其工程量可根据设计要求另行计算。

（7）燃气加热设备、灶具等按不同用途规格型号，分别以"台"为计量单位。

（8）气嘴安装按规格型号、连接方式，分别以"个"为计量单位。

技能要点3：管道绝热工程量计算

（1）绝热层工程量按下式计算：

$$V = 100\pi(D_W + \delta + \delta \times 3.3\%) \times (\delta + \delta \times 3.3\%)$$

（2）绝热层外防潮层或保护层工程量按下式计算：

$$S = 100\pi(D_W + 2\delta + 2\delta \times 5\% + 2d_1 + 3d_2)$$

式中　V——绝热材料体积（m^3）；

　　　S——防潮层或保护层面积（m^2）；

　　D_W——管道外径（m）；

　　　δ——绝热层厚度（m）；

　　d_1——用于捆扎绝热材料的金属线直径或钢带厚度（m），当取 16 号钢丝时，$2d_1 = 0.0032m$；

　　d_2——防潮层或保护层厚度（m），当取 350 号油毡纸时，$3d_2 = 0.005m$；

　　　π——圆周率，$\pi = 3.1416$。

以上两式中的系数 3.3％及 5％，根据绝热材料允许超厚系数加权平均取定。

第三章　管道工程常用材料

第一节　常用管材及管件

本节导读：

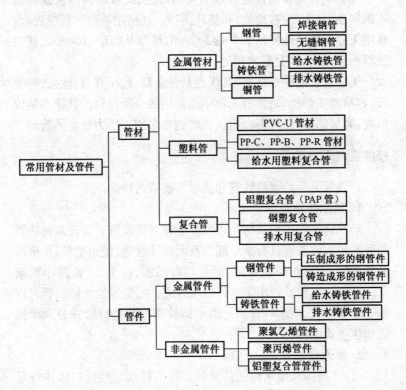

技能要点 1:钢管

1. 焊接钢管

焊接钢管也称为低压流体输送用焊接钢管,一般由钢板以对缝或螺旋缝焊接而成,所以也称为有缝钢管。

低压流体输送用焊接钢管用于输送水、煤气、空气、油和蒸汽等。按照其表面是否镀锌可以分为镀锌钢管(白铁管)和非镀锌钢管(黑铁管)。按钢管壁厚不同可以分为普通焊接钢管、加厚焊接钢管及薄壁焊接钢管。

2. 无缝钢管

无缝钢管通常用普通碳素结构钢、优质碳素结构钢及合金结构钢制成,分为冷拔(冷轧)和热轧两种。规格用外径×壁厚表示。常用无缝钢管的外径从 $\phi12\sim\phi200mm$,壁厚从 2.5~10mm。其中壁厚小于 6mm 者是最常用的。

无缝钢管品种规格多,其优点是强度高、耐压高、韧性强、管段长、容易加工焊接,是管道工程中最常用的一种材料。其缺点是价格高,容易锈蚀,使用寿命短。无缝钢管多用于压力较高的管道。

技能要点 2:铸铁管

铸铁管分为给水铸铁管和排水铸铁管两种。

1. 给水铸铁管

给水铸铁管按照其材质可以分为球墨铸铁管和普通灰铸铁管两种。给水铸铁管具有承压能力及耐腐蚀性高、使用期长、价格较低等优点,适宜作埋地管道,但是其有质脆、自重大、长度小的缺点。高压给水铸铁管用于室外给水管道,中、低压给水铸铁管可以用于室外燃气、雨水等管道。给水铸铁管按其接口形式分为承插式和法兰式两种。

2. 排水铸铁管

(1)建筑排水用承插式铸铁管。建筑排水柔性接口铸铁管是以柔性接头连接的灰铸铁管材及配套管件的统称,主要用于建筑物室内排污管道系统。其连接可采用承插式和卡箍式两种柔性接头。

建筑排水柔性接口铸铁管的特点是强度高,刚性大;耐火性能好,适用介质温度高;噪声低,寿命长;抗震性能好,可回收;施工快捷,检修方便;卡箍式接口型管材利用率高,便于管道清通。

(2)建筑排水用卡箍式铸铁管。卡箍式铸铁管的管材以灰铸铁为原料,经离心浇注而成。材质本身坚固、耐用、耐高温,具有抗腐蚀性能。铸铁管的减低噪声能力是 UPVC 塑料管的7.5 倍,尤其适用防火等级要求高,管道需一定抗震性能的高层建筑。

技能要点 3:铜管

建筑给水铜管宜采用硬态铜管,当管径不大于 $DN25$ 时,可采用半硬态铜管。

钢管具有与建筑同等的使用寿命,在同等的过流能力下,铜管的弯曲半径比其他管小。铜管具有光滑的内壁和不产生水垢的特性,使其具有很好的过流能力,其配件也具有同样的过流截面。微量的铜离子有利于身体健康,并有抑制水中细菌的作用。

技能要点 4:塑料管

在给排水系统中,除了消防系统仍在沿用镀锌钢管外,用于输送生活饮用水,排放生活污水、雨水等几乎都被塑料管所代替,这些统称为非金属管材的塑料管,按基本材质的不同可以分为多种不同的管材,并且都有其独特的优点。

1. PVC－U 管材

PVC－U 饮用水管和 PVC－U 排水管,在目前的建筑给排水系统中被大量采用,后者几乎是唯一的管材。PVC－U 饮用水管有可能完全取代传统的镀锌钢管,从而杜绝二次污染。

　　PVC—U管材材质较轻,搬运装卸方便,化学稳定性强,因而耐酸、耐碱、耐腐蚀,由于其内外表面均极为光滑,流体阻力小,这意味着在相同流量下,管径可以缩小。

　　PVC—U排水管,分为普通管材和加厚管(压力管)材,后者适宜作为雨水排放管材。PVC—U管材均采用专用的溶解性胶粘剂连接,安装极为方便;口径较大的则采用弹性密封圈连接。PVC—U管材的成品长度为4～6m。

　　PVC—U排水管和给水管一样,既有直管,也有一端为扩口的,连接时可不必另加直通连接件,既快捷,又可以防止接口渗漏。

2. PP—C、PP—B、PP—R 管材

　　此类管材主要用于室内生活给水系统,作为输送热水的管道,PP—B管、PP—R管在规定的压力范围内,在−5～70℃和0～80℃的温度可长期使用。与PVC—U管材一样,PP—C管材的化学性能同样可抵抗水中化学离子侵蚀,其使用寿命可长达50年以上。管道的连接采用热熔方式连接,整个管道系统几乎成为一体,基本上杜绝渗漏的可能性。

　　PP—C一类管材只适宜输送生活冷热水。

3. 给水用塑料复合管

　　复合管的内表面应清洁、光滑,无明显划伤或分解变色线,且不能有钢丝裸露。复合管外表面允许呈螺纹状自然收缩状态,允许有少量轻微的自然收缩造成的小凸凹。不允许有明显的划痕、气泡、杂质、颜色不均等缺陷。

　　法兰连接复合管管端及电熔连接锥形口管端的二次注塑成型部分表面应平整、光滑,无凹坑、划伤、毛刺等缺陷,与复合管熔接良好,允许锥形口管端前端纯塑料部分有一定的收缩。注塑后的管端端面应平整,并与管轴线垂直。

　　市政饮用水用复合管的颜色一般为蓝色或黑色,黑色管宜加蓝色标识条纹。其他用途水管可以为蓝色或黑色。暴露在阳光下的管道,必须为黑色。

技能要点 5:复合管

1. 铝塑复合管(PAP 管)

铝塑复合管是一种新型管材,其内外层为特种高密度聚乙烯,中间层为铝合金层,经氩弧焊对接而成,各层再用特种胶粘合,成为复合管材。铝塑复合管集金属管和塑料管优点于一身,被称为跨世纪的绿色管材。主要用作建筑用冷热水管、采暖空调管、城市燃气管道、压缩空气管、特殊工业管及电磁波隔断管。

铝塑复合管特性是:耐温、耐压、耐腐蚀,不结污垢、不透氧、保温性能好,管道不结露,抗静电、阻燃;可弯曲不反弹、可成卷供应、接头少、渗漏机会少;既可明装,也可暗埋,施工安装简便,施工费用低;重量轻,运输、储存方便。

2. 钢塑复合管

给水钢塑复合管是采用热胀法工艺在热镀锌焊接钢管内衬硬聚氯乙烯(UPVC)、氯化聚氯乙烯(CPVC)、聚乙烯(PE)、交联聚乙烯(PEX)、聚丙烯(PP)等塑料而成,并借以胶圈或厌氧密封胶止水防腐,与衬塑可锻铸铁管件、涂(衬)塑钢管件配套使用。

钢塑复合管的性能是将钢管的强度高、刚性好、耐高压等性能与塑料的耐腐蚀、不结垢、内壁光滑、流体阻力小等优点复合为一体,使其既承压又耐蚀,从而克服了钢管与塑料管单独使用时的诸多缺陷,是给水管道工程最理想的管材。

根据内衬塑料耐热性能,钢塑复合管可分为输送冷水型管材、输送热水型管材。冷水型钢塑管,内衬材料一般多为 UPVC、PE、PP,热水型钢塑管,其内衬材料为 PEX、CPVC。为了防止施工中冷热水钢塑复合管混接,在衬塑管件轴线两侧的外表面按有关色标规定分别做有色标的圆点标记。管材规格有 $DN15mm$、$DN20mm$、$DN25mm$、$DN32mm$、$DN40mm$、$DN50mm$、$DN65mm$、$DN80mm$、$DN100mm$、$DN125mm$、$DN150mm$ 11 种规格。

3. 排水用复合管

排水用硬聚氯乙烯(PVC－U)玻璃微珠复合管材按连接形式可分为直管材(Z)、弹性密封圈连接型管材(M),溶剂粘接型管材(N)。管材可为白色,也可由供需双方商定。管材内外壁应光滑平整,不应有气泡、裂口和明显的痕纹、杂质、凹陷、色泽不均及分解变色线,管材端口应平整,且与轴线垂直,不应有分层。

技能要点 6:钢管件

1. 压制成形的钢管件

(1)压制弯头。压制弯头有 45°、90°和 180°三种,常用的是 90°的弯头。弯曲半径有 1.5mm 和 1mm 两种。

(2)压制异径管。压制异径管有同轴和偏心两种,如图 3-1 所示。

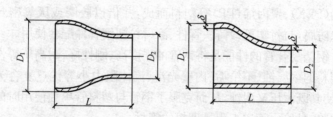

图 3-1　压制异径管

2. 铸造成形的钢管件

可锻铸铁制成的管件种类很多,其外形带有厚边,铸造碳钢制成的则外形不带厚边。可锻铸铁制品都是螺纹连接,铸造碳钢制品大多为焊接连接。可锻铸铁制品承压在 1.0MPa 之内,铸造碳钢制品承压可大于 1.0MPa。可锻铸铁制品有镀锌和不镀锌两种。常用的可锻铸铁制成的管件种类如图 3-2 所示。

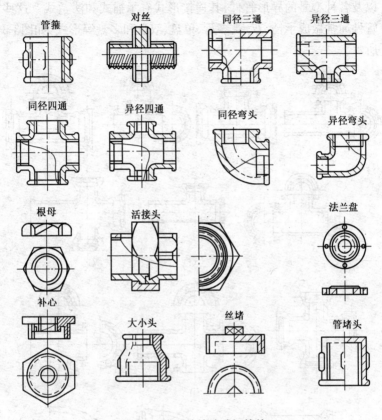

图 3-2　常用的铸造碳钢管件

技能要点 7:铸铁管件

铸铁管已标准化,按照材质不同可分为普通铸铁管件和高硅铸铁管件;按用途不同可分为给水铸铁管件和排水铸铁管件。排水铸铁管件与给水铸铁管件相比,管件壁薄,承插口浅,几何形状较为复杂。

1. 给水铸铁管件

给水铸铁管管件有弯管、短管、套管、异径管、T 形管、十字管以及各种型号的异形管件,其连接形式有承插式和法兰式。这些管件通常做成承插、双承、多承、单盘、双盘和多盘等形式,如图3-3所示。

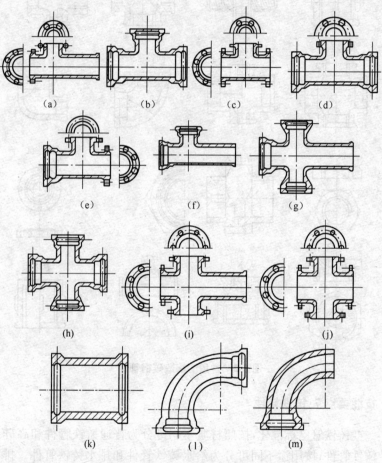

(a)   (b)   (c)   (d)

(e)   (f)   (g)

(h)   (i)   (j)

(k)   (l)   (m)

图3-3 给水铸铁管件

2. 排水铸铁管件

排水铸铁管件的种类比较多,连接的形式只有承插式一种。与给水铸铁管件相比,其管壁较薄,承口也较浅,重量也比较轻。另外,排水铸铁管的异形管件种类多,几何形状复杂,以适应各种不同的走向。按不同的使用要求有正三通、斜三通、顺水三通、正四通、管箍、不同角度的弯头等。

常用的排水铸铁管件如图 3-4 所示。

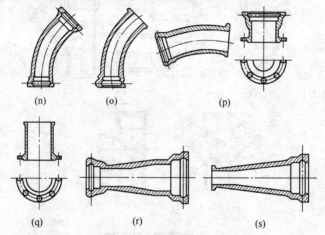

(n)　　　　(o)　　　　　(p)

(q)　　　　(r)　　　　　(s)

图 3-3　给水铸铁管件(续)

(a)双盘三通　(b)三承三通　(c)三盘三通　(d)双承单盘三通
(e)单承双盘三通　(f)双承三通　(g)三承四通　(h)四承四通　(i)三盘四通
(j)四盘四通　(k)铸铁管箍　(l)90°双承弯管　(m)90°承插弯管
(n)45°双承弯管　(o)45°承插弯管　(p)22.5°承插弯管　(q)甲乙短管
(r)双承大小头　(s)承插大小头

技能要点 8:非金属管件

非金属管件主要是指塑料管件和复合管管件。目前塑料管件规格品种尚未系列化和标准化,现行产品都是各生产厂家按照地区或企业标准进行生产的。在此主要介绍应用较多的聚氯乙烯管件、聚丙烯管件和铝塑复合管管件。

1. 聚氯乙烯管件

PVC 排水管件是目前建筑物排水系统中使用量最大的管件,其品种和规格繁多,完全可满足各种设计及安装的要求。安装时采用溶解性胶粘剂粘接。管子的固定也有多种形式,安装时可根据不同需要选用。

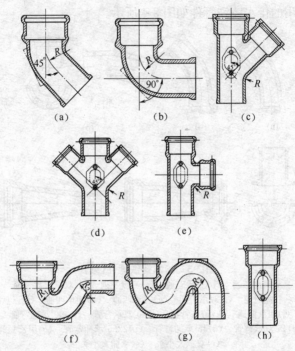

图 3-4　排水铸铁管件

(a)45°弯管　(b)90°弯管　(c)45°承插三通管　(d)45°承插四通管
(e)90°承插三通管　(f)P形存水弯管　(g)S形存水弯管　(h)承插短管(带检查口)

表 3-1 为常用的 PVC 排水管件。

表 3-1　PVC 排水管件　　　　　　　　(单位:mm)

名　　称	图　示	管　　径
异径三通		$\phi75\times50$、$\phi110\times50$、$\phi110\times75$、$\phi160\times110$、$\phi200\times110$、$\phi200\times160$

续表 3-1

名 称	图 示	管 径
顺水三通 （带检查口）		$\phi75、\phi110、\phi160$
88°弯头 （大弧度）		$\phi110、\phi160$
90°直角弯头		$\phi32、\phi40、\phi50、\phi75、\phi110、\phi160、\phi200、\phi250$
45°斜三通		$\phi40、\phi50、\phi75、\phi110、\phi160$
45°异径斜三通		$\phi75\times50、\phi110\times50、\phi110\times75、\phi160\times110$
顺水四通 （平面等径四通）		$\phi50、\phi75、\phi110、\phi160$
直角四通 （立体四通）		$\phi50、\phi75、\phi110$
直通（管箍）		$\phi32、\phi40、\phi50、\phi75、\phi110、\phi160、\phi200、\phi250$
88°三通 （大弧度）		$\phi110\times110$
90°弯头 （带检查口）		$\phi40、\phi50、\phi75、\phi110、\phi160$
45°弯头		$\phi40、\phi50、\phi75、\phi110、\phi160、\phi200、\phi250$
顺水三通 （等径三通）		$\phi32、\phi40、\phi50、\phi75、\phi110、\phi160、\phi200$

续表 3-1

名　称	图　示	管　径
检查口		$\phi50$、$\phi75$、$\phi110$、$\phi160$、$\phi200$
平面异径四通		$\phi75\times50$、$\phi110\times50$、$\phi110\times75$、$\phi160\times110$
H 形管		$\phi110\times50$、$\phi110\times75$、$\phi110\times110$、$\phi160\times110$
承口异径接头（大小头）		$\phi40\times32$、$\phi50\times40$、$\phi75\times50$、$\phi110\times50$、$\phi110\times75$、$\phi160\times110$、$\phi200\times110$、$\phi200\times160$、$\phi250\times160$、$\phi250\times200$
偏心异径接头		$\phi50\times40$、$\phi75\times50$、$\phi110\times50$、$\phi110\times75$、$\phi160\times110$

2. 聚丙烯管件

PP－R 管件为一次注塑成形。规格齐全、美观价廉,安全可靠。管件的耐压等级比管道高一个等级。同时,用于与金属管道及水嘴、金属阀门连接的塑料管件,在连接端均带有耐腐蚀的金属内外螺纹嵌件。管件种类主要有:

(1)45°、90°弯头。用于管道转弯,两端均与管道热熔连接。

(2)直通。连接两段同径管子。

(3)法兰。管段与金属设备接口的连接件。

(4)承口外螺纹三通接头。带外螺纹嵌件的一端可与用水器或金属螺纹阀(内螺纹)相连接。管件其余两端与 PP－R 管热熔连接。

(5)承口内螺纹三通接头。用于与金属管端螺纹连接,其余两端与 PP－R 热熔连接。

(6)90°承口内螺纹弯头。带金属内螺纹嵌件的管端与金属管或水嘴连接,另一端热熔连接。

（7）承口内螺纹接头。用于一端与金属配件连接，一端与 PP－R 热熔连接。

（8）绕曲管。用于管道热补偿。

（9）承口外螺纹接头。用于一端与金属螺纹阀连接，另一端热熔连接。

（10）90°承口外螺纹弯头。金属配件的一端与阀门、水嘴连接，弯头带有固定支座，可牢固地固定于墙上。

3. 铝塑复合管管件

铝塑管件为专用铜管件，与管道连接采用卡套式，常用于生活饮用水系统，如图 3-5 所示。管接头由螺母、C 形压紧环、O 形橡胶圈、接头本体组成。

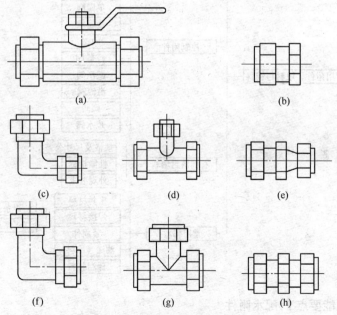

图 3-5 铝塑管的铜阀和铜管件

（a）球阀 （b）堵头 （c）异径弯头 （d）异径三通 （e）异径外接头

（f）等径弯头 （g）等径三通 （h）等径外接头

第二节　常用附件、填料与辅料

本节导读：

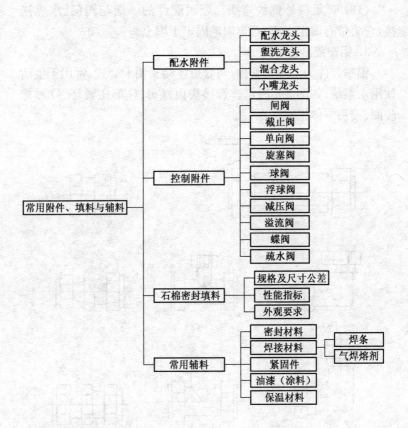

技能要点 1：配水附件

配水附件是指装在给水支管末端，专门供卫生器具和用水点放水用的各式水龙头（也称水嘴）。水龙头的种类很多，按照用途不同可分为:配水龙头、盥洗龙头、小嘴龙头及混合龙头。

1. 配水龙头

配水龙头按照其结构形式分为旋压式、旋塞式配水龙头。

(1)旋压式。旋压式配水龙头是一种最常见的普通水龙头,装在洗涤盆、盥洗槽、拖布盆和集中供水点上,专供放水用。通常用铜或可锻铸铁制成,也有塑料和尼龙制品。规格有 $DN15$、$DN20$、$DN25$ 等。

(2)旋塞式。旋塞式配水龙头是一种用于开水炉、沸水器、热水桶上的水龙头或者用于压力较小的给水系统中。用铜制成,规格有 $DN15$、$DN20$ 等。

2. 盥洗龙头

盥洗龙头是装在洗脸盆上专供盥洗用冷水或者热水的龙头,式样有多种。

3. 小嘴龙头

小嘴龙头是一种专供接橡胶管而用的小嘴龙头,所以又称接管龙头或皮带水嘴,适用于实验室、化验室泄水盆。规格有 $DN15$、$DN20$、$DN25$ 等。

4. 混合龙头

混合龙头是指装在洗脸盆、浴盆上作为调节混合冷热水之用的水龙头。

技能要点 2:控制附件

控制附件一般指各种阀门,用来启闭管路、调节水量或水压、关断水流、改变水流方向等。按照其驱动方式分为驱动阀门和自动阀门。阀门一般由阀体、阀瓣、阀盖、阀杆和手轮等部件组成。

1. 闸阀

闸阀的启闭件为闸板,由闸杆带动闸板做升降运动而切断或者开启管路,在管路中既可以起开启和关闭的作用,还可以调节流量。闸阀的优点是对水阻力小,安装时无方向要求,缺点是关闭不严密。闸阀按连接方式可以分为螺纹闸阀和法兰闸阀。

2. 截止阀

截止阀的启闭件为阀瓣,由阀杆带动,沿阀座轴线做升降运动而切断或者开启管路,在管路上起开启和关闭水流的作用,但是不能调节流量。截止阀关闭严密,缺点为水阻力大,安装时需注意安装方向(低进高出)。截止阀适宜用在热水、蒸汽等严密性要求较高的管道中。

3. 单向阀

单向阀的启闭件为阀瓣,用于阻止水的倒流。单向阀按照结构形式分为升降式和旋启式两大类。升降式仅能用在水平管道上,而旋启式既可用在水平管道上,也可用在垂直管道上。单向阀通常用在水泵出口和其他只允许介质单向流动的管路上。

4. 旋塞阀

旋塞阀的启闭件是金属塞状物,塞子中部有一孔道,绕其轴线转动 90°,即为全开或全闭。旋塞阀优点是结构简单、启闭迅速、操作方便、阻力小;缺点是密封面维修困难,在流体参数较高时旋转灵活性和密封性较差,广泛用于热水和燃气管路中。

5. 球阀

球阀的启闭件为金属球状物,球体中部有一圆形孔道,操纵手柄绕垂直于管路的轴线旋转 90°即可全开或全闭,多用在小管径管道上。球阀优点是结构简单、体积小、阻力小、密封性好、操作方便、启闭迅速、便于维修;缺点是高温时启闭较困难、水击严重、易磨损。球阀按照连接方式分为内螺纹式球阀和法兰式球阀。

6. 浮球阀

浮球阀是用来自动控制水流的补水阀门,一般安装在水箱或者水池上用来控制水位,水箱水位达到设定位置时,浮球浮起,自动关闭进水口;水位下降时,浮球下落,开启进水口,自动充水,保持液位恒定。浮球阀缺点是体积较大,阀芯易卡住引起关闭不严而溢水。

7. 减压阀

减压阀是通过启闭件(阀瓣)的节流,将介质压力降低,并且依靠介质本身的能量,使出口压力自动保持稳定的阀门。减压阀是将介质压力降低,用来满足用户的要求。

8. 溢流阀

溢流阀是当管道或者设备内的介质压力超过规定值时,启闭件(阀瓣)自动开启泄压,当低于规定值时,自动关闭,用来保护管道和设备。溢流阀按其构造可分为杠杆重锤式、弹簧式、脉冲式三种。

9. 蝶阀

阀板在90°翻转范围内起调节流量及关闭作用,是一种体积小、构造简单的阀门,操作扭矩小,启闭方便。蝶阀有手柄式以及蜗轮传动式,常用于较大管径的给水管道和消防管道上。

10. 疏水阀

疏水阀又称疏水器,是自动排放凝结水并且阻止蒸汽通过的阀门,常用的有机械型吊桶式疏水器、热动力型圆盘式疏水器。

技能要点 3:石棉密封填料

1. 规格及尺寸公差

石棉密封填料的规格及尺寸公差见表 3-2。

表 3-2 规格和公差　　　　(单位:mm)

规　格	公　差
3.0、4.0、5.0	±0.3
6.0、8.0、10.0	±0.4
13.0、16.0	±0.6
19.0、22.0、25.0	±0.8
28.0、32.0、350、38.0、42.0、45.0、50.0	±1.0

注:其他规格可由供需双方商定。

2. 性能指标

(1)橡胶石棉密封填料的性能指标见表 3-3。

(2)油浸石棉密封填料的性能指标见表 3-4。

(3)聚四氟乙烯石棉密封填料的性能指标见表 3-5。

表 3-3　橡胶石棉密封填料的性能指标

项　目		牌　号							
		XS550A	XS550B	XS450A	XS450B	XS350A	XS350B	XS250A	XS250B
体积密度	夹金属丝	≥1.1							
(g/cm³)	无金属丝	≥0.9							
烧失量(%)		≤24		≤27		≤32		≤40	
所用石棉布/线的烧失量(%)		≤19		≤21		≤24		≤32	
耐温失量(%)	夹金属丝	≤10	—	≤15	—	≤15	≤20	≤20	≤22
	无金属丝	—	—	—	—	≤17	≤20	≤20	≤22
压缩率(%)		20～45							
回弹率(%)		≥30							
摩擦系数		≤0.50							
磨损量(g)		≤0.30							

表 3-4　油浸石棉密封填料的性能指标

项　目		牌　号					
		YS350F	YS350Y	YS350B	YS250F	YS250Y	YS250B
体积密度(g/cm³)	夹金属丝	≥1.1					
	无金属丝	≥0.9					
所用石棉线支数(支)		≥4					
所用浸渍剂的石棉线烧失量(%)		≤24					≤32
所用润滑油闪点(℃)		300					240
浸渍剂含量(%)		25～45					

表 3-5　聚四氟乙烯石棉密封填料的性能指标

项　目	指　标
体积密度(g/cm³)	≥1.1
酸失量(%)	≤25
压缩率(%)	15~45
回弹率(%)	≥25
摩擦系数	≤0.40
磨损量(g)	≤0.10

3. 外观要求

(1)石棉密封填料表面石墨应涂得均匀,编织花纹应均匀、平整。不得沾污尘土杂质,不应有分层。外露线头、跳线 10m 内不得超过一处。外皮搭合处必须紧密贴合好,并不许位于螺旋或者圆盘的内侧。

(2)石棉编织填料应有一定的弹性。

(3)石棉密封填料应卷成螺旋状或圆盘形。螺旋的内径不小于盘根规格的 4 倍。成盘的盘根,每盘允许有一段不短于 1m 的短段。

技能要点 4:常用辅料

1. 密封材料

密封材料填塞于阀门、泵类以及管道连接等部位,起密封作用,保证管道严密不漏水。

(1)水泥。水泥用于承插铸铁管的接口、防水层的制作及水泵基础的浇筑等。常用的有硅酸盐水泥和膨胀水泥,常用水泥的强度等级为 32.5 级和 42.5 级。

(2)麻。麻属于植物纤维。管路系统中一般使用的麻为亚麻、线麻(青麻)、油麻等。平常提到的油麻是指将线麻编成麻辫,在配好的石油沥青溶液内浸透,然后拧干并且晾干的麻。

（3）铅油。铅油是用油漆和机油调和而成，在管道螺纹连接及安装法兰垫片时和麻油一起使用，起到密封作用。

（4）橡胶板。橡胶板用于活接头垫片、卫生设备下水口垫片以及法兰垫片等，用来保证接口的密封性。

（5）石棉橡胶板。石棉橡胶板可分为高压、中压和低压三种，在水暖管道安装工程中常用到的是中压石棉橡胶板。石棉橡胶板具有很强的耐热性，一般用做蒸汽管道中的法兰垫片、小型锅炉的入孔垫等，起到密封的作用。

2. 焊接材料

（1）焊条。

1）结构钢焊条供手工电弧焊焊接各种低碳钢、中碳钢、变通低合金钢及低合金高强度钢结构时作电极和填充金属之用。

2）铸铁焊条用做手工电弧焊补灰铸铁件、球墨铸铁件的缺陷。

3）铜及其合金焊条主要用于焊接铜、铜合金等零件。

（2）气焊熔剂。气焊熔剂又名气焊粉，是用氧一乙炔焰进行气焊时的助熔剂。

3. 紧固件

水暖管路系统中常用的紧固件有螺栓、螺母、垫圈、膨胀螺栓、射钉。

（1）螺栓和螺母。螺栓和螺母用于水管法兰连接和给排水设备与支架的连接，通常分为六角头螺栓、镀锌半圆头螺栓、地脚螺栓、双头螺栓和六角螺母等。

（2）垫圈。垫圈分为平垫圈和弹簧垫圈两种。平垫圈垫于螺母下面，降低螺母承受的压力，并起到紧固被紧固件的作用。弹簧垫圈可防止螺母松动，适用于经常受到振动的地方。

（3）膨胀螺栓。膨胀螺栓是用于固定管道支架及作为设备地脚的专用紧固件，一般分为锥塞型和胀管型。锥塞型膨胀螺栓较适用于钢筋混凝土建筑结构，胀管型膨胀螺栓适用于砖、木及钢筋混凝土等建筑结构。

(4)射钉。射钉用于固定支架和设备。借助于射钉枪中弹药爆炸产生的能量将钢钉射入建筑结构中。

4. 油漆(涂料)

油漆(涂料)是由不挥发物质和挥发物质两部分组成。在油漆涂刷到物体表面之后,挥发部分逐渐散去,剩下的不挥发部分干结成膜,这些不挥发的固体就称为油漆的成膜物质。

油漆按作用分为底漆和面漆两种。底漆直接涂在金属表面作打底用,要具有附着力强、防水和防锈蚀性能良好的特点。面漆是涂在底漆上的涂层,要具有耐光性、耐温性和覆盖性等特点,从而延长管道寿命。

5. 保温材料

常用保温主体材料有膨胀珍珠岩制品、超细玻璃棉制品及矿棉制品等,具有传热系数小、质轻、价低和取材方便等特点。保温辅助材料有铁皮、铝皮、玻璃钢壳、包扎钢丝网、绑扎钢丝、石油沥青、油毡及玻璃布等。

第四章 管材及管件加工制作

第一节 管材的加工

本节导读:

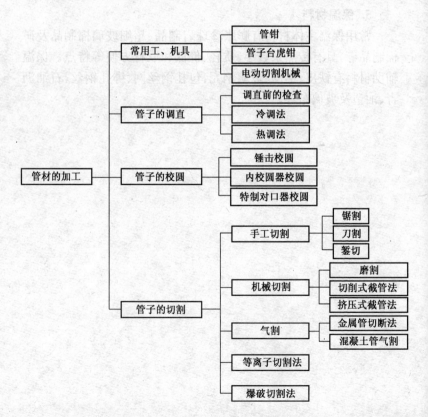

技能要点 1:管材加工常用工、机具

1. 管钳

(1)形式与规格。管钳又称为管子钳、管子扳手,其主要用于夹持和旋转各种管子和管路附件,也可用于扳动圆形工件。管钳分为张开式和链条式两种。

1)张开式管子钳示意图如图 4-1 所示。

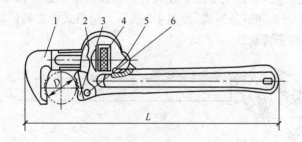

图 4-1　Ⅰ型管子钳

1. 活动钳口　2. 钳柄体　3. 固定钳口　4. 调节螺母　5. 片弹簧　6. 铆钉

张开式管钳由钳柄、套夹和活动钳口组成。活动钳口与钳柄用套夹相连,钳口上有轮齿方便咬牢管子使之转动,钳口张开的大小用螺母进行调节。管子钳的基本尺寸按照表 4-1 的规定。

表 4-1　管子钳的基本尺寸　　　　(单位:mm)

规　格	全长 L		最大夹持管径 D
	基本尺寸	偏差(精确到 0.00)	
150	150		20
200	200	3%	25
250	250		30
300	300		40
350	350	±4%	50
450	450		60

续表 4-1

规　　格	全长 L		最大夹持管径 D
	基本尺寸	偏差(精确到 0.00)	
600	600		75
900	900	±5%	85
1200	1200		110

2)链条式管钳主要用于较大管径以及狭窄的地方拧动管子。由钳柄、钳头和链条组成,如图 4-2 所示。链条式管钳是依靠链条来咬住管子转动的。

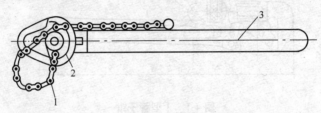

图 4-2　管钳
1. 链条　2. 钳头　3. 钳柄

(2)使用要点。

1)当使用管钳时,应该使两手动作协调,松紧适度,防止打滑。

2)当扳动管钳的钳柄时,用力要适当,当钳柄尾部高出操作者的头部时,不应采取正面攀吊的方式扳动钳柄。

3)管钳的钳口或链条上不应粘油,使用完后应妥善存放,长期不用时应涂油保护。

4)严格禁用管钳拧紧六角头螺栓等带棱工件,不能把管钳当作撬杠或锤子使用。

5)当管子细而管钳大时,要用手握钳柄的前部或中部,以减少扭力,防止管钳因为过力而损坏;当管子粗而管钳小时,要用手握钳柄的中部或后部,并用一只手按住钳头,使钳口咬紧不致打滑。扳转钳柄要稳,若拧过头不可以用倒拧的方法进行找正。

6)管钳要经常清洗和涂油,防止锈蚀。不要用小规格的管钳拧大口径的管子接头,也不要用大规格的管钳拧小口径的管接头,这样容易造成管钳损坏。

2. 管子台虎钳

(1)形式与规格。管子台虎钳(又称管压力钳、龙门压力钳)安装在钳工工作台上,可以用来固定工件,便于对工件进行加工。如用来夹紧锯切管子或者对管子套制螺纹等。管子台虎钳根据夹持管子直径的不同,可分为 $\phi \leqslant 50mm$、$\phi \leqslant 80mm$、$\phi \leqslant 100mm$ 和 $\phi \leqslant 150mm$ 四种规格。

(2)使用要点。在使用管子台虎钳时,必须将其牢固地垂直固定在工作台上,钳口一定要与工作台边缘相平或可稍往里一点,不允许伸出工作台边缘。固定后,它的下钳口应牢固可靠,上钳口可自由移动。管子只能装夹在符合规格的虎钳上,对过长的工件,其伸出部分必须支承稳固。对脆性或软的管件,应用布或铜皮垫在夹持部分,夹持不应过紧。工件装夹时,一定要插上保险销,压紧螺杆,旋转时用力适当,不得用锤击和加装套管旋转螺杆。如果长期不使用的话应该去污、擦净、涂油后存放。

3. 电动切割机械

(1)电锯(又称钢锯)。电锯由电动机带动钢锯条作往复直线运动,用于切断管径较大的管子。

(2)砂轮切割机(又称无齿锯)。砂轮切割机是由电动机带动砂轮片高速($v>40m/s$)旋转来切断金属管子。其效率较高,比手工锯割工效高达 10 倍以上,切断管子端面光滑,但会有少数飞边,只要用锉轻锉即可除去。

(3)电剪。电剪可用于薄钢板的直线和曲线的剪切,最大剪切厚度为 2.5mm,剪切最小半径为 30mm。

(4)自爬式自动割管机。自爬式自动割管机是一种切割金属管材(管径 $\phi 200 \sim \phi 1000mm$,壁厚 20mm)的电动工具,也可用于钢管焊接坡口加工。

　　(5)磁轮气割机。磁轮气割机具有永磁行走车轮,能够直接吸附在低碳钢管表面自动完成对管子周围方向的切割。其切割管径大于$\phi108mm$,切割表面粗糙度可达$Ra=25\mu m$。

技能要点 2:管子的调直

　　管子在生产及运输过程中难免产生弯曲现象,尤其是有色金属管线,本身强度低,更易弯曲。在安装过程中,为了保证工程质量,弯曲的管子在加工安装前要进行调直处理。

　　管子的调直方法有冷调和热调两种。冷调是将管子在常温状态下调直,它适用于有色金属管线和变形不大的$DN50$以下的碳钢管线。热调是将管子在加热的状态下调直。热调不仅适用于未进行安装的新管,同时也适用于安装后由于事故造成的管线变形。

1. 调直前的检查

　　管子在没有进行调直之前,首先应检查出管子的弯曲部分。最简单的方法是将管子一端抬起(直径较大的管子可平放在地面上),用一只眼从一端看向另一端,如管子一侧的表面是一条直径,则管子是直的。如果一面凸起,则另一面必然凹下。这时,就要在管子的弯曲部位做上标记,以备调直。

　　直径较大且较长的管子可用滚动方法进行检查。将管子放在两根平行且等高的型钢或钢管支架上,这两根型钢或钢管支架间的距离,最好为所检查管子长度的一半,然后使管子在支架上轻轻滚动。如果管子以均匀的速度滚动而不摆动,且可在任意的位置上停止时,可确定该管为直管。如果在滚动过程中时快时慢且来回摆动,而且停止时都在同一位置朝下,则可确定这根管子是弯曲的,弯曲部分在下面,做好标记,以备调直。

2. 冷调法

　　冷调法可分为如下三种:

　　(1)准备两把手锤,一把手锤顶在管子凹向的起点,以它作为支点,用另一把手锤敲打管子背面,即凸面高点,如图 4-3a 所示。

注意两把手锤不能对着打,防止打扁管子。两锤着力点应有一定距离,用力适当,反复矫正,直到调直为止。

(2)将管子放在平台上,立两铁桩作为着力点(如在车间内工作,根据设备结构,选择两点也可),如图 4-3b 所示。调直时两铁桩与管接触处最好垫木板及软金属以防止将管子弩扁。开始时将弯曲处置于前桩前 80～100mm,边用力找正边将管子前移,用力不能过大,过大反会使管子产生蛇形弯。

(3)将管子平放在地面上,凸面在上。一个人在管子的一端观察管子的弯曲部位,另一个人可按照观察者的指点,用木槌在弯曲部位凸面处敲打。方法是沿弯曲部位顺着管子进行,如图 4-3c 所示,决不能在凸起的最高点开始,那样反会给调直带来更多不便。

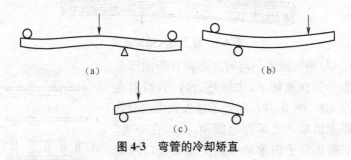

图 4-3　弯管的冷却矫直

3. 热调法

热调法称为火焰矫正更为准确。它是利用氧-乙炔火焰以及其他火焰,对管子的变形进行加热矫正的一种方法。火焰矫正的实质,是利用金属局部受热后,在冷却过程中产生的收缩而引起的新变形,去矫正各种已经产生的变形。火焰矫正绝大部分应用于已生产的系统,或因事故造成管线结构变形等场合。它不需要专门的工艺装备,同时不论管线变形的形状、位置、复杂程度如何,均可以恢复原状,而且质量好,成本低,所以在维修中得到广泛的运用。

对于普通碳素钢管来说,火焰矫正的加热温度一般取 600～

800℃,加热的火色为暗樱红色至樱红色。温度过低达不到矫正的效果,温度过高有损于金属的组织结构,所以温度的控制尤为重要。

火焰矫正有两种方法,一种是点状加热,一种是均匀加热。

(1)点状加热。点状加热适用于已安装好的管线,如发电厂锅炉因开车时点火不当造成爆炸,致使炉管变形,如图4-4所示。根据管子的直径、变形程度来确定加热的点数。加热位置选在管子背部,加热温度约为600～800℃,加热速度要快。每加热一点后迅速移到另一点,使两点同时收缩,使之达到要求。要注意钢管是比较容易变形的,加热时一定要掌握点的大小和数量。

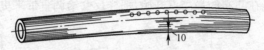

图4-4　管子的火焰矫正法

(2)均匀加热。均匀加热将有弯曲部分的管子放在地炉上,边加热边转动,当温度升至600～800℃时,将管子移放到由四根管子以上组成的支承面上滚动,火口在中央,使被矫正管子的重量分别支承在火口两端的管子上,如图4-5所示。支承用的四根管子保持在同一水平面上,加热的管子在上面滚动,利用管子的自重或用木槌稍加外力就可以将管子矫直。

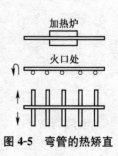

图4-5　弯管的热矫直

校直后,为了加速冷却,可以用废机油均匀地涂抹在火口上,保持均匀冷却,防止再产生弯曲及氧化。

火焰矫正的关键在于掌握火焰局部加热引起变形的规律。在不同位置的加热,可以矫正不同方向的变形。不同的加热量可以获得不同矫正变形的能力。一般情况下,加热量越大,矫正能力越强,矫正变形量也越大。但首要的是定出正确的加热位置和加热形状。如果加热位置错了或者加热形状不对,都不能得到预期的效果,甚至事与愿违。

技能要点 3:管子的校圆

在管道安装过程中,不可避免发生碰撞或者加工失误,而造成钢管的不圆,钢管的不圆部位多发生在管口处,因此,管子的校圆主要是针对管口位置进行的。管口校圆的方法有锤击校圆、内校圆器校圆和特制对口器校圆。其具体操作方法及使用范围见表4-2。

表 4-2　管子的校圆

方 法	操作要点
锤击校圆	操作时用手锤均匀地敲击椭圆长轴两端的就近部位进行校圆,并用圆弧样板检验校圆结果,如图 4-6 所示
内校圆器校圆	主要用来校圆变形较大或有瘪口现象的管子,如图 4-7 所示
特制对口器校圆	这种方法是在对口的同时进行校圆。操作时将圆箍套在圆口管的端部,并使管口探出约 30mm,使之与椭圆的管口相对,在圆箍的缺口内打入楔铁,通过楔铁的挤压把管口挤圆,如图 4-8 所示

图 4-6　锤击校圆

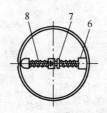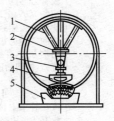

图 4-7　内校圆器校圆

1. 支柱　2. 垫板　3. 千斤顶　4. 压块　5. 火盆
6. 螺母　7. 扳把轴　8. 加减螺纹

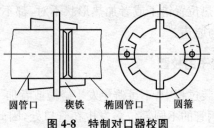

圆管口　　楔铁　　椭圆管口　　圆箍

图 4-8　特制对口器校圆

技能要点 4：管子的切割

1. 手工切割

（1）锯割。锯割适用于金属管道以及塑料管道，并可分为手工锯割和机械切割两种。两种方法的操作要点见表 4-3。

表 4-3　锯割操作

方　法	说　　明	操作要点
手工锯割	手工锯割是常用的一种切断管道的方法。用以切断镀锌钢管、铸铁管、塑料管等，割锯可分为手锯和机锯两种，在管道安装中使用手锯很普遍。手工切断即用手锯切断钢管。在使用细齿锯条时，因齿距小，只有几个锯齿同时与管壁的断面接触，锯齿吃力小，而不致卡掉锯齿，较省力，但切断速度慢，适于切断 DN40 以下的管材。使用粗齿锯条时，锯齿与管壁面接触的齿数较少，锯齿的吃力大，容易卡掉锯齿，较费力，但切断速度快，适用于切断 DN50～DN150 的钢管。为了防止将管口锯偏，可在管壁上预先划好线，划线方法是用整齐的厚纸板或油毡（样板）紧贴在管壁上，用石笔或铅笔在管子上沿样板画一圈即可	（1）手工锯条的锯齿粗细应按照管子的材料以及壁厚来选择，装锯条时，锯齿的前倾角应朝向前推的方向，且应松紧适当 （2）推锯时左手应放在锯弓前端上方，右手握住后部锯柄。手工锯管时，先将管子固定在管压力钳上，并沿管子周围划出切割线，然后对准切割线缓慢推锯进行切割。操作过程中，要保持锯条与管子轴线互相垂直，快锯断时应放慢速度，锯割时应锯至管子底部，不能将剩余部分折断 （3）操作时，两脚站成丁字步，一手在前一手在后。起锯时用力要轻，往复距离要短，如图 4-9a 所示。锯削时右手紧握锯把下压，左手扶锯弓的前上部上提，且运动方向保持水平，如图 4-9b 所示。向前时用力推锯进行切削，回拉时不加力，就这样反复推拉，直至将管子锯断 （4）切断时，锯条应保持与管子轴线垂直，才能使切口平直。如发现锯偏时，应将锯弓转换方向再锯。锯口要锯到底部，不应把剩下的一部分折断，防止管壁变形。如图 4-10 所示为锯割操作示意图 （5）不得用新锯条在旧锯缝中继续锯割，而应从另一侧面重新起锯

续表 4-3

方　法	说　明	操作要点
机械切割	机械锯割可分为往复式弓锯床和圆盘式机械锯两种。前者适用于切断 DN200 以下的各种金属管、塑料管；后者可用于切割有色金属管及塑料管	（1）用电锯切断管子时，先将管子固定在锯床上，并应夹紧、垫稳、放平，为了防止管口锯偏，用整齐的厚纸或油毡紧包在管外壁上，用石笔或红色铅笔在管壁沿样板画切割线 （2）用锯条或锯盘对准切割线，启动切割机开始切割。当临近锯断时，锯声变弱，应放慢速度，防止断口割伤

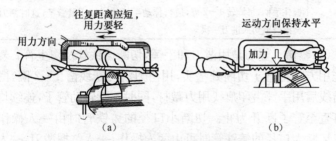

（a）　　　　　　　　　　　（b）

图 4-9　锯割操作姿势示意图

（a）起锯姿势　（b）锯削姿势

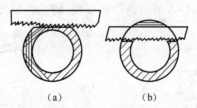

（a）　　　　　　　　　（b）

图 4-10　锯割方法操作示意图

（a）正确割锯　（b）错误割锯

（2）刀割。刀割是用管子割刀切断管子。操作要点见表 4-4。

表 4-4　刀割操作

项　目	内　容
说明	主要用于 DN100 以内的钢管切割，一般用于切割 DN50 以下的管子。具有切割速度快、切口平整、操作方便的优点，并且广泛应用于安装现场

续表4-4

项　目	内　容
操作要点	(1)用管子割刀切断管子时,先把管子固定好,然后将割刀和滚刀对准切割线,拧动手把使滚轮夹紧管子,逐渐转动螺杆,即可见滚刀切入管壁 (2)每进刀一次绕管子旋转一周,进刀量不宜过大,以免管口缩小或损坏刀片,如此不断加深刀痕,直至管道切断。割管时转动用力要均匀,不要左右晃动,防止损坏刀片 (3)在切割后,须用铰刀刮去其缩小部分,但切割时如进刀浅,则管径收缩较小,这样便可以用三角刮刀修刮管口代替铰刀。如图4-11所示,握住手柄,每旋转1～2周,适当拧动手柄使滚柱压紧管子,这时割刀片会沿管壁切入进刀一次

(3)錾切。錾切是用凿刀和手锤,切断铸铁管及陶土管。錾切时先用方木把管子切断处垫实,用凿刀沿切断线凿1～2圈,凿出切断线后用手锤沿印痕线用力敲打,同时不断转动管子,连续均匀敲打直至管子断开为止。切断小口径的铸铁管时由一人操作即可。切断大口径的铸铁管时可由两人操作,一人掌握凿刀,一人打锤。凿刀与被切割管子的角度要正确,防止打坏凿刀,如图4-12所示,錾切时,操作人员应戴防护眼镜,防止铁屑飞溅损伤眼睛。

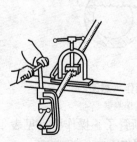

图4-11　用管子割刀切割管子的
　　　　　操作示意图

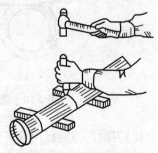

图4-12　铸铁管錾切

手握錾子要端正,錾子与被切割管子角度要正确,千万不要偏斜,锤击时用力要均匀且方向与錾子成一直线,以免打坏錾子。如图4-13所示。管子的两端不应站人。操作人员应戴防护眼镜,防止飞溅出的铁片碰伤脸或眼睛。当錾子刃口卷边或头部呈蘑菇状时,应及时修磨或更换。

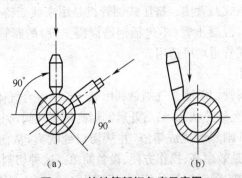

图 4-13 铸铁管錾切角度示意图
(a)錾子的正确位置 (b)錾子的错误位置

2. 机械切割

(1)磨割。磨割是利用高速旋转的砂轮将管子切断。使用砂轮切割机(无齿锯)切割,效率较高,比手工锯割工效高出 10 倍以上。切断的管子端面光滑,只有少数飞边,可用锉刀轻轻一锉即可除去。根据所选择的砂轮品种不同,可切割金属管、合金管、陶瓷管等。

砂轮切割机的操作要点如下:

1)首先在被切割管端画出切割线,把管子插入夹钳并夹紧。

2)切割时握紧手柄,压住按钮,将电源接通,稍加用力压下砂轮片,即可进行摩擦切割。在操作过程中不得松开按钮,操作者的身体切勿正对砂轮片,防止事故发生。砂轮片一定要正转,切勿反转。

3)当管子切断后,松开手柄按钮,切断电源停止切割。

(2)切削式截管法。切削式截管法是以刀具和管子的相对运动来截断管子。当割管机装在被切割的管子上后,通过夹紧机构把它牢靠地夹紧在管体上。切削管子是由两个动作完成:一个是由切削刀具对管子进行铣削;另一个是由爬轮带动整个割管机沿管子爬行进给。刀具的切入和退出是由操作人员通过进刀机构的摇把来实现的。

(3)挤压式截管法。挤压式锎管机是用来截断铸铁管、陶管、石棉水泥管、混凝土管(不包括钢筋混凝土管)的断管工具,固定式、非固定式管道均可适用。

3. 气割

(1)金属管切断法。气割是利用氧-乙炔混合气体的火焰,先将金属加热至红热状态,然后开启割炬高压氧气阀,利用氧气吹射切割线,使其剧烈燃烧成熔渣,并从切口处吹离,从而切断管子。气割的特点是效率高、操作方便、设备简单。这种切割方法适用于 $DN400$ 以内的碳素钢管的切割,不适用于合金钢、不锈钢、铜管、铝管的切割。

气割的操作要点如下:

1)切割前首先检查气割设备以及氧气、乙炔表是否能正常工作。

2)先稍微打开割炬的氧气调节阀,然后再开大乙炔阀,点燃气体。同时,调整火焰,使焰芯整齐,长度适度,再试开高压氧气调节阀,观察无异常现象(如突然熄火、放炮声)时即可进行切割。切割时火焰应对准切断线加热,待火焰红热时,开启高压氧气调节阀均匀切割。

3)操作时,首先在管子上划出切断线,并将管子垫平、放稳,同时在管子下面留出一定的空间。起割时,要先预热割件边缘,待火焰呈亮红色时,再逐渐打开切割氧气阀,同时沿着管子的切断线均匀、缓慢地向前推进切割,如图 4-14 所示。

4)用气割方法切割管子时,无论管子转动或者固定,割嘴应保持垂直于管子表面的状态,待割透后将割嘴逐渐前倾,倾斜到与割点的切线呈 70°~80° 角。气割固定管时,一般先从管子的下部开始。

5)割嘴与割件表面的距离应根据预热火焰的长度和割件厚度

来确定,一般以焰心末端距离割件 3~5mm 为宜。

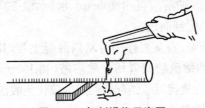

图 4-14　气割操作示意图

6)气割时,火焰焰心与管子表面应保持 3~5mm 的距离。切割进行中需要移动位置时,应先关闭切割氧气阀,待重新定位并预热后,方可开启切割氧气阀,并进行切割。操作中若发生回火现象,应立即关闭切割氧气阀,同时抬起割炬,关闭预热开关、氧气阀,待割嘴冷却并清通后方可继续切割。气割后的管子切口残留有氧化铁熔渣时,应使用锉刀或扁錾进行清除,同时保证管口端面与管子中心线垂直。

7)停割时,先关闭高压氧气阀,熄火时,先关乙炔阀后关氧气阀。

8)操作过程中要注意安全,操作人员应戴好劳动保护用品及有色护目镜。气割场地周围不得堆放易燃、易爆物品。氧气瓶、乙炔瓶应置于通风处,且与气焊操作点保持一定的距离。

(2)混凝土管气割。采用氧气-乙炔焰切割混凝土管时,应防止在高温火焰作用下混凝土表面会发生猛烈爆炸。

造成混凝土管表面发生爆炸的原因是局部混凝土在高温下由固态变成液态,体积急骤膨胀;混凝土中的结晶水受热汽化;混凝土中的空隙空气膨胀等,这些膨胀能在急骤释放时导致爆炸。防止爆炸的方法是将待熔割的工作面上刷涂酸性防爆剂。涂抹时,先用碳化焰将切割部位预热到 60~80℃,然后先涂硫酸铝或稀硫酸、稀盐酸溶液,后涂硫代硫酸钠溶液。硫代硫酸钠应当日配制当日使用。

1)对于碎石、卵石、矿渣为骨料的混凝土管,其防爆药剂常采用浓度为 40%～60% 的 100cm³ 硫酸溶液溶解 0.2g 铝,制成硫酸铝溶液;硫代硫酸钠溶液可由 100cm³ 水(水温 50℃ 以下)中溶解 20g 硫代硫酸钠配制而成。

2)对于石灰石、石灰岩作为骨料的混凝土管,其防爆药剂为浓度 40%～60% 的稀硫酸或者稀盐酸溶液,和 100cm³ 水(水温 50℃ 以下)中溶解 25g 硫代硫酸钠配制而成的硫代硫酸钠溶液。

4. 等离子切割法

等离子切割法是利用等离子切割设备产生的等离子弧的高热进行切割。其具有生产效率高、热影响区小、变形小、质量高的特点,可用于切割用氧-乙炔焰和电弧所不能切割或较难切割的不锈钢、铜、铝、铸铁、钨、钼甚至陶瓷、混凝土和耐火材料等非金属材料。

用等离子切割管材与电弧切割不同,等离子弧的电离度更高,不存在分子和原子,能产生更高的温度和更强烈的光辉,温度可达到 15000～33000℃,能量比电弧更集中,现有的高熔点金属和非金属材料在等离子弧的高温下都能被熔化。

用等离子弧切割的管件,切割后应用铲、砂轮将切口上含有的 Cr_2O_3 和 SiO_2 等熔瘤、过热层及热影响区(一般 2～3mm)除去。

5. 爆破切割法

爆破断管是将一定数量的炸药,即将直径 5.7～6.2mm 的矿用导爆索缠绕在需切割的管体表面,经起爆装置(雷管)使导爆索爆炸,用来切割管体。

爆破切管主要是利用导爆索高速爆炸瞬间形成的爆震波,让切割处的管壁周围承受足够的冲击压从而使管子被切断。爆切的切口质量和缠绕的导爆索的数量有关,导爆索缠绕的数量又和管子的材质、口径、壁厚以及缠绕的松紧程度有关。对于砂型离心铸铁管,采用一次爆切法切割,导爆索缠绕方式和需要的数量见表 4-5。

表 4-5 导爆索缠绕方式和数量

公称直径 (mm)	壁厚 (mm)	圈数	缠绕方式		用量(kg)
			各层圈数	缠绕方式	
200	10.0	3	2、1		2.3
250	10.8	5	2、2、1		4.5
300	11.4	5	2、2、1		5.3
400	12.8	5	2、2、1	外层为一 圈,向内逐 层递增一圈 的方式安排	7.2
450	13.4	5	2、2、1		9.2
500	14.0	6	3、2、1		10.5
600	15.6	6	3、2、1		12.2
700	17.0	6	3、2、1		14.5
800	18.5	10	4、3、2、1		25.6
900	20.0	10	4、3、2、1		31.0

爆破施工时,首先应把将要切割的铸铁管外皮污垢擦净,用木方垫起管身,使之不得滚动;然后,在管体切割处预放一条长200mm的胶布带,并以黑胶布带为起点,用导爆索沿管体周围缠圈。根据不同的管径缠绕完成符合上述规定的圈数后,用预放的胶布带包扎好,再与雷管及导火线相连,然后引爆。

使用此法进行地下切管时,先在需要断管的中间按照表4-5的缠绕要求爆切一次,然后再将需要切断部分的两端缠绕导爆索,用一雷管一次引爆,如图 4-15 所示。已埋管道爆切时,应挖爆切工作坑,且管体四周需离开沟槽底 300mm 以上,如图 4-16 所示。

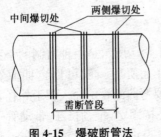

图 4-15 爆破断管法

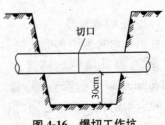

图 4-16 爆切工作坑

第二节　弯管的制作

本节导读：

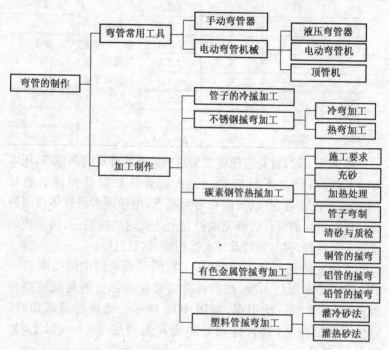

技能要点1：弯管常用工具

1. 手动弯管器

　　手动弯管器结构形式很多，如图4-17所示是一种自制的小型弯管器，将其用螺栓固定在工作台上使用一般可以弯曲直径DN32mm以下的管子。弯管时，把要弯曲的管子插入管子外径相符的定胎轮和动胎轮之间，把一端夹持固定，推动搬杠，带动管子绕定胎轮转动，把管子弯成所需角度为止。一对胎轮只能搬一种管径的弯管。管子外径发生改变,胎轮也必须更换。

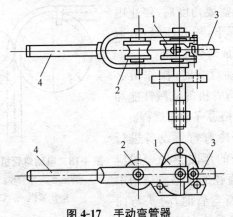

图 4-17 手动弯管器
1. 定胎轮 2. 动胎轮 3. 管子夹持器 4. 搬杠

2. 电动弯管机械

(1)液压弯管器。液压弯管器的操作方法与手动弯管器基本相同,并且省力省工,工效较高。弯管角度为 $90°\leqslant\alpha<180°$。

(2)电动弯管机。电动弯管机最大能弯制外径为 $\phi159$mm 的管子。电动弯管机由电动机通过减速机构带动固定在主轴上的弯管模旋转完成弯管工作。弯管时,使用的弯管模、导板和压紧模必须与所弯的管子外径相符,否则管子容易导致变形。

(3)顶管机。顶管机弯管时,先将管子顶端靠在两端固定的支点上,并在管子弯曲的中心套上胎具(胎具必须与管子直径配套,胎槽深于管子半径 5mm),然后在中心点上用顶棒加压推顶到所需位置,即可使管子弯到一定角度。

技能要点 2:管子的冷揻加工

冷揻是通过合理胎具来实现的。弯管时把管子放在弯管模和压紧模之间(图 4-18),调整导向模,使管子处于弯管与压紧的公切线位置,并使管子的起点对准切点,再用 U 形管卡将管子卡在弯管模上，然后启动电机开始弯管工作，弯至需要角度后，停止电机，拆出 U 形卡，松开压紧模，取出工件，即完成弯管工作。

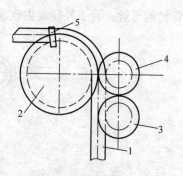

使用电动弯管时，操作员必须熟练掌握弯管机的机械性能和操作方法，严格遵守操作规程。

（1）采用冷弯弯管设备进行弯管时，弯头的弯曲半径一般应为管子公称直径的 4 倍。当用中频弯管机进行弯管时，弯头弯曲半径可为管子公称直径的 1.5 倍。

图 4-18　电动弯管机弯管示意图
1. 管子　2. 弯管模　3. 导向模
4. 压紧模　5. U 形卡

（2）金属钢管具有一定弹性，在冷弯过程中，当施加在管子上的外力撤除后，弯头会弹回一个角度。弹回角度的大小与管子的材质、管壁厚度、弯曲半径的大小有关，因此在控制弯曲角度时，应考虑增加这一弹回角度，因此�制度数要稍大些。

（3）管子冷弯后，对于一般碳素钢管，可以不用进行热处理；对于厚壁碳钢管、合金钢管有热处理要求时，则需要进行热处理；对有应力腐蚀的弯管，不论壁厚大小均应做消除应力的热处理。

技能要点 3：不锈钢揻弯加工

当不锈钢管在 500～850℃ 的温度范围内长期加热时，有析碳产生晶间腐蚀的倾向，因此，不锈钢一般不推荐采用热揻的方法，尽量采用冷揻的方法。若一定需要热揻，应采用中频感应弯管机在 1100～1200℃ 的条件下进行揻制，成形后立即用水冷却，尽快使温度降低到 400℃ 以下。

1. 冷弯加工

不锈钢管在进行冷弯加工时，既可以采用顶弯，也可以采用在有芯棒的弯管机上进行。

为防止不锈钢和碳钢接触,芯棒应采用塑料制品。常用的塑料芯棒为夹布酚醛塑料芯棒,可以保障管内壁的质量,可防止产生划痕、刮伤等缺陷。当夹持器和扇形轮为碳钢时,不锈钢管外应包薄橡胶板进行保护,用来防止碳钢和不锈钢接触,造成晶间腐蚀。

不锈钢管管壁较厚时,弯曲时可以不使用塑料芯棒。为了防止弯瘪和产生椭圆度,管内可装填粒径 0.075～0.25mm 的细砂,弯曲成形后应用不锈钢丝刷彻底清砂。当不锈钢管外径/壁厚≤8时,可以不用芯棒和填砂。

2. 热弯加工

不锈钢管热弯时,宜采用中频电热弯管机。为避免管子加热时被烧损,可使用保护装置,如图4-19 所示,通入氮气或者氩气进行保护。

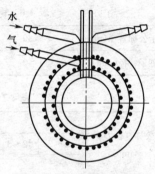

当由于条件限制,需要用焦炭加热不锈钢管时,为了防止炭土和不锈钢接触产生渗碳现象,不锈钢管的加热部位要套上钢管,加热温度要控制在 900 ～

图 4-19 将惰性气体送到加热区的保护装置

1000℃的范围内,尽量缩短 450～850℃敏感温度范围内的时间。当弯制不含稳定剂(钛或铌)的不锈钢管时,在清砂后还要进行热处理,防止晶间腐蚀倾向。

技能要点 4:碳素钢管热揻加工

热揻是一种较原始的弯管制作方法,是在管子灌砂后,再将管子加热来揻制弯管的方法。该方法灵活性较大,但效率不高,能源浪费大,成本高,在目前碳素钢管揻弯中已很少采用,但在一些有色金属管、塑料管的揻弯中仍有其明显的优越性。该方法主要包括灌砂、加热、弯制和清砂四道工序。

1. 施工要求

(1)管材选择时,应选择质量好、无锈蚀及裂痕的管子;对于高、中压用的撖弯管子应选择壁厚为正偏差的管子。

(2)弯管用的砂子应根据管材、管径对砂子的粒径、耐热度进行选用。碳素钢管用砂子的耐热度应在 1000℃ 以上,砂子的粒径应按照表 4-6 的要求选用。为使充砂密实,充砂时不应只用一种粒径的砂子,而应按照表 4-7 进行级配。其他材质的管子一律采用细砂,耐热度要适当高于管子加热的最高温度。

表 4-6　钢管充填砂的粒径

管子公称直径(mm)	<80	80～150	>150
砂子粒径(mm)	1～2	3～4	5～6

表 4-7　粒径配合比

公称直径 DN (mm)	粒径(mm)						
	1～2	2～3	4～5	5～10	10～15	15～20	20～25
	百分率(%)						
25～32	70		30				
40～50		70	30				
80～150			20	60	20		
200～300				40	30	30	
350～400				30	20	20	30

注:不锈钢管、铝管及铜管弯管时,不论管径大小,其填充用砂均采用细砂。

(3)充砂平台的高度应低于撖制最长管子的长度 1m 左右,方便装砂。充砂平台一般用脚手架杆搭成,为了让操作者在平台上操作方便,从地面算起每隔 1.8～2m 分一层,在顶部设一平台,供装砂使用。

如果撖制大管径的弯管,在充砂平台上层需装设挂有滑轮组的吊杆,方便吊运砂子和管子。

(4)地炉位置应尽量靠近弯管平台,地炉为长方形,其长度应大于管子加热长度 100～200mm,宽度应为同时加热管子根数乘以管外径,再加 2～3 根管子外径所得的尺寸为宜。炉坑深度可为 300～500mm。地炉内层用耐火砖砌筑,外层可用红砖砌筑。

(5)摵管平台一般用混凝土浇筑而成,平台要光滑平整。在浇筑平台时,应根据摵制的最大管径,铅垂预埋两排 $DN60～DN80$ 的钢管,作为挡管桩孔用,管口应经常用木塞堵住,防止混凝土或其他杂物掉入管内,影响今后使用。

(6)鼓风机的功率应根据加热管径的大小选用,管径在 $DN100$ 以下为 1kW;$DN100～DN200$ 为 1.8kW;$DN>200$mm 以上为 2.5kW。管径很大则应适当加大鼓风机功率。为了便于调节风量,鼓风机出口应设插板;为使风量分布均匀,鼓风管可做成丁字形花管,花眼孔径为 10～15mm,要均布在管的上部。

(7)现场准备工作中,要注意对各工序作合理的布置。加热炉应平行地靠近摵管平台,充砂平台与加热炉之间的道路要畅通,一般布置情况可如图 4-20 所示。此外,还要准备有关摵弯的样板和水壶,方便控制热摵的角度和加热范围。

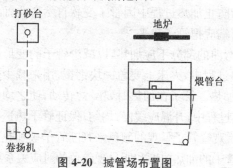

打砂台

地炉

煨管台

卷扬机

图 4-20 摵管场布置图

2. 充砂

对要进行人工热摵弯曲的管子,首先应进行管内充砂,充砂的目的是减少管子在热摵过程中的径向变形,由于砂子的热惰性,从而可延长管子出炉后的冷却时间,方便摵弯操作。其具体操作如下：

(1)砂子填充前,必须烘干,防止管子加热时因水分蒸发,造成压力增加,使水蒸气跑掉,以致砂子不密实,将严重影响管子撖弯的质量。

(2)充砂前,对于公称直径小于100mm的管子应先将管子一端用木塞堵塞,对于直径大于100mm的管子则用钢板堵严,然后竖在灌砂台旁。

(3)在用砂子灌入管子的同时,用手锤或用其他机械不断地振动管子,使管子逐层振实。手锤敲击应自下而上进行,锤面注意放开,减少在管壁上的锤痕。

(4)管子在用砂子灌密实后,应将另一端用木塞或钢板封堵密实。

3. 加热处理

(1)施工现场一般用地炉加热,使用的燃料应是焦炭;地炉要经常清理,防止结焦而影响管子均匀加热。焦炭的粒径应在50～70mm左右。当撖制管径大时,应采用大块焦炭。

(2)管子在地炉中加热时,要使管子应加热的部分处于火床的中间地带,为防止加热过程中因管子变软自然弯曲,而影响弯管质量,在地炉两端应把管子垫平。

管子不弯曲的部分不应加热,以减少管子的变形范围。

(3)加热过程中,火床上要盖一块钢板,用来减少热量损失,并使管子迅速加热。管子在加热时要经常转动,使之均匀加热。

(4)加热过程中,升温应缓慢、均匀,保证管子热透,并防止过烧和渗碳。通常观察管子呈现的颜色来判断管子被加热的温度,碳素钢管加热时管子的加热温度和所呈现颜色的对应关系见表4-8。

表4-8　管子加热时的发光颜色

温度(℃)	550	650	700	800	900	1000	1100
发光颜色	微红	深红	樱红	浅红	深橙	橙黄	浅黄

(5)管子加热过程中,要随时注意管子颜色的变化,特别是在加热后期,既要避免过烧,也要避免欠火。同时,要尽可能使被加热的管子基本上呈现统一的颜色。当管子加热到颜色呈红中透黄约 850~950℃(小直径的管子取低的温度),且没有局部发暗的部位时,就可以出炉揻制了。

(6)当加热直径 150mm 以上的管子时,并达到要求的加热温度后,应停止鼓风,再加热一段时间,目的是使管内砂子烧透,使内部温度一致,且又不使管壁温度过热。

(7)加热时一定要避免管子出现白亮的火花,这表示管子局部已熔化,严重影响了材料的强度,以致不能使用。

4. 管子弯制

(1)加热完成后,应先把加热好的管子运到弯管平台上,然后再弯制。如果管子在搬运过程中产生变形,则应调直后再进行揻管。

对于直径不大于 100mm 的管子,可用抬管夹钳人工抬运;对于直径大于 100mm 的管子,因砂已充满,抬运时很费力,同时管子也容易变形,尽量选用起重运输设备搬运。

(2)通常管径小于 100mm 的管子用人工直接揻制;管径大于 100mm 的管子用一般卷扬机牵引揻制。

(3)管子运到平台上后,一端夹在插于揻管平台挡管桩孔中的两根插杆之间,并在管子下垫两根扁钢,使管子与平台之间保持一定距离,防止在管子"火口"外侧浇水时加热长度范围内的管段与平台接触部分被冷却。用绳索系住另一端,揻前用冷水冷却不应加热的管段,然后进行揻弯。

(4)在揻制过程中,管子的所有支撑点及牵引管子的绳索,应在同一个平面上移动,否则容易产生"翘"或"瓢"的现象。

(5)在揻制时,牵引管子的绳索应与活动端管子轴线保持近似垂直,如图 4-21 所示,以防管子在插桩间滑动,影响弯管质量。

(6)管子在揻制过程中,如局部出现鼓包或起皱时,可在鼓出

的部位用水适当浇一下,以减少不均
匀变形。弯管接近要求角度时,要用
角度样板进行比量,在角度稍稍超过
样板 3°～5°时,就可停止弯制,让弯
管在自然冷却后回弹到要求的角度。

　　(7)如果操作不慎,弯制的角度
与要求偏差较大,可根据材料热胀冷
缩的原理,沿弯管的内侧或外侧均匀
浇水冷却,使弯管形成的角度减小或
扩大,但这只限于不产生冷脆裂纹材
质的管子,对于高、中压合金钢管热
搣时不得浇水,低合金钢不宜浇水。

　　(8)在一根管子上要弯制几个单
独的弯管(几个弯管间没有关系,要
分割开来使用),为了操作方便,可以

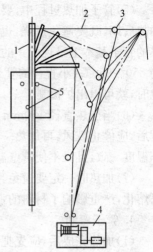

图 4-21　卷扬机弯管示意图
1. 管子　2. 绳索　3. 开口滑轮
4. 卷扬机　5. 插管

从管子的两端向中间进行,同时注意弯制的方向,以便再次加热
时,便于管子翻转。

　　(9)管子弯制终了的温度不应低于 700℃,如不能在 700℃ 以
上弯成,应再次加热后继续弯制。弯制成形后,在加热的表面要涂
一层机油,防止继续锈蚀。

　　5. 清砂与质检

　　管子冷却后,即可将管内的砂子清除,管内壁粘附的砂粒可用
钢丝刷和压缩空气清掉。

　　弯好的弯管应进行质量检查。主要检查弯管的弯曲半径、椭
圆度和凸凹不平度是否符合要求。

　　技能要点 5:有色金属管搣弯加工

　　1. 铜管的搣弯

　　铜管的硬度比钢管的硬度要低,在热搣时为防止管子被砂粒

压得凹凸不平和产生划痕,一般应用河砂经过 80 孔/cm² 和 120 孔/cm² 筛子过筛,筛除过大或过小的砂粒,除去杂质并经过烘干后才能往管子里灌。灌砂时用木槌敲击。为了方便控制温度,应使用木炭加热,在胎上弯制。

加热好的铜管遇水骤冷会产生裂纹,因此在弯制时不可以浇水,这就要求灌砂一定要密实,加热温度一定控制在 400~450℃ 之间。

纯铜管的性质与黄铜管不同,纯铜管加热温度一般应控制在 540℃ 左右。加热好后,应先浇水使其淬火,降低硬度。同时,浇水可使纯铜管在高温下形成的氧化皮脱落,表面光洁,然后,在冷态下用模具进行搣制成形。

对于管径较小、管壁较薄的铜管,还可以采用把铅熔化后灌入铜管的方法,等铅凝固后弯制成形,然后再次加热,将铅熔化倒出。

2. 铝管的搣弯

铝管弯制时也应装入与铜管要求相同的细砂,灌砂时用木槌或橡皮锤敲击。放在用焦炭做底层的木炭火上加热,为便于控制温度,加热时应停止鼓风,加热温度控制在 300~400℃ 之间(当加热处用红铅笔划的痕迹变成白色时,温度 350℃ 左右)。弯制的方法和碳素钢管相同。

3. 铅管的搣弯

铅管的特点之一是质软且熔点低,为防止充填物嵌入管壁,一般采用无充填物的以氧—乙炔焰加热的热搣弯管法;当弯制铅板卷管或某些弯曲半径小而弯曲角度大的弯管时,还可以采用剖割弯制法。

(1)加热搣弯法。采用加热搣弯铅管时,每段加热的宽度约 20~30mm 或更宽些,加热区长度约为管周长的 3/5,加热的温度为 100~150℃,为防止弯制时弯管内侧出现凹陷的现象,在加热前应把铅管的弯曲段拍打成卵圆形,如图 4-22 所示。

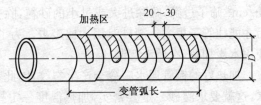

加热区长为
(3/5)πD

断面折成卵圆形

加热区

20～30

变管弧长

图 4-22　铅管的空心弯制

加热后弯制时用力要均匀,每一段弯好后,先用样板进行校核,使之完全吻合,随后用湿布擦拭冷却,防止在弯制下段时发生变动。如此逐段进行,直至全部弯制成形,若发现某一段弯制得不够准确,可重新加热进行调整。在弯制过程中,加热区有时会出现鼓包,可用木板轻轻地拍打。

(2)剖割弯制法。采用剖割弯制法加工时(图 4-23),弯制前应把管子割成对称的两半,再分别弯制。首先把作为弯管内侧的一半加热弯曲,以样板比量校核,无误后,再弯制作为弯管外侧的另一半。因切口

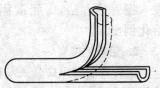

图 4-23　铅管的剖割弯制

部分管材的刚度较大,后一半加热时要偏重于割口部分。边加热边弯曲,使之与校核过的内侧逐段合拢。每合拢一段后,随即把合拢部分焊好,直至合拢焊完。

铅管剖割弯制,中心线长度不变,但割开后弯制时割口线已不再是弯制部分的中心线了,作为内侧的一半要伸长,作为外侧的一半看上去则显出缩短,于是当割口合拢后,就会出现错口现象,错口的长度在弯制 90°弯头时大约等于弯制的管径。在弯制完成后,应把错口部分锯掉。

铅管剖开后分别弯制时,每一半各自的刚度都比整个圆管要差,因此在弯制内侧一半时可能会出现凹陷现象,应随时用木槌或橡胶锤在内壁进行整修。在弯制过程中,还应随时用湿布擦拭非

加热区,防止变形。

技能要点 6:塑料管揻弯加工

弯曲塑料管的方法主要是热揻,加热的方法一般采用的是灌冷砂法与灌热砂法。

1. 灌冷砂法

将细的河砂晾干后,灌入塑料管内,然后用电烘箱或蒸汽烘箱加热,蒸汽烘箱加热如图 4-24 所示。

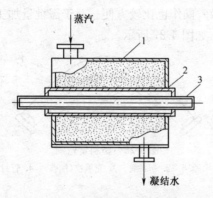

图 4-24 蒸汽加热烘箱示意图
1. 烘箱外壳 2. 套管 3. 硬聚氯乙烯塑料管

为了缩短加热时间,也可在塑料管的待弯曲部位灌入温度约 80℃的热砂,其他部位灌入冷砂。在加热时要使管子加热均匀,为此应经常将管子进行转动,若管子较长,则注意从烘箱两侧转动管子时动作要协调,防止将已加热部分的管段扭伤。

2. 灌热砂法

将细砂加热到表 4-9 所要求的温度,直接将热砂灌入塑料管内,用热砂将塑料管加热。管子加热的温度大致凭手感得知,当用手按在管壁上有柔软的感觉时就可以揻制了。

表 4-9 塑料管热弯温度

管道材料	聚乙烯		未增塑聚氯乙烯
	低密度	高密度	
热弯温度(℃)	95～105	140～160	120～130

由于加热后的塑料管较柔软,内部又灌有细砂,可将其放在模具上,如图 4-25 所示,并靠自重弯曲成形。这种弯制方法只有管子的内侧受压,对于口径较大的塑料管极易产生凹瘪,为此,可采用三面受限的木模进行弯制,如图 4-26 所示。由于受力较均匀,撖管的质量较好,操作也比较方便。对于需批量加工的弯头,也可用模压法弯制,如图 4-27 所示。

图 4-25 塑料管弯制

1. 木胎架 2. 塑料管 3. 充填物(细砂) 4. 管封头

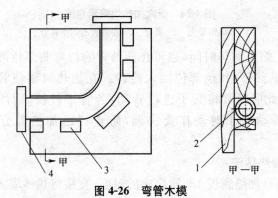

图 4-26 弯管木模

1. 木模底板 2. 塑料管 3. 定位木块 4. 封盖

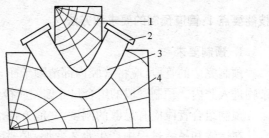

图 4-27　模压法弯管
1. 顶模　2. 封头　3. 塑料管　4. 底模

第三节　管　道　预　制

本节导读:

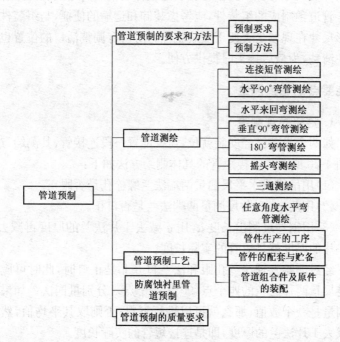

技能要点 1:管道预制的要求和方法

1. 预制要求

预制完毕的管段,应将管腔内部清理干净,封闭好管口,严防杂物进入腔内。预制管段的组合尺寸偏差应符合设计要求。

预制组合管段应有足够的刚度,并能方便运输。为了防止组合件在运输和吊装过程中产生永久变形,必要时应加装临时支持架,待安装就位后再拆除。管道预制完毕后应及时编号,运往现场,并且妥善保管。

2. 预制方法

管道预制时,首先要绘制管道单线加工图(也称管段图)。有了管段图后,要到现场进行复核,防止图纸和现场不符,每段管线都应标明尺寸和标高。偏置管线还应标明偏置的角度和方向。

管道预制成的组装件,应考虑装卸和运输的便捷,与组装件的外形尺寸在现场是否便于安装就位。对留有调整活口的位置也应标注清楚,为最后接头时提供方便。

技能要点 2:管道测绘

1. 连接短管测绘

如两个设备已经安装就位,需要配置一段连接管,其测绘方法如图 4-28 所示。连接短管的具体测绘方法如下:

(1)用吊线或水平尺测量两端法兰螺栓孔是否眼正。

(2)用两个 90°角尺测量两端法兰是否口正。

(3)用钢卷尺测出长度 a,用 a 减去 1 片法兰的厚度再减去 2 片垫片的厚度就是短管的实际长度。

经过测绘发现法兰孔眼和法兰口并非是正口时,此时可应用钢卷尺量两片法兰的四个点(90°为一个点),分别量四次。如果四次测量是一个数值,那么就可以进行下料;否则取其平均值,然后再减去 1 片法兰的厚度,即是连接短管的实际长度。

2. 水平 90°弯管测绘

水平 90°弯管的测绘如图 4-29 所示,其具体测绘方法如下:

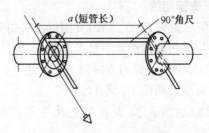

图 4-28 短管测绘方法

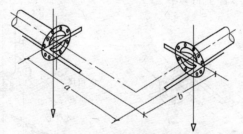

图 4-29 水平 90°弯管测绘方法

(1)用水平尺或吊线测量出两端法兰孔眼和上下方向是否垂直。

(2)用两把大角尺测绘法兰水平平行面,并在保证成 90°角的情况下用尺测绘 90°弯管的两端长 a、b,并用测绘长度减去法兰半径。

3. 水平来回弯测绘

如图 4-30 所示为水平来回弯管,水平来回弯用于在同一平面内,且不在同一中心线上的两个法兰口的连接,其测量方法如下:

(1)用吊线或水平尺测量两端法兰眼和法兰口是否口正。

(2)用两个 90°角尺与钢卷尺测量来回弯管长度 a 和 b,并测量出两端法兰偏口的情况。

(3)b 的宽度加上法兰半径即为实际长度。

4. 垂直 90°弯管测绘

如图 4-31 所示为垂直 90°弯管,其测量方法如下:

(1)用水平尺或吊线测绘水平法兰孔眼。

(2)用 90°角尺沿水平管的方向测绘直管法兰孔眼。

(3)用水平尺测绘两端法兰端口。

(4)用吊线测绘出 b 长,b 长加上法兰半径即为弯管水平管长。

(5)用水平尺以及吊线测绘出 h 长,h 长加上水平尺厚度和法兰半径即为弯管垂直管长。

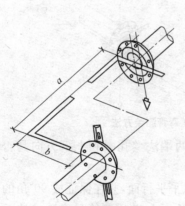

图 4-30　水平来回弯测绘方法

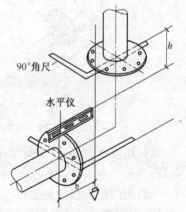

图 4-31　垂直 90°弯管测绘方法

5. 180°弯管测绘

180°弯管测绘方法如图 4-32 所示,具体测绘方法如下:

(1)用吊线或水平尺测绘两端法兰孔眼。

(2)用水平尺测绘两端法兰垂直面,用吊线或角尺测绘两端法兰水平方向口。

(3)用尺测绘 180°弯管 a、b。

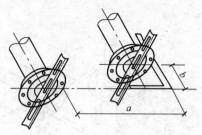

图 4-32 180°弯管测绘方法

6. 摇头弯测绘

如图 4-33 所示为摇头弯管,摇头弯用于在空间相互交错的两个法兰的连接,其测量方法如下:

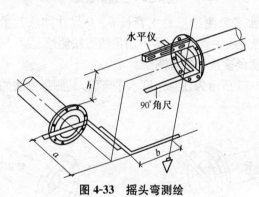

图 4-33 摇头弯测绘

(1)用吊线或水平尺测量两端法兰螺栓孔是否眼正。

(2)用吊线或 90°角尺测量 a、b 长,并测量两端法兰水平方向是否口正,用水平尺和吊线测量上下方向是否口正。

(3)用水平尺和线锤测量摇头高 h。h 尺寸加法兰半径即为实际长度。

7. 三通测绘

如图 4-34 所示为垂直 90°弯管,其测量方法如下:

(1)三通管测绘与短管测绘为同一方法。

(2)水平尺测绘三通支管法兰端是否口正,用 90°角尺测绘法兰孔眼是否眼正。

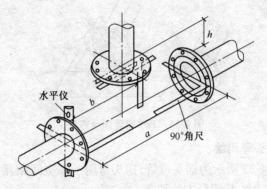

图 4-34　三通测绘

（3）用水平尺测绘三通支管长 h。h 尺寸加法兰半径即为实际长度。若三通主管为偏心，可用吊线方法测绘。

8. 任意角度水平弯管测绘

如图 4-35 所示为任意角度水平弯管，其测量方法如下：

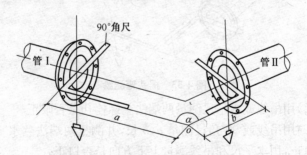

图 4-35　任意角度水平弯管测绘方法

（1）用线坠或水平尺量出两端法兰孔眼的上下方向是否垂直。

（2）用两把大的 90°角尺测绘法兰水平平行面，并用钢卷尺读出任意弯管两端的 a、b 尺寸，然后再分别减去法兰半径，即为弯管两端的实际长度。

技能要点 3:管道预制工艺

1. 管件生产的工序

(1)流水线是由管件的生产和管道组合件的装配清洗组成。其工序包括:制作管件、将制成的管件装配成组合件。同时,应尽量实行同型管件的系列化加工。

(2)管道加工厂对预制成的管道组合件,对只有当法兰接口有大量手工焊缝,以及与阀件、检测仪表与自动装置装配起来的组合件才进行水压试验。在其他情况下,管道预制的质量只在整条管线安装后进行试验时才做检验。

2. 管件的配套与贮备

(1)管道加工厂必须保存可供两周以上使用的管件与材料贮备,用来保证组合件生产的连续性,防止中途停工待料。

(2)根据管道组合件明细表,以各种管件和材料进行管道组合件的配套工作。例如管道加工厂缺少个别管件时,可用其他零件代用,但不能降低管道工程的质量。

(3)在预制管道组合件时,对暂缺的管子常以性能相近的管材取代,但管壁须稍厚;法兰及其他管件也可以耐压等级较高的代用。

(4)以代用的管件装配成组合件,其尺寸可能不能符合原设计的尺寸要求,但可从加长或缩短直管段来进行调整。

3. 管道组合件及原件的装配

管件与组合件的装配应使用各式工具在专用机具上进行,以保证安装时的高精度和提高装配效率。管件与组合件的焊接尽量采用自动或半自动焊接,并尽可能使用定位器、操作架、回转架(转台)及其他机具。手工焊接则只在组合件形状复杂、不能采用自动或半自动焊接时才使用。

(1)装配工艺。管道组合件的装配工艺如下:

1)将管道组合件上的各个管件配成套。

2)装配管道组合件及元件。

3)自动焊接管道元件。

4)将管道元件装配成平面和立体组合件。

5)焊接管道组合件。

6)将各组合件标号并分类存放。

(2)管子与法兰装配。法兰与管子连接包括焊接和卷边连接两种方法。焊接法是将法兰焊到管端,卷边法则将管端套装到法兰孔内后做卷边。

1)对于直径较小的平面法兰与管端定位点焊时,使用的定位器(图 4-36)是由平台(底板)、心棒和可根据管子内径更换的套筒构成的,结构较简单。

2)对于装到直径 $DN150\sim DN200$ 管子上的平面法兰和对焊法兰,当法兰与管子中心线对中心时,可以采用如图 4-37 所示的工具。该工具由连杆机构、圆盘及螺纹杆、螺旋扳手组成。装配法兰时,将连杆机构在管内撑起,顺时针方向旋转螺旋扳手,将顶杆靠到管内壁上,这样圆盘就与管子中心线垂直了。

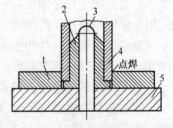

图 4-36　小直径平面法兰定位器

1. 法兰　2. 可换用的导向套筒
3. 心棒　4. 管子　5. 平台(底板)

平面法兰根据工具上的圆盘进行调整(图 4-37 位置 Ⅰ),对焊法兰则根据管端及工具的夹板进行调整(图 4-37 位置 Ⅱ)。法兰位置调整平正后,用手弧焊点焊定位。

(3)管道元件装配。管道元件应在装配台上进行。常用的法兰对焊车如图 4-38 所示,可对焊 $DN500$ 以下的法兰。这种工具常安装在导轮上,当管道元件装配点焊定位后,很容易脱开,并且要求逐个地将法兰内孔与管子定心。

装配施工时,可将要焊接的法兰放到两只可以换用的卡销上,卡销的直径按照法兰的螺栓孔直径选用。卡销利用两根导程螺栓和手柄分开,使法兰螺栓孔的位置与垂直中心线对称定位。法兰与管子纵向中心线的垂直度是依靠把法兰镜面压到调整架上面来达到要求。法兰与管子中心线的重合可利用螺栓及手柄沿垂线移动法兰架而达到要求。

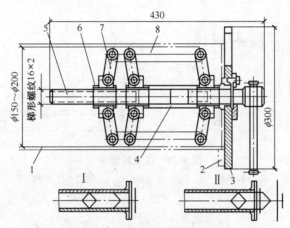

图4-37 法兰定位用的连杆机构

Ⅰ. 平面法兰点焊定位连接时连杆机构的放置部位

Ⅱ. 对焊法兰点焊定位连接时连杆机构的放置部位

1. 管子 2. 法兰 3. 调整用圆盘 4. 套管 5. 螺纹扳手
6. 螺纹连接器 7. 连杆 8. 夹板

(4)平面法兰装配。平面法兰装配可使用如图4-39所示的工具,与图4-38所介绍的工具的不同点在于,平面法兰装配是以环锥体代替卡销。环锥体的直径相当于装配的管子元件的内径。环的厚度等于法兰突出部与管子端部的距离值;环锥体的端面则与其中心线严格保持垂直性。该工具可用于 $DN50 \sim DN250$ 的管子与法兰装配上,如果更换环锥体时,可扩大用于 $DN500$ 的法兰装配。

装配时,把法兰装到管端并使法兰镜面顶靠到环锥体的端面上,以保持法兰对管子中心线的垂直性。调整架可沿高度方向进

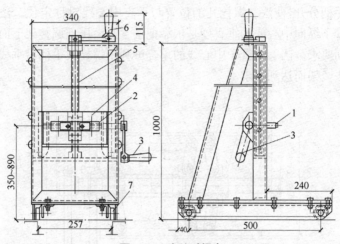

图 4-38　法兰对焊车

1.卡销　2.导程螺栓　3.手柄　4.调整架　5.螺栓　6.手柄　7.导轮

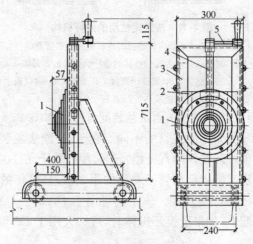

图 4-39　平面法兰装配工具

1.环锥体　2.调整架　3.框架　4.升降螺杆　5.手柄

行调整,方便与管子中心线保持相应的高度值。调整时,只要以手柄摇动升降螺杆即可使调整架上升或下降。

(5)装配质量要求。法兰套装到管端须符合下列要求:

1)法兰对管子中心线的偏移允许误差不得超过表 4-10 中的规定值(沿管子的外径测量)。

表 4-10　法兰偏移允许误差　　（单位:mm）

工作压力 (MPa)	偏移允许误差值 a			
	$D_w<100$	$D_w=100\sim250$	$D_w=300\sim400$	$D_w>400$
<4	1	1.5	2.5	3
>4	0.5	1	1.5	2

2)装配法兰时,应使法兰上的螺栓孔与水平或垂直中心线对称分布,不得与两中心线重合,如图 4-40 所示。法兰螺栓孔中心线相对于对称中心线的偏移量不得超过表 4-11 所列规定。

法兰螺栓孔沿管子圆周的偏移值可用线坠或水平仪检查。检查时,应先找准其水平中心线

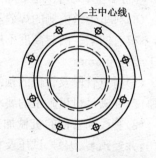

图 4-40　法兰在管端的安装位置

和垂直中心线,然后再用直尺测量出螺栓孔的偏移值。

表 4-11　法兰螺栓孔中心线的偏移允许误差
（单位:mm）

法兰螺栓孔直径 d	18~25	30~34	41
允许偏移量 δ	±1	±1.5	±2

技能要点 4:防腐蚀衬里管道预制

防腐蚀衬里管道预制,尚需符合下列要求:

(1)衬里管道宜采用无缝钢管或铸铁管预制。铸铁管及其管件的内壁应平整光滑,无砂眼、缩孔等缺陷。

(2)玻璃、搪瓷衬里的管道必须采用无缝钢管。扩口处不应有皱纹及裂纹。法兰应按衬里要求加工。异径管长度应尽量短,大端直径不应超过小端直径的3倍。

(3)衬里管道宜使用成型管件,并用焊接法兰或活套法兰连接。

(4)采用平焊法兰时,法兰内口焊缝应修磨成半径大于或等于5mm的圆弧。采用对焊法兰时,焊缝内表面应修整,不得有凹凸不平、气孔、夹渣、焊瘤等缺陷。

(5)衬里弯头、弯管,只允许一个平面弯,弯曲角度不应大于90°,弯曲半径不小于外径的4倍。

(6)衬里管道内侧的焊缝不应有气孔、夹渣、焊瘤,并应修磨平滑,不得有凹陷。凸起高度不应超过2.5mm。转角处圆弧半径应大于或等于5mm。

(7)衬里管段及管件的预制长度,应考虑法兰间衬里层和垫片的厚度,并满足衬里施工的要求。

(8)管段和管件的机械加工、焊接、热处理等应在衬里前进行完毕,并经预装、编号、试压及检验合格。

技能要点 5:管道预制的质量要求

(1)在加工厂内预制的管件及组合件须全部完成,即所有的焊口已焊完,法兰接口装好永久垫板,所有的法兰螺栓均穿好并拧紧。有法兰接口或阀门的手工焊接的组合件须经受试验。全部组合件应按图纸规定标号,其出口端应用盲板或丝堵封闭。

(2)组合件上还应装上阀门(方便运输),焊好排污及放空管,安装仪表的短管及安装滑支架的标高印记等。

(3)组合件上管端出口法兰,如法兰螺栓孔均布时可以焊牢。如果是连到设备上的法兰或是与其他组合件分支法兰连接的法兰,则只能在管端点焊定位,只有运到安装现场定位后才可最后焊牢。

(4)管道组合件的外形尺寸偏差,比较设计值不能超出下列规定:管道组合件外形尺寸为 3m 时偏差为±5mm;管道组合件外形尺寸每增大 1m 时,偏差值可增大±2mm,但总偏差值不能大于±15mm。中低压管道的预制管段偏差不得超过如图 4-41 所示的要求。

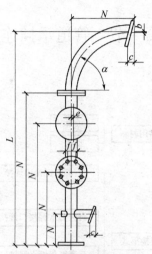

图 4-41 预制管段偏差

L. 每个方向总长为±5mm   *N.* 间距为±3mm

α. 角度为±3mm/m   *b.* 管端最大偏差为 10mm

c. 支管与主管的横向偏差为±1.5mm

f. 法兰两相邻螺栓孔应跨中安装,其偏差为±1mm

e. 法兰面与管子中心偏差公称直径小于

或者等于 300mm 时为 1mm,公称直径大于 300mm 时为 2mm

(5)管道组合件应考虑运输与安装的方便,并留有可调整的活口。同时,还应具有足够的刚性,不得产生永久变形。

(6)预制完毕的管段,应将其内部清理干净。

第五章　管道连接

第一节　管道承插连接

本节导读:

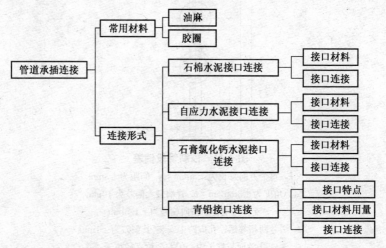

技能要点 1:承插连接常用材料

承插口连接主要适用于铸铁管。压力铸铁管的承插连接是在承口与插口的间隙内加入填料,使之密实,并达到一定的强度,以达到密封压力介质的目的。承插接口的填料分两层:内层用油麻或胶圈,其作用是使承插口的间隙均匀,并使下一步的外层填料不致落入管腔,且起到一定的密封作用;外层填料主要起密封和增强作用,可根据不同要求选择接口材料。

1. 油麻

管道工程中常用的油麻是以亚麻或线麻经加工浸油后而成的,用作管螺纹连接的密封材料或承插接口的阻塞料。若买不到油麻,也可用亚麻或线麻经机油或质量分数为 5％的 3～4 号石油沥青和 95％的 70 号汽油的混合液浸泡晾干制成。油麻有良好的防腐能力,而且浸水后纤维膨胀,可防止水的浸透。

2. 胶圈

当管径等于或大于 300mm 时,可使用专用的胶圈代替油麻。胶圈具有密封性好、经久不坏、操作简便省力的优点。胶圈内径应为管子外径的 0.85～0.9 倍,套在管子插口端时,其断面压缩率约为 40％～50％。胶圈不得有气孔、裂纹和重皮,性能应符合以下要求:

(1)邵氏硬度为 45°～55°。

(2)伸长率≥500％。

(3)拉断强度≥16MPa。

(4)永久变形＜20％。

(5)老化系数＞0.8(70℃,144h 时)。

技能要点 2:石棉水泥接口连接

石棉水泥接口是传统的承插接口方式,具有较高的强度和较好的抗震性,但劳动强度大。

1. 接口材料

(1)接口材料选择。石棉水泥接口材料的质量配合比为:石棉∶水泥＝3∶7。石棉应采用 4 级或 5 级石棉绒,水泥采用不低于 42.5 级的通用硅酸盐水泥。当管道经过腐蚀性较强的土壤地段,需要接口有更好的耐腐蚀性时,则应采用矿渣硅酸盐水泥,但硬化较缓慢;当遇有腐蚀性地下水时,接口应采用火山灰水泥。石棉与水泥搅拌均匀后,再加入总质量 10％～12％的水,揉成潮润状态,则可以用手捏成团而不松散、扔在地上即散为合适。

（2）接口材料用量。石棉水泥接口材料用量见表 5-1。

表 5-1　石棉水泥接口材料用量（每个口）

管径 DN (mm)	油麻石棉水泥接口			胶圈石棉水泥接口		
	油麻(kg)	石棉绒(kg)	水泥(kg)	胶圈(个)	石棉绒(kg)	水泥(kg)
75	0.083	0.15	0.3	1	0.18	0.42
100	0.10	0.20	0.47	1	0.24	0.55
150	0.14	0.30	0.70	1	0.35	0.80
200	0.16	0.39	0.90	1	0.44	1.26
250	0.28	0.52	1.20	1	0.61	1.42
300	0.33	0.61	1.41	1	0.72	1.67
350	0.37	0.75	1.74	1	0.87	2.01
400	0.43	0.82	1.89	1	0.96	2.22
450	0.48	0.97	2.25	1	1.13	2.61
500	0.60	1.18	2.75	1	1.35	3.13
600	0.71	1.49	3.45	1	1.68	3.90
700	0.83	1.82	4.22	1	2.05	4.75
800	1.25	2.18	5.06	1	2.44	5.66
900	1.58	2.21	5.13	1	2.83	6.64
1000	2.12	2.76	6.40	1	3.62	8.39

2. 接口连接

石棉水泥接口连接的主要方法见表 5-2。

表 5-2　石棉水泥接口连接方法

序号	施工项目	施 工 内 容
1	打麻	将插口插入承口中（排水管道插到底，给水管道或煤气管道插口与承口的档口间应留 3～9mm 的间隙），然后将两管对正找平，调匀间隙 将油麻拧成管口间隙的 1.5 倍左右，由接口下方逐渐向上塞入缝隙中，然后用捻凿填打，直至锤击时发出金属声，当捻凿被弹回时，说明油麻已被打实。打实后的油麻应占间隙深度的 1/3 左右。所用油麻可以是整根的，其长度至少应能在管子上盘绕三圈；也可以是若干根短的，每根的长度应比管子的周长长 100～150mm，而且各根油麻的接头应相互错开，防止打时其深度不一致 打麻的常用方法有平打、挑打等多种，如图 5-1 所示，其具体顺序见表 5-3

续表 5-2

序号	施工项目	施 工 内 容
2	填塞石棉水泥	用捻凿将拌和好的石棉水泥由下而上地填入打好油麻的承插口内,填满后,用捻凿和锤子将其打实(打到表面呈灰黑色,锤击时感到有较明显的反弹力时说明已打实)。打实后再填入石棉水泥,再打实。一般需打 4～6 层,每层至少要打两遍,直至填料的凹入深度符合要求:给水管道填料表面凹入承口边缘≤2mm,排水管道≤5mm。每个接口要求一次打完,不能中途间断
3	养护	捻口结束后,应进行养护,养护时间一般为 3d。室外施工时,用湿泥糊在接口外面,然后用疏松的湿土或草袋盖在接口上。春秋季节每天浇水 2 次,夏季每天浇水 4 次,冬季施工时还应注意保温防冻,并将管道两端的敞口封严,气温＜-5℃时,不宜进行上述施工。室内施工时,冬季应采用草帘包扎,保温防冻;其他季节可直接浇水养护
4	修补	捻口完成后,应进行试压,若发现漏水,要及时修补。修补时,可用捻凿将渗漏部位剔除,然后用水冲洗干净,等水流净后,再按以上方法重新打实、养护。剔除范围应稍大于渗漏范围,并注意避免震动其他部位。剔除深度以见到油麻为限。若漏水部位超过一半,则必须全部剔除,重新接口

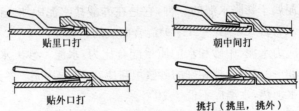

贴里口打　　　　　　朝中间打

贴外口打　　　　　　挑打(挑里,挑外)

图 5-1　打麻的基本操作方法

表 5-3　油麻的填打程序及打法

圈 次	遍 次	击 数	打 法
第一圈	第一遍	2	挑打
	第二遍	1	挑打

续表 5-3

圈　　次	遍　　次	击　　数	打　　法
第二圈	第一遍	2	挑打
	第二遍	2	平打
	第三遍	1	平打
第三圈	第一遍	2	贴外口
	第二遍	2	贴里口
	第三遍	1	平打

技能要点 3：自应力水泥接口连接

使用自应力水泥砂浆接口劳动强度小，工作效率高，适用于工作压力不超过 1.2MPa 的承插铸铁管道。这种接口耐震动性较差，故不宜用于穿越有重型车辆行驶的公路、铁路或土质松软、基础不坚实的地方。

1. 接口材料

(1)接口材料选择。自应力水泥砂浆接口的主要材料是自应力水泥与粒径为 0.5～2.5mm 经过筛选和水洗的纯净中砂。自应力水泥属于膨胀水泥的一种，它是在硅酸盐水泥中加入矾土水泥和二水石膏($CaSO_4 \cdot 2H_2O$)混合而成的。

自应力水泥、中砂和水的质量配合比为：水泥∶砂∶水＝1∶1∶(0.28～0.32)。拌和好的砂浆填料应在 1h 内用完。冬天施工时需用水加热，水温应不低于 70℃。

(2)接口材料用量。自应力水泥砂浆接口的材料用量见表 5-4。

2. 接口连接

(1)拌好的自应力水泥砂浆填料分三次填入已打好油麻或胶圈的承插接口内，每填一次都要用灰凿捣实，最后一次捣至出浆为止，然后抹光表面。不要像捻石棉水泥口一样用锤子击打。

表5-4 自应力水泥砂浆接口材料用量

公称直径 DN(mm)	承口深度 (mm)	自应力砂浆		公称直径 DN(mm)	承口深度 (mm)	自应力砂浆	
		自应力水泥 (kg)	中砂 (kg)			自应力水泥 (kg)	中砂 (kg)
75	90	0.29	0.29	300	105	1.2	1.2
100	95	0.39	0.39	350	110	1.5	1.5
150	100	0.59	0.59	400	110	1.6	1.6
200	100	0.75	0.75	450	115	1.9	1.9
250	105	1.0	1.0	500	115	2.3	2.3

(2)自应力水泥砂浆接口不宜在气温低于5℃的条件下使用。当气温较低时,拌和水泥砂浆应使用热水。

(3)施工时要掌握好使用自应力水泥的时间和数量,要使用出厂三个月以内,且存放在干燥条件下的自应力水泥。对出厂日期不明的水泥,使用前应做膨胀性试验,通常采用的简便方法是将拌和好的自应力水泥灌入玻璃瓶中,放置24h,如果玻璃瓶被胀破,则说明自应力水泥有效。

(4)接口施工完毕后要抹上黄泥浇水养护3d。

(5)此种接口在12h以内为硬化膨胀期,最怕触动,因此在接口打好油麻或胶圈后,就要在管道两侧适当填土稳固,用来保证在填塞自应力水泥砂浆后管道不会移动。

(6)接口做好12h后,管内可充水养护,但水压不得超过0.1MPa。

技能要点4:石膏氯化钙水泥接口连接

1. 接口材料

(1)接口材料选择。石膏氯化钙水泥接口材料的质量配合比为:水泥：石膏粉：氯化钙＝10：1：0.5。水占水泥质量的20％。三种材料中,水泥起强度作用,石膏粉起膨胀作用,氯化钙则促使速凝快干。水泥采用42.5级通用硅酸盐水泥,石膏粉的粒径应能通过200目的纱网。

（2）接口材料用量。石膏氯化钙水泥接口的材料用量见表5-5。

表 5-5　石膏氯化钙水泥接口的材料用量

公称直径 DN (mm)	承口深度 (mm)	填麻深度 (mm)	石膏氯化钙水泥		
			水泥(kg)	石膏(kg)	氯化钙(kg)
75	90	33	0.53	0.05	0.027
100	95	33	0.69	0.07	0.035
150	100	33	1.13	0.11	0.057
200	100	33	1.38	0.14	0.07
250	105	35	1.72	0.17	0.086
300	105	35	2.10	0.21	0.105
350	110	35	2.43	0.24	0.12
400	110	35	2.78	0.28	0.14
450	115	38	3.41	0.34	0.17
500	115	38	3.83	0.38	0.19

2. 接口连接

（1）操作时,先把一定质量的水泥和石膏粉拌匀,把氯化钙粉碎溶于水中,然后与干料拌和,并搓成条状填入已打好油麻或胶圈的承插接口中,并用灰凿轻轻捣实、抹平。

（2）由于石膏的终凝时间不得早于 6min,且不得迟于 30min,因此拌和好的填料要在 6～15min 内用完,抹口操作要迅速。

（3）接口完成后要抹黄泥或覆盖湿草袋进行养护,8h 后即可通水或进行压力试验。

技能要点 5:青铅接口连接

1. 接口特点

铸铁管采用青铅接口已经有很长的历史,其突出的优点是接口质量好、强度高,耐震性能好,操作完毕可以立即通水或试压,无需养护,通水后如发现有少量浸水,可用捻凿进行捻打修补。青铅接口耗用有色金属量大,成本高,一般仅在管道穿越铁路和公路等震动性强的地方或者是在抢修、停水时间有限的情况下采用。

2. 接口材料用量

青铅接口的材料用量见表5-6。

表5-6　青铅接口材料用量

管径 DN (mm)	承口深度 (mm)	填铅深度 (mm)	填麻深度 (mm)	油麻(kg)	青铅 (kg)
75	90	52	38	0.106	2.518
100	95	52	43	0.151	3.107
125	95	52	43	0.18	3.703
150	100	52	48	0.239	4.343
200	100	52	48	0.307	5.557
250	105	55	50	0.422	7.745
300	105	55	50	0.499	9.14
350	110	55	55	0.611	10.55
400	110	55	55	0.665	11.95
450	115	60	55	0.827	13.34
500	115	60	55	0.916	18.05
600	120	60	60	1.211	21.48

3. 接口连接

青铅接口分冷塞法和热塞法两种。

(1)冷塞法。冷塞法是将条状或丝状的硬铅分层填入承插间隙中,用捻凿打实,直至填满。由于其成本较高且抗震性能较差,只有在用热塞法有困难时才采用,如地下水无法排除或工作地点十分潮湿等。

(2)热塞法。热塞法又称熔铅接口,是将熔化的铅灌入承插间隙中,待铅凝固后用捻凿打实。其具体操作方法是:

1)准备工作:在接口内打好油麻,其深度可占接口深度的2/3,然后在承插口外部用密封卡箍或浸过湿泥的麻绳将缝隙封好,并在上方留出浇铅口。

2)化铅:把铅锭截成碎块放入铅锅中,加热使之熔化。化铅时应掌握好火候,当铅液表面呈紫红色时(约 600℃)说明已化好。

3)灌铅:用铅勺除去熔铅表面的杂质,盛足够一个接口用量的熔铅灌入承口内。灌铅时,速度应缓慢,铅勺应离开管口一定距离,方便管内气体排出,每个接口应一次灌满。待铅凝固后,取下密封卡箍或麻绳,用錾子剔除浇口处多余的铅。用捻凿由下而上打实,直至表面光滑。最后在接口处涂上沥青,以便防腐。

4)修补:试压通水后,若发现接口处有渗漏,可用捻凿进行捻打补救。必要时,可向承口间隙内补填硬铅丝。

5)注意事项:

①操作人员必须戴防护眼镜、帆布手套和脚盖,脸部不能正对灌铅口。

②熔铅遇水后会发生爆炸(放炮)现象,化铅、灌铅过程应在干燥条件下进行,雨季施工应有防雨措施。灌铅时,可在接口内灌入少量机油,防止放炮现象。

第二节　管道法兰连接

本节导读:

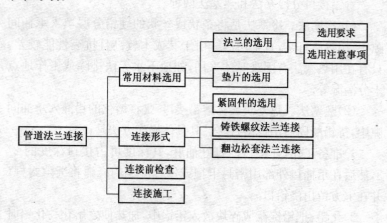

技能要点1:管道法兰连接常用材料选用

1. 法兰的选用

按照材质分类,法兰可分为钢法兰、铸铁法兰、有色金属(铜)法兰、塑料法兰和玻璃钢法兰等;按照密封形式分类,可分为板式、凸凹式、光滑式、透镜式、榫槽式和梯形槽式等。

(1)选用要求。法兰的加工各部尺寸应符合标准或设计要求,法兰表面应光滑,不得有砂眼、裂纹、斑点、毛刺等降低法兰强度和连接可靠性的缺陷。螺栓孔位置的偏差不得超过相关规定。

1)法兰应根据介质的性质(如介质的腐蚀性、易燃易爆性、毒性及渗透性等)、温度和压力参数选用。

2)选用标准法兰是按照标称压力和公称直径来选择的,但在管道工程中,常常是以工作压力为已知条件。因此,需根据所选用法兰的材料和介质的最高工作温度,把介质的工作压力换算成标称压力,再进行选用。

3)根据标称压力、工作温度和介质性质选出所需法兰类型、标准号及其材料牌号,然后根据标称压力和公称直径查表确定法兰的结构尺寸、螺栓数目和尺寸。

4)用于特殊介质的法兰材料牌号应与管子的材料牌号一致(松套法兰除外)。

(2)选用注意事项。按照标称压力选用标准法兰时,应注意下列事项:

1)当选择与设备、阀门相连接的法兰时,应按设备与阀件的标称压力来选择,并核实属哪个标准的法兰,否则,将造成所选法兰尺寸与设备阀件上的法兰尺寸不符。当采用凹凸或榫槽式法兰连接时,在一般情况下,设备与阀件上的法兰制成凹面或槽面,而配制的法兰应为凸面或榫面。

2)对于气体管道上的法兰,当标称压力小于0.25MPa时,一般应按0.25MPa等级选用。

3)对于液体管道上的法兰,当标称压力小于 0.6MPa 时,一般应按 0.6MPa 等级选用。

4)真空管道上的法兰,一般应选用 1MPa 凹凸式法兰。

5)易燃易爆毒性和有刺激性介质管道上的法兰,其标称压力等级不得低于 1MPa(低压工业煤气管道、大口径管道除外,按专业管道设计要求)。

2. 垫片的选用

(1)橡胶石棉板垫片用于水管和压缩空气管道法兰时,应涂以鱼油和石墨粉的拌和物;用于蒸汽管道法兰时,应涂以机油和石墨粉的拌和物。

(2)耐酸石棉板在使用前,要进行浸渍。浸渍液通常可用以下4 种:

1)石油沥青 75%,煤焦油 15%,石蜡 15%。

2)变压器油 75%,石蜡 25%。

3)煤焦油 80%~90%,沥青 10%~20%。

4)水玻璃。

(3)金属石棉缠绕式垫片有多道密封作用,弹性较好,可供标称压力 1.6~4.0MPa 管道法兰上使用,且很适宜在温度压力有较大波动的管道法兰上使用。

(4)标称压力 $PN \geqslant 6.4MPa$ 的法兰应采用金属垫片。金属垫片的材质应与管材一致。常用金属垫片的截面有齿形、椭圆形和八角形等。金属齿形垫片每个齿都起密封作用,是一种多道密封垫片,密封性能好,适用于标称压力 $PN \geqslant 6.4MPa$ 的凹凸面法兰,也可用于光滑面法兰;椭圆和八角形的金属垫片适用于标称压力 $PN \geqslant 6.4MPa$ 的梯形槽式法兰。

3. 紧固件的选用

(1)在选择螺栓和螺母材料牌号时应注意螺母材料的硬度不要高于螺栓材料的硬度,防止螺母损坏螺杆上的螺纹。

(2)在一般情况下,螺母下不设垫圈。当螺杆上的螺纹长度稍短,无法拧紧螺栓时,可设一钢制垫圈补偿,但不得采用垫圈叠加方法来补偿螺纹长度。

技能要点 2:管道法兰连接形式

1. 铸铁螺纹法兰连接

铸铁螺纹法兰连接多用于低压管道,它是用带有内螺纹的法兰盘与套有同样公称通径螺纹的钢管连接。连接时,在套螺纹的管端缠上麻丝,涂抹上铅油填料。把两个螺栓穿在法兰的螺孔内,作为拧紧法兰的力点,然后将法兰盘拧紧在管端上。

2. 翻边松套法兰连接

翻边松套法兰主要适用于输送腐蚀性介质的管道上。不锈钢管道、塑料管、有色管等连接时常用。翻边的边口要求平直,不得有裂口或起皱等损伤,如图 5-2 所示。

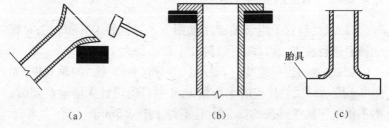

　（a）　　　　　　　　　（b）　　　　　　　　　（c）

图 5-2　管子翻边操作图
（a）铜管翻边　（b）铅管翻边　（c）塑料管翻边

翻边时,要根据管子的不同材质选择不同的操作方法。如聚氯乙烯塑料管翻边是将翻边部分加热至 130～140℃,加热 5～10min 后将管子用胎具扩大成喇叭口,再翻边压平,冷却后即可成型。

铜管翻边是将经过退火的管端画出翻边的长度,套上法兰,用小锤均匀敲打,即可制成。

铅管很软,翻边更容易,操作时应使用木槌(硬木)敲打,方法与铜管相同。

技能要点 3：管道法兰连接前检查

(1)法兰的加工各部尺寸应符合标准或设计要求,法兰表面应光滑,不得有砂眼、裂纹、斑点、毛刺等降低法兰强度和连接可靠性的缺陷。

(2)法兰垫片是成品件时应检查核实其材质,尺寸应符合标准或设计要求,软垫片质地柔韧,无老化变质现象,表面不得有折损皱纹缺陷;金属垫片的加工尺寸、精度、表面粗糙度及硬度都应符合要求,表面无裂纹、毛刺、凹槽、径向划痕以及锈斑。

(3)法兰垫片无成品件时,应现场根据需要自行加工。

(4)螺栓以及螺母的螺纹应完整,无伤痕、毛刺等缺陷。螺栓螺母应配合良好,无松动和卡涩现象。

技能要点 4：管道法兰连接施工

(1)法兰与管子组装前应用如图 5-3 所示的工具和方法对管子端面进行检查,管口端面倾斜尺寸 C 不得大于 1.5mm。

(2)法兰与管子组装时,要用法兰弯尺检查法兰的垂直度,如图 5-4 所示。法兰连接的平行偏差尺寸 C 当设计无明确规定时,则不得大于法兰外径的 1.5%,且不得大于 0.5mm。

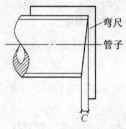

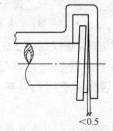

图 5-3　管子端头检查　　　　图 5-4　法兰的垂直度检查

(3)法兰与法兰对接连接时,密封面应保持平行。

(4)为方便装、拆法兰,紧固螺栓,法兰平面距支架和墙面的距离不得小于 200mm。

（5）工作温度高于 100℃ 的管道的螺栓应涂一层石墨粉和机油的调和物，以便日后拆卸。

（6）拧紧螺栓时应对称成十字交叉进行，如图 5-5 所示方法，以保障垫片各处受力均匀。拧紧后螺栓露出螺纹的长度不应大于螺栓直径的一半，也不应小于 2mm。

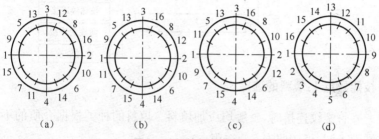

（a）　　　　　（b）　　　　　（c）　　　　　（d）

图 5-5　螺栓扳紧步骤

（a）第一次对称扳紧，其扳紧程度达 50%　（b）第二次扳紧，扳紧程度达 60%～70%
（c）第三次对称扳紧，其扳紧程度达 70%～80%　（d）最后顺序扳紧，扳紧程度达 100%

（7）法兰连接好后，应进行试压，发现渗漏，需要更换垫片。

（8）当法兰连接的管道需要封堵时，则采用法兰盖。法兰盖的类型、结构、尺寸以及材质应和所配用的法兰相一致，只不过法兰盖没有中间安装管子的法兰孔。

第三节　管道螺纹连接

本节导读：

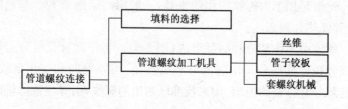

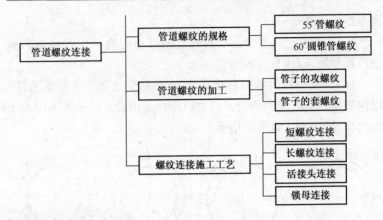

技能要点 1:填料的选择

管螺纹连接时,一般均应加填料。填料的种类根据介质的不同而不同,可按照表 5-7 选用。

表 5-7 螺纹连接填料的选用

管道名称	填 料 选 用			
	铅油麻丝	铅油	聚四氟乙烯生料带	一氧化铅甘油调和剂
给水管道	√	√	√	
排水管道	√		√	
热水管道	√		√	
蒸汽管道			√	

技能要点 2:管道螺纹加工机具

1. 丝锥

丝锥是加工内螺纹所用的工具,一般用高碳钢或者合金钢制造,并经热处理而成。

丝锥由工作部分和柄部组成(图 5-6)。工作部分又可分为切削部分和校准部分。切削部分磨出锥角,用来导向和切出螺纹。校准部分有完整的齿形,用来校准已切出的螺纹,引导丝锥沿轴向前进,并作为丝锥的备磨部分,其后角 $\alpha=0°$。柄部有方榫,用来传递切削扭矩。

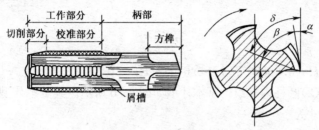

图 5-6　丝锥的构造

工作部分沿轴向有几条容屑槽,用来容纳切屑,同时形成刀刃和前角 γ,标准丝锥的 $\gamma=8°\sim10°$。在切削部分的锥面上铲磨出后角 α,一般手用丝锥的 $\alpha=6°\sim8°$,机用丝锥的 $\alpha=10°\sim20°$。

丝锥分手用丝锥和机用丝锥,通常用手用丝锥。手用丝锥由两支或三支组成一套,分头锥、二锥或头锥、二锥、三锥。

2. 管子铰板

管子铰板又称为管子丝板、带丝,是在焊接钢管上加工出管螺纹的工具。

3. 套螺纹机械

(1)套螺纹机。套螺纹机是一种轻便的、能对各种管子进行多种加工的小型机具。它能对 $DN40\sim DN200$ 的管子进行切断、套螺纹及内口倒角。使用套螺纹机套螺纹质量好、效率高、劳动强度低。

(2)电动钻孔套螺纹机。电动钻孔套螺纹机适用于在铸铁管子直径为 $DN20\sim DN50$ 上钻孔及套螺纹。对已运行中的燃气管道上的接口,以及安装新的管线时尤其适用。

技能要点 3:管道螺纹的规格

1.55°管螺纹

55°管螺纹有圆锥螺纹和圆柱内螺纹两种。

(1)在管道工程中,圆锥螺纹的标准锥度为 1：16,其基本牙型如图 5-7a 所示。圆锥螺纹基本牙型的主要尺寸,可依据下式求得:

$$P=\frac{25.4}{n}$$

$H=0.960237P, h=0.640327P, r=0.137278P。$

(2)圆柱内螺纹的基本牙型如图 5-7b 所示。其基本牙型的主要尺寸为:

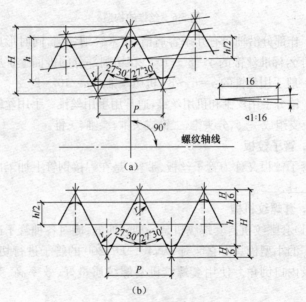

图 5-7　55°管螺纹基本牙型

(a)圆锥螺纹　(b)圆柱内螺纹

$$P=\frac{25.4}{n}$$

$H=0.960491P, h=0.640327P, r=0.137329P。$

式中　P——螺距(mm);

　　　H——原始三角形高度(mm);

h——牙型高度(mm)；

r——圆弧半径(mm)；

n——每25.4mm内的螺纹牙数。

2. 60°圆锥管螺纹

(1)60°圆锥管螺纹的基本牙型图如图5-8所示。

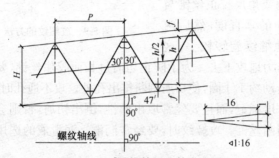

图5-8　60°圆锥管螺纹基本牙型

(2)螺纹牙型中的尺寸可按以下公式计算：

螺距
$$P=\frac{25.4}{n}$$

原始三角形高度　　$H=0.866025P$

牙型高度　　　　　$h=0.800000P$

削平高度　　　　　$f=0.033P$

式中　n——每25.4mm内所包含的螺纹牙数。

技能要点 4:管道螺纹的加工

1. 管子的攻螺纹

攻螺纹是用丝锥在孔中攻出内螺纹来的操作。攻螺纹操作要点如下：

(1)准备好攻螺纹的工具。

(2)根据螺纹外径确定钻孔直径并钻孔、锪窝。

(3)按照如图5-9所示将工件夹持好,把头锥装在铰手上并插入孔内,使丝锥与工件表面垂直,右手握住铰杆中间,适当加压力,并顺时针转动(左旋螺纹逆时针转动)。当切削部分吃入工件1~2圈时,再用目测或角尺校正丝锥与工件表面的垂直度,然后两手平稳地继续旋转铰手,这

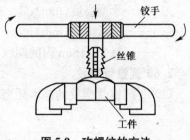

图 5-9　攻螺纹的方法

时不加压力地攻下去。为了防止切屑过长而咬住丝锥,要经常向反方向转动约 1/4 圈,使切屑割断排出孔外。攻不通孔时,可在丝锥上做深度标记,而且要经常取出丝锥,倒出切屑,否则会因切屑堵塞而折断丝锥。攻螺纹时,要经常润滑。润滑液的选用和钻孔相同。

(4)头锥攻完后,再用二锥攻螺纹。先用手把丝锥旋入已攻过的螺孔中,然后装上铰手进行攻螺纹。在较硬的材料上攻螺纹时,头锥、二锥要交替使用,防止丝锥扭断。为了提高攻螺纹效率,减轻劳动强度,当攻螺纹数量很大时,可以在钻床主轴内装入攻螺纹夹头,采用机动攻螺纹。

2. 管子的套螺纹

在钢管上加工螺纹,习惯上称为套螺纹。管道工程中,在管子上加工螺纹有两种方法:手工套制和机械加工。不管采用何种方式加工,加工的螺纹必须达到一定的质量要求。

(1)手工套螺纹的步骤、方法。手工套螺纹其步骤方法如下:

1)套螺纹前,首先选择与管径相对应的板牙,按顺序号将 4 个板牙依次装入铰板板牙室。装入前,注意把铰板上的铁屑扫净。

2)将管子在管压钳上夹持牢固,使管子呈水平状态,管端伸出管压钳 150mm 左右,如图 5-10 所示。

3)松开后卡爪,把铰板套进管口,然后转动后卡爪滑动手柄,将铰板固定在管子端头上,再将板牙松紧把手上到底,并把活动标

盘对准固定盘上与管径相对应的刻度上,使其与管径相吻合,最后上紧标盘固定把手。

4)操作时,操作者站在管端的对面,面向管压钳,两腿一前一后叉开,双手托住铰板并同时向前推进,顺时针方向扳动铰板,待铰板在管头上带上扣后,再斜侧着身子站在管压钳的右边,顺时针转动手柄。手工套管子螺纹操作如图5-11所示。

5)开始套螺纹时,动作要慢、要稳。操作者动作要协调,不可用力过猛,防止套出的螺纹与管子不同心而造成偏扣、啃扣,造成断螺纹、乱螺纹。待套进两扣后,为了润滑和冷却板牙,要间断地向切削部位加入机油。

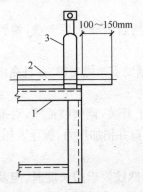

图 5-10　管子在管压钳上夹持　　　图 5-11　手工套管子螺纹
　1. 工作台　2. 管子　3. 管压钳

6)套制过程中,吃刀不宜太深。套完一遍后,调整一下标盘,增加进刀量,再套一遍。一般要求:$DN25$以内的管子,可一次套成;$DN25 \sim DN40$的管子,应分二次套成;$DN50$以上的管子要分三次套成。

7)扳动手柄最好是由两人操作,动作要协调。这样不但操作省力,而且可避免套出的螺纹产生与管子不同心的缺陷。

8)当螺纹加工到接近规定的长度时,一面扳动手柄,一面应缓慢地松开板牙松紧把手,且边松开边套制出 2~3 扣,以便套制出螺纹末端合适的锥度。

9)套完螺纹退出铰板时,铰板不得倒转回来,以免损伤板牙和螺纹或造成乱扣。

10)螺纹套好后,要用连接件试一试。以用手力能拧进2~3扣为宜。如套制的管螺纹过松(也称过软),则连接的严密性差,连接过程中密封填料耗费过多,还可能造成螺纹很快被管道中的介质腐蚀;如套制的螺纹过紧(也称过硬),连接时,易将管件胀裂,或因大部分管螺纹露在管件外面,而降低了连接强度。

(2)机械套螺纹。套螺纹机的操作步骤与方法如下:

1)根据管子直径选择相应的板牙头和板牙,并按板牙上的序号,依次装入对应的板牙头和板牙。

2)将支架拖板拉开,插入管子,然后旋动前后卡盘,将管子卡紧。

3)如套螺纹的管子太长时,应用辅助支架做支撑,并且高度要适当。

4)将板牙头以及出油管放下,合上开关,调整喷油管,对准板牙喷油,移动进给手把,将板牙对准管口并稍加压力,板牙入扣后,依靠自身的力量可以实现自动进给。

5)注意套螺纹的长度。当达到套螺纹要求的长度时,应及时扳动板牙头上的手把,使板牙沿轴退离已加工完的螺纹面,关闭开关,再移开进给手把,拆下已套好螺纹的管子。

技能要点5:螺纹连接施工工艺

螺纹连接管道时,可采用管钳或链钳扭紧。管钳或链钳根据扭紧管子的管径来选用。

管螺纹连接只有采用圆柱内螺纹与圆锥外螺纹或圆锥内螺纹与圆锥外螺纹两种形式时,才能达到密封。内螺纹管件通常为圆柱内螺纹,有时也使用圆锥内螺纹,而管子只采用圆锥外螺纹。当管子与管件旋合时,其基准平面的位置以及有效螺纹长度如图

5-12所示。

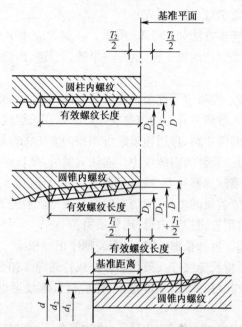

图 5-12 基准平面的位置及有效螺纹长度

d、d_2、d_1. 外螺纹大径、中径、小径 D、D_2、D_1. 内螺纹大径、中径、小径

T_1. 基准距离公差 T_2. 圆锥内螺纹基准平面轴向位移的公差

1. 短螺纹连接

短螺纹连接是管子的外螺纹与管件或阀件的内螺纹进行固定性的连接方式,如果要拆卸,一定要从头拆起。连接时,可根据介质的特性,在内外螺纹之间缠上麻丝、铅油或聚四氟乙烯薄膜等填料。缠绕填料时应在外螺纹上顺时针方向缠绕。这样才能使螺纹越拧越紧,得到较好的连接强度及严密性。

连接时,先用手拧入 2~3 扣,然后再用管钳拧紧。应选用与管径相适应的管钳操作,用力适度,防止胀裂管件。

2. 长螺纹连接

长螺纹连接是管道常用的活动连接方式之一,是由一根一端为普通螺纹(短螺纹),另一端为长螺纹(长螺纹根部无锥度)的短管和一个锁紧螺母(根母组成)。

长螺纹连接方法如图 5-13 所示。在实际应用中还需加一个内壁为普通螺纹扣的管子箍,这是一个散热器进、出口处的长螺纹连接。

(1)安装。先将根母拧至长螺纹的根部,然后不缠绕填料将长螺纹全部拧入散热器补心的内螺纹中,此时,在长螺纹另一端的普通螺纹扣上缠绕填料,再用锁紧螺母倒扣的方法将普通螺纹扣(短螺纹)拧入另一管件的内螺纹中。确认上紧后,把长螺纹根部上的根母旋转到离散热器补心(或普通螺纹扣管子箍)3~5mm 处,再在间隙中缠绕适量的填料,缠绕方向要与根母旋紧的方向相同,防止松脱,然后用管钳拧紧根母,压紧填料。

(2)拆卸。拆卸长螺纹时,与安装顺序正好相反。先松开根母清除填料,再将长螺纹拧入散热器补心或普通螺纹扣管子箍内,此时,普通螺纹扣(短螺纹)端即退出,然后把长螺纹退出,即可完成拆卸。

长螺纹连接成本低,简便易行,也较美观。缺点是根母处填料容易渗漏。在没有散热器补心和普通螺纹扣管子箍时,不能使用长螺纹,只能使用活接头。

3. 活接头连接

活接头由公口、母口和套母三部分组成,如图 5-14 所示。

公口的一端带插嘴,与母口的承嘴相配;另一端有内螺纹,与管子外螺纹呈短螺纹连接。套母的内孔有内螺纹,内螺纹与母口上的外螺纹连接。套母设在公口一端,并使套母内螺纹对着母口。套母在锁紧前,一定要使公口和母口对好找正,接触平面平地,否则容易渗漏。

更换活接头时,通常应全套更换,否则会因产品不统一,使公口与母口配合不严密,而造成渗漏。

连接时,公口上加垫。蒸汽和热水管道加棉橡胶垫,水管或低温水暖管道可加胶皮垫。

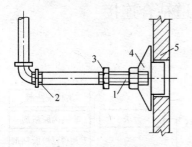
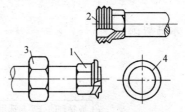

图 5-13 长螺纹连接
1. 长螺纹 2. 普通螺纹扣 3. 锁紧螺母
4. 散热器补心 5. 散热器

图 5-14 活接头连接
1. 公口 2. 母口 3. 套母 4. 垫圈

活接头连接有方向性,应注意水流方向是从活接的公口到母口的方向。

活接头连接拆卸比较方便,松开套母,两段管子便可拆卸下来,所以是一种比较理想的可拆卸的活动连接。

4. 锁母连接

锁母连接是管道连接中的另一种形式,如图 5-15 所示。锁母的一头有内螺纹,另一头有一个与小管外径相应的小孔。

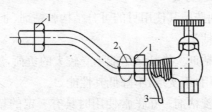

图 5-15 锁母连接
1. 锁母 2. 石棉绳缠绕方向 3. 石棉绳

锁母的连接大部分是通过小管(直的或灯叉弯形)。连接时,先要使有小孔的一面从小管穿进去,再把小管插入要连接的配件中,在连接处加好填料,用扳手将锁母锁紧在连接件上即可。

第四节　管道粘合连接

本节导读：

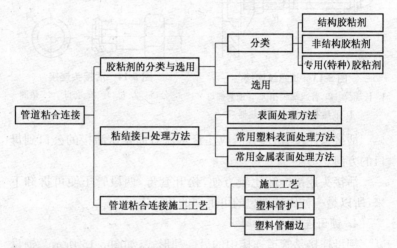

技能要点 1：胶粘剂的分类与选用

1. 胶粘剂的分类

(1)胶粘剂按照其使用目的可分结构胶粘剂、非结构胶粘剂和专用(特种)胶粘剂。

1)结构胶粘剂。指粘结后能承受较大的负荷,经受热、低温和化学腐蚀等作用,不变形,不降低其性能。

2)非结构胶粘剂。在正常使用时具有一定的粘结强度,但经受热或者较大负荷时,则性能下降。

3)专用(特种)胶粘剂。指某种材料粘合专用或在特殊条件下使用的胶粘剂,如耐高、低温胶粘剂,导电胶粘剂等。

(2)按其来源可分为天然胶粘剂和合成胶粘剂。合成胶粘剂按固化方式又可分为热固性胶粘剂和溶剂型胶粘剂,管道工程上使用的多为合成胶粘剂。

2. 胶粘剂的选用

要使胶粘结口满足工程要求,必须选择或配制适当的胶粘剂,制定完善的胶结工艺。选择胶粘剂应考虑以下几个主要因素:

(1)初凝和固化速度。

(2)胶结间隙,即管材和管件的公差配合。

(3)输送介质和环增对胶粘剂的要求。

(4)接口承受的荷载类型和强度要求。

(5)在特殊情况下,还应考虑:电导率、导热系数、磁导率、超高温、超低温等因素。

(6)胶粘剂的成本、贮存条件、使用方法和有效期等有关技术经济因素。

对于自行配制的胶粘剂应根据有关要求进行试验测定。

技能要点 2:粘结接口处理方法

粘结接口的表面处理是粘结工艺中很重要的施工环节。由于塑料等材料在加工、运输、储存过程中,表面会沾染油污、吸附杂物或加工残留物,如不注意清理将直接影响粘结强度。

1. 表面处理方法

对管道粘结接口进行表面处理时,常采用以下几种方法:

(1)溶剂擦洗。根据粘结材料表面状况,采用各种不同溶剂,进行蒸汽脱脂或用棉花、干净布块浸渍溶剂擦洗,直到表面无污物为止。这是一般粘结施工中最常用的简单易行的有效方法,但采用溶剂擦洗时,应注意溶剂挥发对人体和环境的影响,以及溶剂对胶粘件的影响。

(2)机械清理。机械清理最常用的方法是用砂纸打磨胶粘表面,也可用钢丝刷、砂布擦洗。机械清理后表面的清洁度较高,特别是对金属胶接件,但较溶剂擦洗麻烦。

(3)化学清洗法(化学处理)。将胶接件在室温或高温下浸入酸、碱及某些有机溶液中,除去表面污物或氧化层。此法具有高效、经济、质量稳定等优点。

2. 常用塑料表面处理方法

在管道工程中,常用塑料的表面处理方法见表5-8。

表 5-8　常用塑料的表面处理方法

塑料名称	脱脂溶剂	处 理 方 法
聚乙烯 (PE)	丙酮	(1)在重铬酸钠5份、水8份、浓硫酸100份配制的溶液中,温度71℃±2℃,浸15～30min或室温处理1～1.5h取出水洗、晾干 (2)火焰法,将工件放在氧化焰上方灼烧5s左右,到表面呈透明状时,立即投入冷水中 (3)烷基钛酸酯法,把溶解在有机溶剂中的烷基钛酸酯涂在粘结表面上,在空气中遇水汽成膜 (4)电晕法,在50kV电压条件下,处理1min,并在处理后15min内进行胶粘连接
聚丙烯 (PP)	丙酮	(1)在重铬酸钠5份、水8份、浓硫酸100份配制的溶液中,70℃下浸1min取出水洗、晾干 (2)烷基钛酸酯法同聚乙烯(3)
聚酰亚胺	丙酮 甲乙酮	(1)喷砂或用100目金刚砂布打毛后,用干净脱脂棉球或纱布沾脱脂溶剂擦拭 (2)用丙酮去油后,在60～90℃的5%氢氧化钠水溶液处理1min,水洗干净后,热风吹干
聚甲醛	丙酮	(1)喷砂或用100目金刚砂布打毛后,用干净脱脂棉球或纱布沾脱脂溶剂擦拭 (2)在重铬酸钾5份、水8份、浓硫酸100份配制的溶液中,室温下浸10s后,取出用水洗、室温下干燥 (3)Satinizing法,把黏结表面在全氯乙烯96.2份,1,4-二氧六环3份,对甲苯磺酸0.3份配制的溶液中,80～120℃浸10～30s,取出后直接移至120℃烘箱中烘1min,然后用热水洗,120℃干燥

续表 5-8

塑料名称	脱脂溶剂	处 理 方 法
聚偏二氯乙烯	乙醇	喷砂或用 100 目金刚砂布打毛后,用干净脱脂棉球或纱布沾脱脂溶剂擦拭
聚酯薄膜 (涤纶)	丙酮 乙醇	(1)烷基钛酸法:把溶解在有机溶剂中的烷基钛酸酯涂在粘结表面上,在空气中遇水汽成膜 (2)在 30%氢氧化钠溶液中,30℃处理 5min,水洗后干燥,再在氯化亚锡稀水溶液中(10g/L)浸 5s 后取出,水洗干燥
有机玻璃 (改性有机玻璃)	丙酮、甲乙酮、甲醇、异丙醇、三氯乙烯、洗涤剂	用脱脂棉球或纱布沾脱脂溶剂擦拭
热固性塑料	丙酮、甲乙酮、甲苯、三氯乙烯、低沸点石油醚	喷砂或用 100 目金刚砂布打毛后,用干净脱脂棉球或纱布沾脱脂溶剂擦拭
聚苯硫醚	三氯乙烯	喷砂或用 100 目金刚砂布打毛后,用干净脱脂棉球或纱布沾脱脂溶剂擦拭
聚苯醚、聚碳酸酯、纤维素类	三氯乙烯 甲乙酮	喷砂或用 100 目金刚砂布打毛后,用干净脱脂棉球或纱布沾脱脂溶剂擦拭

3. 常用金属表面处理方法

在管道工程中,常用金属及其合金的表面处理方法见表 5-9。

表 5-9　常用金属及其合金的表面处理方法

金　　属	脱脂溶剂	处理方法
铝及其合金	三氯乙烯	(1)喷砂或 100 号金刚砂布打磨 (2)阳极化处理:硫酸(H_2SO_4)200g/L,直流电流 $100 \sim 15A/m^2$, $10 \sim 15min$,在饱和重铬酸钾($K_2Cr_2O_7$)溶液(95～100℃)中浸 5～20min,再水洗干燥

续表 5-9

金 属	脱脂溶剂	处理方法
铝及其合金	三氯乙烯	（3）浓硫酸（密度 1.84g/cm³）10g，重铬酸钠（$Na_2Cr_2O_7$）1g，水（H_2O）30g，66～68℃处理 10min，热水洗，干燥 （4）磷酸（H_3PO_4）7.5g，铬酐（CrO_3）7.5g，乙醇（C_2H_5OH）5g，甲醛（HCHO）（36%～38%）80g，5～30℃处理 10～15min，于 60～80℃水洗干燥 （5）水玻璃（Na_2SiO_3）30g，氢氧化钠（NaOH）1.5g，焦磷酸钠（$Na_4P_2O_7$）1.5g，水（H_2O）128g，70～80℃处理 10min，65℃水洗，再在下列溶液中 65℃±3℃浸 10min，重铬酸钠 1g，浓硫酸（1.84g/cm³）10g，水 30g，水洗干燥 （6）氟氢化铵（NH_4HF_2）3～3.5g，铬酐（CrO_3）20～26g，磷酸氢二氨［$(NH_4)_2HPO_4$］2～2.5g，85%浓磷酸（H_3PO_4）50～60g，硼酸（H_3PO_3）0.4～0.6g，水 1000ml，25～40℃，处理 4.5～6min，水洗干燥
钢及铁合金	三氯乙烯	（1）喷砂或砂布打磨 （2）重铬酸钠饱和溶液 0.35g，硫酸（1.84g/cm³）10g，50℃处理 10min，刷去灰渣，蒸馏水洗，70℃干燥 （3）盐酸（HCl）（37%）20 份，磷酸（H_3PO_4）（85%）3 份，氢氟酸（HF）（35%）1 份，93℃处理 2min，温水清洗，空气中干燥 （4）磷酸（85%）1 份，乙醇（C.P）2 份，60℃处理 10min，水洗，干燥
铜及其合金	三氯乙烯 丙酮	（1）浓硫酸（1.84g/cm³）8ml，浓硝酸（1.4g/cm³）25ml，水 17ml，25～30℃处理 1min； （2）氧化锌（ZnO）20g，浓硫酸（1.84g/cm³）460g，浓硝酸（1.4g/cm³）360g，20℃处理 5min，在 65℃以下的水中漂洗，再在 45℃的酸液中浸 5min，蒸馏水洗后干燥

续表5-9

金　属	脱脂溶剂	处理方法
铜及其合金	三氯乙烯 丙酮	(3)过二硫酸钾(K_2SO_8)15g,氢氧化钠(NaOH)50g,水(H_2O)1000ml,60~70℃处理15~20min,表面发黑再用硫酸洗去黑色,水洗,干燥 (4)硫酸铁[$Fe_2(SO_4)_3$]454g,浓硫酸(1.84g/cm^3)340g,水(H_2O)4.5L,65~70℃处理10min,水洗,再于下列溶液中浸亮重铬酸钠5g,浓硫酸(1.84g/cm^3)10g,水85g冷水洗后,浸入氨水($NH_3 \cdot H_2O$)($d=$0.85g/cm^3)中,再用冷水洗净,干燥
镍	三氯乙烯 丙酮	(1)喷砂或砂布打磨 (2)浓硝酸(1.4g/cm^3)中室温处理5s,水洗,干燥

技能要点3:管道粘合连接施工工艺

1. 施工工艺

胶粘连接工艺包括胶粘剂的保管、涂敷、固化等过程。当胶粘连接的接口间隙、胶粘长度确定以后,胶粘剂的选择、胶粘连接工艺的制定就应综合前述要求加以考虑。连续作业的工程则要求粘结后即有较高的初凝强度,因此应选择挥发快的溶剂型胶粘剂或反应快的热固性胶粘剂,结合输送介质和运行环境,还可加入必要的添加剂。

(1)涂敷工具。涂敷胶粘剂的工具一般为漆刷。因涂敷不足而需要补胶时,可采用挤压枪进行喷涂。热溶性胶粘剂则采用电热刷涂敷。

(2)储存要求。胶粘剂应储存在温度较低的库房内,并与光、热隔离。不同胶粘剂应分别存放。溶剂性胶粘剂不应存放时间过长。

(3)现场配制。现场配制的胶粘剂应先少量配制,经试验合格后再批量配制。胶粘剂黏度要适度。溶剂型胶粘剂在使用前应检查有无变色、混浊、沉淀等异常现象,如发现上述现象就不宜使用。

（4）涂敷施工。涂敷时顺序进行，承口与插口粘结面均需涂胶，涂敷层要求薄而均匀。插入后切忌转动，在粘结尚没达到一定强度之前接口不宜活动。

（5）固化。胶粘剂的固化是一个较长的时间过程，在室内条件下经常需要几小时至几天，甚至更长的时间。为了加快固化过程，一般对胶粘接口可进行加热，加热的方式有：直接加热、辐射加热、感应加热和高频电介质加热等方法；也可采用加压固化，如重量加压、机械加压等。

2. 塑料管扩口

塑料管及管件的承口一般生产厂供货时均已成型，若生产厂供货不带承口时，可在现场加热扩口成型，即制作承插接口的承口。扩口口径大小应根据具体接口形式确定，例如热熔承插接口，扩口的内径应比插口端外径略小；承插粘结接口，则要求承口内侧面具有锥度，即外口大而内口小，使接口的承口前端内径略大于插口的外径。塑料管扩口的模芯如图 5-16 所示，它由圆钢车制而成。扩口操作过程如下：

（1）将管端修整，使管口平面与管子中心线垂直，并清除管口上的毛刺。如扩口内径大于原管外径时，应将扩口管端部加工成 30°左右倒角，方便扩口时模芯能顺利进入管口。

（2）金属芯模的外径应比扩口的内径大 0.5～1mm，用来抵消扩口后退出芯模所引起的收缩。

（3）扩口前应将芯模加热至 100℃ 左右，并涂上一层甘油。

（4）塑料管的扩口加热可用甘油浴、电热丝加热、蒸汽加热等方法。可以根据塑料管软化温度，选择不同的加热方法，但通常用甘油浴加热方法受热均匀，温度易于控制，操作方便，成本低等优点而用得较多。

（5）塑料管插入加热甘油桶内加热时，应经常转动，使之受热均匀。

（6）待管端加热部分开始变软时，即从甘油桶中取出，插到预热的模芯上。

（7）待塑料管扩口初步定型，即可投入冷却水中冷却。

（8）将芯模从冷却定型后的承口取下，对扩口进行测量，检查是否符合要求。

（9）如扩口过小，可延长在芯模上的冷却时间，用来减小收缩量；如扩口过大，可缩短在芯模上的冷却时间，以增加收缩量。如用上述方法仍无法调节扩口内径时，应对芯模进行尺寸修改。

3. 塑料管翻边

当管子需以松套法连接时，塑料管则需进行翻边。塑料管翻边用的芯模如图 5-17 所示，模具尺寸见表 5-10。利用翻边的工艺，要求翻边的宽度和加热的时间见表 5-11 及表 5-12。

在翻边时，管端加热的长度不要太长，加热的长度以翻边的宽度加 10mm 为宜，以保证不翻边的管段不产生变形。在加热过程中，要边加热边转动管子，使其均匀受热。与此同时，将翻边的内模加热到 80℃。管子加热到合适的温度后，从甘油锅内迅速取出，放到翻边外模具内，再插入内模，旋转内模，使翻边成型，直到管口翻边压平为止。缓缓浇水冷却，然后退模。翻边的管端，不得有裂缝以及皱折等缺陷。

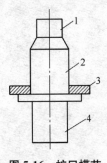

图 5-16　扩口模芯

1. 导向　2. 成型端

3. 推管圈　4. 固定端

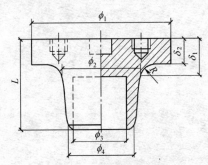

图 5-17　管口翻边用模具

表 5-10　翻边用模具的尺寸　　　　（单位:mm）

管子规格	ϕ_1	ϕ_2	ϕ_3	ϕ_4	L	δ_1	δ_2	R
$D65\times4.5$	105	56	40	46	65	30	20.5	9.5
$D76\times5$	116	66	50	56	75	30	20	10
$D90\times6$	128	76	60	66	85	30	19	11
$D114\times7$	160	96	80	86	100	30	18	12
$D166\times8$	206	150	134	140	100	30	17	13

表 5-11　硬聚氯乙烯管口翻边加热时间

管径(mm)	50	65	80	100	125	150	200
加热时间(min)	2～3	2～3	3～4	3～4	3～4	3～4	4～5

表 5-12　硬聚氯乙烯管翻边宽度　　　　（单位:mm）

管子外径	25	32	40	51	65	78	90	114	140	166	218
翻边宽度	15	15	16	18	18	18	20	20	20	20	20

第六章　管道焊接

第一节　管道焊接准备

本节导读：

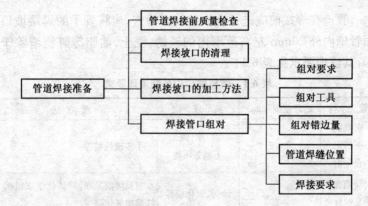

技能要点 1：管道焊接前质量检查

　　管道焊接前，应对管子的质量进行检查，其有关管子的质量证明包括质量合格证书，核对管子批号、材质。重要工程还要进行焊试件，根据材质化验单选择焊接工艺。

　　(1)对不圆的管子要进行校圆，管子对口前要检查平直度，在距焊口 200mm 处测量，允许偏差不得大于 1mm，一根管子全长的偏差不得大于 10mm。如图 6-1 所示。

　　(2)对接焊连接的管子的端面应与管子轴线垂直，不垂直度 a 值最大不能超过 1.5mm，如图 6-2 所示。

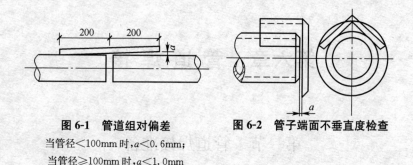

图 6-1 管道组对偏差

当管径<100mm 时,a<0.6mm;
当管径≥100mm 时,a<1.0mm

图 6-2 管子端面不垂直度检查

技能要点 2:焊接坡口的清理

管道在焊接前应进行全面的清理检查,应将管子的焊端坡口面管壁内外 20mm 左右范围内的铁锈、泥土、油脂等脏物清除干净,其清理要求见表 6-1。

表 6-1 焊接坡口内外侧清理要求

管　　材	清理范围(mm)	清 理 物	清 理 方 法
碳素钢 不锈钢 合金钢	≥20	油、漆、锈、毛刺等污物	手工或机械等
铝及铝合金 铜及铜合金	≥50 ≥20	油污、氧化膜等	有机溶剂除净油污,化学或机械法除净氧化膜

技能要点 3:焊接坡口的加工方法

(1)Ⅰ、Ⅱ级焊缝(也就是Ⅰ、Ⅱ级工作压力的管道)的坡口加工应采用机械方法,当采用等离子弧切割时,应清除干净其切割表面的热影响层。

(2)Ⅲ、Ⅳ级焊缝(也就是Ⅲ、Ⅳ级工作压力的管道)的坡口加工也可采用氧-乙炔焰等方法,但必须清除干净其氧化皮,并将影响焊接质量的凹凸不平处磨削平整。

(3)有淬硬倾向的合金钢管,再采用等离子弧或者氧-乙炔焰等方法切割后,应消除表面的淬硬层。

(4)其他管子坡口加工方法,可根据焊缝级别或材质按照表6-2 选择。

表 6-2　管子坡口加工方法的选择

焊缝级别	加工方法	备　　注
Ⅰ、Ⅱ级	机械方法	若采用等离子弧切割时,应清除其表面的热影响层
铝及铝合金	机械方法	
铜及铜合金	机械方法	
不锈钢管	机械方法	
Ⅲ、Ⅳ级	机械方法 氧-乙炔焰	用氧-乙炔焰坡口时,必须清除表面的氧化皮,并将凹凸不平处磨削平整
有淬硬倾向的合金钢管	等离子弧、氧-乙炔焰机械方法	应消除加工表面的淬硬层

注:焊缝级别按管道分类表确定。

技能要点 4:焊接管口组对

1. 组对要求

(1)管子对口间隙应符合工艺要求,除设计规定冷拉焊口外,对口不得强力对正。

(2)连接闭合管段的对接焊口,间隙过大则应更换长管,但不允许用加热管子的方法来缩小间隙,也不允许用其他材料来堵缝或多层垫缝等方法来弥补过大间隙。

(3)管子对口应保证两管段中心线在同一条直线上,焊口处不得弯曲变形。

2. 组对工具

管子管件组对常借助于组对工具。一般管道对口可采用如图6-3 所示的对口措施;管径特大时,可采用如图 6-4 所示方法对口;

小管径管道可采用如图 6-5 所示的组对工具对口。

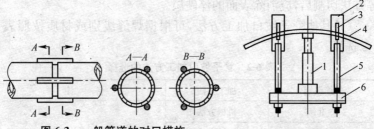

图 6-3　一般管道的对口措施　　图 6-4　大口径管道的对口工具

1. 千斤顶　2. 带孔扁钢　3. 楔子
4. 管子　5. 螺栓　6. 槽钢

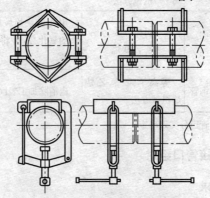

图 6-5　小口径管道的对口工具

3. 组对错边量

(1)壁厚相同的管子、管件组对时,其外壁应平齐,内壁错边量应符合下列要求:

1)Ⅰ、Ⅱ级焊缝不超过壁厚的 10%,且不大于 1mm。

2)Ⅲ、Ⅳ级焊缝不超过壁厚的 20%,且不大于 2mm。

3)铝及铝合金、铜及铜合金不超过壁厚的 10%,且不大于 1mm。

(2)不同壁厚的管子、管件组对时,应符合下列要求:

1)内壁错边量超过上述规定时,应按照图 6-6 所规定形式加工。

2)当薄件厚度大于10mm,厚度差大于薄壁厚度的30%或者超过5mm时,外壁错边量应按照图6-6b所规定形式进行修整加工;铝及铝合金、铜及铜合金管当厚度大于3mm时,也应符合此要求。

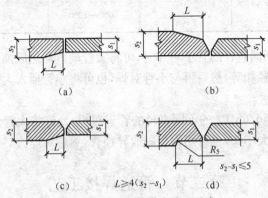

图 6-6 对口焊缝错边坡口形式

4. 管道焊缝位置

管子管件对口时,管道的焊缝位置应符合下列规定:

(1)管道对接时,两相邻管道的焊缝间距应大于管径,且不得小于200mm。

(2)钢板卷管对焊时,钢板卷管上的纵向焊缝应错开一定距离,一般应为管子外径的1/4~1/2,但不得小于100mm。

(3)不得在焊缝所在处开孔或者安分支连接管。

(4)管道上对接焊缝距弯管起弯点不应小于管子外径,且不得小于100mm。

(5)管道上的焊缝不得放在支架或吊架上,也不得设在穿墙或穿楼板的套管内,焊缝离支吊架的距离不得小于100mm。

5. 焊接要求

(1)管子管件组对好后,要先施行定位焊,定位焊的工艺措施以及焊接材料应与正式焊相同。定位焊长度一般为10~15mm,焊缝高度为2~4mm且不得超过壁厚的2/3。各种管径的定位焊数量见表 6-3。

表 6-3　各种管径焊接接口定位焊点数量

管径(mm)	定位焊点(个)	管径(mm)	定位焊点(个)
≥75	2	700~900	8~10
100~300	4		
400~600	6~8	1000~1200	10~12

(2)不同直径的管子对焊时,可将大管端口加热后锤击缩口到与小管直径相等,然后再与小管对焊,也可将小管插入大管中作承插焊接。

$PN \leq 0.6MPa$ 的不同直径的管子对焊,允许将大管焊接端抽条加工成大小头,也可用钢板制成异径管,然后对焊。

第二节　管道焊接工艺

本节导读:

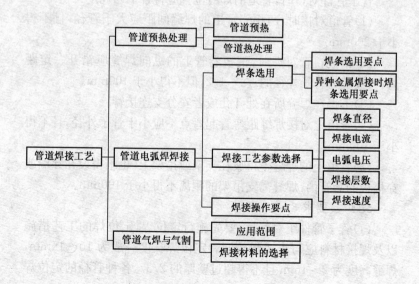

技能要点 1：管道预热处理

为了降低或者消除焊接接头的残余应力，防止产生裂纹和改善焊缝和热影响区的金属组织与性能，应根据材料的淬硬性、焊件厚度以及使用条件等综合考虑进行焊前预热和焊后热处理。

1. 管道预热

管道焊接时，应按照表 6-4 的规定进行焊前预热。焊接过程

表 6-4　常用管子、管件焊前预热及焊后热处理要素

钢　　号	焊前预热		焊后热处理	
	壁厚(mm)	温度(℃)	壁厚(mm)	温度(℃)
10、20 ZG25	≥26	100～200	>36	600～650
16Mn 15MnV 12CrMo	≥15	150～200	>20	600～650 520～570 650～700
15CrMo ZG20CrMo	≥10 ≥6	150～200 200～300	>10	670～700
12Cr1MoV ZG20CrMoV ZG15Cr1MoV	≥6	200～300 250～300	>6	720～750
12Cr2MoWVB 12Cr3MoWVSiTiB Cr5Mo	≥6	250～350	任意	750～780
铝及铝合金	任意	150～200	—	—
铜及铜合金	任意	350～550	—	—

注：1. 当焊接环境温度低于 0℃时，表中未规定须作预热要求的金属(除有色金属外)均应作适当的预热，使被焊母材有手温感；表中规定须作预热要求的金属(除有色金属外)则应将预热温度作适当的提高。

2. 黄铜焊接时，其预热温度：壁厚为 5～15mm 时为 400～500℃；壁厚大于 15mm 时为 550℃。

3. 有应力腐蚀的碳素钢、合金钢焊缝，不论其壁厚条件，均应进行焊后热处理。

4. 黄铜焊接后，焊缝应进行焊后热处理。焊后热处理温度：消除应力处理为 400～450℃；软化退火处理为 550～600℃。

中的层间温度不得低于其预热温度。当异种金属焊接时,预热温度应按可焊性较差一侧的金属确定。预热时应使焊口两侧以及内外壁的温度均匀,防止局部过热。加热后附近应予保温,用来减少热损失。

在雨天、下雪以及刮风条件下焊接时,焊接部位必须有相应的遮护措施,防止雨、雪及风的作用。通常采用碳素钢管在低温气候条件下焊接,管材的预热要求可按照表 6-5 的规定执行。

表 6-5　管子焊接的环境温度和预热要求

钢　号	允许焊接的最低环境温度(℃)	预 热 要 求	
		常　温	低　温
含碳量≤0.2%的碳素钢管	−30	>−20℃,可不预热	<−20℃,预热 100~150℃
含碳量>0.2%~0.3%的碳素钢管	−20	>−10℃,可不预热	<−10℃,预热 100~150℃

预热的加热范围以焊口中心为基准,每侧不少于壁厚的 3 倍;有淬硬倾向或者容易产生延迟裂纹的管道,每侧不少于 100mm;铝及铝合金管焊接前预热应适当加宽;纯铜管的钨极氩弧焊,当其壁厚大于 3mm 时,预热宽度每侧为 50~150mm,黄铜管的氧-乙炔焊,预热宽度每侧为 150mm。

2. 管道热处理

管道焊接接头若需进行热处理时,通常应在焊后及时进行。常用管子、管件焊后热处理温度见前面表 6-4。

(1)对于容易产生焊接延迟裂纹的焊接接头,若不能及时进行热处理,应在焊接后冷却至 300~350℃时,予以保温缓冷。若用加热方法时,其加热范围与热处理条件相同。焊后热处理的加热速率、恒温时间及降温速率应符合下列规定(S 为壁厚,单位为 mm):

1)加热速率:升温至 300℃后,加热速率不应超过 220×

$\dfrac{25.40\text{mm}}{S}$℃/h,且不大于 220℃/h。

2)冷却速率:恒温后的降温速率不得超过 $275 \times \dfrac{25.40\text{mm}}{S}$℃/h,且不大于 275℃/h,300℃以下自然冷却。

(2)异种金属焊接接头的焊后热处理要求,一般以合金成分较低的钢材来确定。

技能要点 2:管道电弧焊焊接

1. 焊条选用

在管道工程中,手工电弧焊焊接材料的选用要点。

(1)焊条选用要点。

1)焊接材料的机械性能和化学成分要求。

①对于普通结构钢,通常要求焊缝金属与母材等强度,应选用抗拉强度等于或者稍高于母材的焊条。

②对于合金结构钢,通常要求焊缝金属的主要合金成分与母材金属相同或者相近。

③在被焊结构刚性大、接头应力高、焊缝容易产生裂纹的不利情况时,可以考虑选用比母材强度低一级的焊条。

④当母材中碳及硫、磷等元素的含量偏高时,焊缝容易产生裂纹。应选用抗裂性能好的低氢焊条。

2)焊件的使用性能和工作条件要求。

①对承受动载荷和冲击载荷的焊件,除了满足强度要求外,还要保证焊缝金属具有较高的冲击韧性和塑性,应选用塑性和韧性指标较高的低氢焊条。

②接触腐蚀介质的焊件,应根据介质的性质及腐蚀特征,选用相应的不锈钢类焊条或者其他耐腐蚀焊条。

③在高温或者低温条件下工作的焊件,应选用相应的耐热钢或低温钢焊条。

3)焊件的结构特点和受力状态。

①结构形状复杂、刚性大及大厚度的焊件,由于在焊接过程中产生很大的应力,容易使焊缝产生裂纹,应选用抗裂性能好的低氢焊条。

②对焊接部位难以清理干净的焊件,应选用氧化性强,并对铁锈、氧化皮、油污不敏感的酸性焊条。

③对受条件限制不能翻转的焊件,但有些焊缝处于非平焊位置,应选用全位置焊接的焊条。

4)施工条件及设备。

①在没有直流电源,而焊接结构又要求必须使用低氢焊条的场合,应选用交直流两用低氢焊条。

②在狭小或者通风条件差的场合,选用酸性焊条或低尘焊条。

5)操作工艺性能。在满足产品性能要求的条件下,尽量选用工艺性能好的酸性焊条。

6)经济效益。在满足使用性能和操作工艺性的条件下,尽量选用成本低、效率高的焊条。

(2)异种金属焊接时焊条选用要点。

1)强度级别不等的碳素钢和低合金钢,以及低合金和低合金钢。

①一般要求焊缝金属以及接头的强度大于两种被焊金属的最低强度,因此选用的焊接材料强度应能保证焊缝以及接头的强度高于强度较低钢材的强度,同时焊缝的塑性和冲击韧性应不低于强度较高而塑性较差的钢材的性能。

②为了防止裂纹,应按照焊接性较差的钢种来确定焊接工艺,包括规范参数、预热温度及焊后处理等。

2)低合金钢和奥氏体不锈钢。

①通常按照对焊缝熔敷金属化学成分限定的数值来选用焊条,建议使用铬镍含量高于母材的塑性、抗裂性较好的不锈钢焊条。

②对于非重要结构的焊接,可选用与不锈钢成分相应的焊条。

3)不锈钢复合钢板。为了防止基体碳素钢对不锈钢熔敷金属产生稀释作用,建议对基层、过渡层、覆层的焊接选用以下三种不同性能的焊条。

①对基层(碳素钢或低合金钢)的焊接,选用相应强度等级的结构钢焊条。

②对过渡层(即覆层和基体交界面)的焊接,选用铬、镍含量比复合钢板高,塑性、抗裂性较好的奥氏体不锈钢焊条。

③覆层直接与腐蚀介质接触,应选用相应成分的奥氏体不锈钢焊条。

2. 焊接工艺参数选择

手工电弧焊的焊接工艺参数包括:焊条直径、焊接电流、电弧电压、焊接层数、焊接速度等。

(1)焊条直径。选择焊条直径主要根据焊件的厚度,此外与焊缝位置和焊接层数等因素有关。焊件厚度越厚,焊条直径就越大,例如焊件厚度为 3mm,可选直径为 2.5~3.2mm 的焊条,焊件厚度为 4~7mm,可选直径为 3.2~4mm 的焊条等;平焊位置选用的焊条直径可大于立焊和仰焊;焊缝打底焊的焊条直径可小于盖面焊条的直径等。

为了提高生产率,在结构允许的情况下,尽可能选用较大直径的焊条,但焊条直径过大,相应的电流也大,焊接速度就慢,往往会使钢材的晶粒出现过热、过烧、焊缝成形不良,影响焊缝的力学性能等。

(2)焊接电流。选择焊接电流主要依据焊条直径和焊件厚度,其次与接头形式和焊接位置等有关。焊接电流大,焊接生产率高,但电流过大会导致焊件烧穿、焊条药皮发红脱落;而电流过小会导致焊接电弧不稳、焊件不易焊透、焊条粘钢板、焊缝成形差、易产生焊接缺陷等。

常用的酸性焊条直径与使用焊接电流范围有:$\phi2.5$,选用 70

～90A；ϕ3.2，选用 90～130A；ϕ4.0，选用 160～210A；ϕ5.0，选用 220～270A 等。

(3)电弧电压。焊条电弧焊电弧电压的大小主要取决于电弧的长短。电弧长，电弧电压升高；电弧短，电弧电压降低。

焊条电弧焊的电弧电压是靠焊工在焊接中自己控制的。电弧过长，电弧燃烧稳定，飞溅增加，容易产生未焊透、咬边，焊缝成形差，而熔池和熔滴保护性能差，易产生气孔。经验证明，电弧长度控制在 1～4mm 范围内、电弧电压在 16～25V 之间，焊接时产生缺陷的倾向大大降低。焊接中应尽量采用短弧焊接，一般立焊、仰焊控制的电弧比平焊要短，碱性焊条电弧长度应小于酸性焊条。采用短弧目的是防止空气中有害气体的侵入，同时保证电弧的稳定性。

(4)焊接层数。对于厚度较大的焊件，一般都应采用多层焊。每层焊缝的厚度对焊缝质量和焊接应力的大小有着一定的影响。对于低碳钢和强度等级低的普通低合金钢，如果每层焊缝厚度过厚，会引起结构变形增大，对焊缝金属的塑性会有不利影响。因此，为保证焊接质量，每层焊缝厚度应控制在 4～5mm。依据经验，多层焊每层焊缝的厚度约等于焊条直径的 0.8～1.2 倍时焊接生产率较高，并且比较容易操作。

(5)焊接速度。焊条电弧焊的焊接速度由操作者在焊接中根据具体情况灵活掌握。高质量的焊缝要求焊接速度均匀，既保证焊缝厚度适当，又保证焊件打底焊焊透和不烧穿。当其他工艺参数一定，如果焊接速度过快，高温停留时间短，容易导致未焊透、未熔合，而焊缝冷却速度过快，焊缝厚度太薄，会使易淬火钢产生淬硬组织等；如果焊接速度过慢，高温停留时间长，热影响区宽度增加，焊缝和过热区的组织变粗，变形量增加，薄钢板容易烧穿。

为了提高生产率，原则是在保证焊接质量的前提下，尽量采用较大的焊条直径、焊接电流和适当的焊接速度。

3. 焊接操作要点

(1)施焊前,焊工应复核焊接件的接头质量和焊接区域的坡口、间隙、钝边等的处理情况。当发现有不符合要求时,应修整合格后才能施焊。

(2)焊接时不得使用药皮脱落或者焊芯生锈的焊条。

(3)T形接头、十字接头、角接头和对接接头主焊缝两端,必须配置引弧板和熄弧板,其材质和坡口形式应与焊件相同。引弧和熄弧焊缝长度应大于或等于25mm。引弧和熄弧板长度应大于或等于60mm,长度宜为板厚的1.5倍且不得小于30mm,厚度宜不得小于6mm。引弧和熄弧板应采用气割的方法切除,并修磨平整,不得用锤击落。

(4)焊接区应保持干燥,并且没有油、锈和其他污物。

(5)焊条在使用前应按照产品说明书规定的烘焙时间和烘焙温度进行烘焙。

(6)不应在焊缝以外的母材上打火引弧。

(7)焊接作业区环境温度低于0℃时,应将构件焊接区各方向大于或等于钢板厚度且不小于100mm范围内的母材加热到20℃以上方可施焊,并且在焊接过程中均不得低于这个温度。

(8)定位焊必须由持有相应合格证的焊工施焊,所用焊接材料应与正式施焊相当。定位焊焊缝应与最终焊缝有相同的质量要求。钢衬垫的定位焊宜在接头坡口内焊接,定位焊焊缝厚度不宜超过设计焊缝厚度的2/3,定位焊缝长度宜大于40mm,且间距为500～600mm,并应填满弧坑。定位焊预热温度应高于正式施焊预热温度。当定位焊焊缝上有气孔或裂纹时,必须清除后重焊。

(9)对于非密闭的隐蔽部位,应按照施工图的要求进行涂层处理后,方可进行组装;对刨平顶紧的部位,必须经质量部门检验合格后才能施焊。

(10)在组装好的构件上施焊,应严格按照焊接工艺规定的参数以及焊接顺序进行,以控制焊后构件变形。

1)控制焊接变形,可采取反变形措施。

2)在约束焊道上施焊,应连续进行;如果因故中断,再焊时应对已焊的焊缝局部做预热处理。

3)采用多层焊时,应将前一道焊缝表面清理干净后再继续施焊。

(11)多层焊的施焊应符合下列要求。

1)厚板多层焊时应连续施焊,每一焊道焊接完成后应该及时清理焊渣和表面飞溅物,若发现影响焊接质量的缺陷时,应清除后方可再焊。在连续焊接过程中应控制焊接区母材温度,使层间温度上、下限符合工艺文件的要求。遇到中断施焊的情况,应采取适当的后热、保温措施,再次焊接时重新预热温度应高于初始预热温度。

2)坡口底层焊道采用焊条直径应不大于$\phi4$,焊条底层根部焊道的最小尺寸应适宜,最大厚度不应超过 6mm。

(12)因焊接而变形的构件,可用机械(冷校)或者在严格控制温度的条件下加热(热校)的方法进行校正。

1)普通低合金结构钢冷校时,工作地点温度不得低于$-16℃$;热校时,其温度值应控制在 750~900℃。

2)普通碳素结构钢冷校时,工作地点温度不得低于$-20℃$;热校时,其温度值不得超过 900℃。

3)同一部位加热校正不得超过 2 次,并应缓慢冷却,不得用水骤冷。

技能要点 3:管道气焊与气割

1. 应用范围

(1)气焊焊接火焰能将接头部位母材金属和焊丝熔化,然后再熔合,以达到焊接的目的,所以应用较广泛。气焊的应用范围及优缺点可参见表 6-6。

(2)采用气割的金属必须满足下列条件:金属的燃点必须低于

熔点；金属在燃烧时放出较多的热量；金属燃烧时产生的熔渣（氧化物）必须低于金属的熔点且流动性要好。

气割的范围比较小，其实际应用范围见表 6-7。

表 6-6　气焊的应用范围及优缺点

适用气焊的材料	厚度范围（mm）	主要接头形式	优　点	缺　点
低碳钢、低合金钢	≤6	对接、搭接、T 形接、端接	（1）设备简单，移动方便，在无电力供应地区可以方便进行焊接 （2）可以焊接很薄的工件 （3）焊接铸铁和部分有色金属时焊缝质量好	（1）热量较分散，热影响区及变形大 （2）生产率较低，不易焊较厚的金属 （3）某种金属因气焊火焰中氧、氢等气体与熔化金属发生作用，会降低焊缝性能 （4）难以实现自动化
不锈钢	≤3	对接、端接、堆焊		
铜、黄铜、青铜	≤20	对接、端接、堆焊		
铝、铝合金	≤20	对接、端接、堆焊		
镁合金	≤20	对接、端接		
铅	≤15	对接、搭接、搪铅		
硬质合金	—	堆焊		
铸铁	—	对接、端焊、补焊		

表 6-7　气割的应用范围

适用的气割材料	气割条件	优　点	缺　点
碳钢	含碳量＜0.5％时易于切割，含碳量≥0.5％时气割过程恶化	（1）效率高，成本低，设备简单 （2）易于各种位置的切割 （3）割缝整齐，金属烧损少	（1）割缝附近，金属成分发生变化，某些元素被烧损，从而硬度增高，晶粒变粗 （2）割后工件稍有变形
铸铁	可采用振动气割法		
不锈钢	可采用振动气割法		

2. 焊接材料的选择

（1）同种材质钢管互焊时，焊丝的化学成分与力学性能应与管子材质相当。

（2）异种材质钢管互焊时，如果两侧均非奥氏体不锈钢，可按照合金含量较低的一侧或者介于两者之间的钢材来选用焊丝。

（3）异种材质互焊，若一侧为奥氏体不锈钢，可选用含镍量较该不锈钢高的焊丝。

　　(4)选择焊丝直径主要取决于焊件厚度和坡口形式,可按照一般气焊规范选用原则(表6-8)选用。

表6-8　气焊规范选用原则

参　　　数	选　用　原　则				
火焰种类	视焊接材料不同选用不同的火焰				
乙炔消耗量及氧气工作压力	根据金属熔点、焊件厚度、接头形式选择适宜火焰功率				
焊丝直径	工件厚度(mm)	1～2	2～3	3～5	5～10	10～15
	焊丝直径(mm)	$\phi1\sim\phi2$(或不用焊丝)	$\phi2\sim\phi3$	$\phi3\sim\phi3.5$	$\phi3.2\sim\phi4$	$\phi4\sim\phi5$
焊嘴号数	根据材料厚度、材料性质、接头形式选定焊嘴				
焊嘴与焊件夹角	按焊件厚度、焊嘴大小、施焊位置确定,焊件厚度越大,夹角越大				
焊接速度	视操作技能及火焰强弱而定,在保证熔透前提下提高速度				

第三节　金属管道焊接

本节导读:

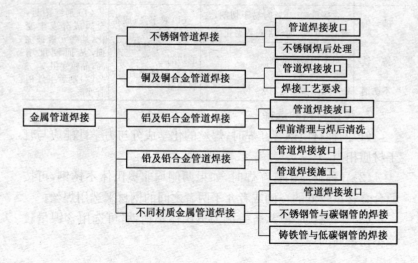

技能要点 1：不锈钢管道焊接

1. 管道焊接坡口

奥氏体不锈钢手工电弧焊坡口形式与尺寸按照表 6-9 选用。

2. 不锈钢焊后处理

不锈钢管道在焊接后，需进行固溶处理和抛光处理，用来提高其抗腐蚀性能。

(1)在焊接后，由于不锈钢管道焊缝附近被"污染"，故应进行酸洗、钝化处理，以形成新的保护膜。

在管道施工中，如果材质污染严重或者质量要求较高，也可对全部管材进行处理，具体步骤如下：

1)用丙酮除去油渍。

2)用酸洗液浸泡或者刷洗 1～2h。

3)用冷水将酸洗液冲洗干净。

4)用钝化液浸泡或者洗刷约 1h。

5)用冷水将钝化液冲洗干净，自然风干。

(2)在焊接加温过程中，特别是在 450～850℃的温度下，奥氏体晶粒析碳而容易产生晶间腐蚀。为了使焊件在焊接后避免产生晶间腐蚀，可以采取下列预防措施：

1)焊接不锈钢管时，焊前不预热，焊后迅速喷水，用水冷却。

2)选用含碳量小于 0.03% 或添加钛或铌的不锈钢管材以及焊条，防止焊接时形成 $Cr_{23}C_6$。

3)焊接时，焊缝应比较窄，应采用小电流快速焊，减小焊缝的影响区。

4)焊缝接触介质的一面，在可能条件下应最后焊接。

5)焊后固熔处理，即将焊件加热到 1050～1150℃后淬火，能使晶界上产生的碳化铬溶解于奥氏体，成为均匀的奥氏体组织。

表 6-9　奥氏体不锈钢手工电弧焊坡口类型与尺寸

（单位：mm）

序号	坡口名称	坡口形式	壁厚 δ	间隙 c	钝边 b	坡口角度 α	备注
1	I 形坡口		2~3	1~2	—	—	
2	V 形坡口		3.5 3.5~4.5 5~10 >10	1.5~2 1.5~2 2~3 2~3	1~1.5 1~1.5 1~1.5 1~2	60°±5° 60°±5° 60°±5° 60°±5°	
3	X 形坡口		10~16 16~35	2~3 3~4	1.5~2 1.5~2	60°±5° 60°±5°	
4	V 形带垫坡口		6~30	8	—	40°	单面焊
5	复合板 V 形坡口		4~6	2	2	70°	
6	复合板急 V 形坡口		6~12	2	2	60°	
7	X 形坡口		14~25	2	2	60°	
8	双 V 形坡口		10~20	0~4	1.5~2	—	
9	U 形坡口		12~20	2~3	1.5~2	—	
10	不等角 V 形坡口		12~15	2.5~3	1.5~2	—	固定横焊

技能要点 2:铜及铜合金管道焊接

铜及铜合金管道的焊接常采用氧-乙炔焊或者钨极氩弧焊。

1. 管道焊接坡口

管道焊接前均应进行坡口加工。当黄铜采用氧-乙炔焊时坡口类型以及尺寸见表 6-10,当纯铜管采用钨极氩弧焊时坡口类型以及尺寸见表 6-11。

表 6-10　黄铜氧-乙炔焊坡口类型与尺寸

坡 口 形 式	壁厚 s (mm)	间隙 c (mm)	钝边厚度 p (mm)	坡口角度 α	备　　注
	≤2	—	—	—	不加充金属
	≤3	0~4	—	—	单面焊
	3~6	3~5	—	—	双面焊不能两侧同时焊
	3~12	3~6	0	65°±5°	
	>6	3~6	0~3	65°±5°	
	>8	3~6	0~4	65°±5°	

表 6-11　纯铜管手工钨极氩弧焊坡口类型与尺寸

坡 口 类 型	壁厚 s (mm)	间隙 c (mm)	钝边厚度 p (mm)	坡口角度 α
	≤2	0	—	—

续表 6-11

坡 口 类 型	壁厚 s (mm)	间隙 c (mm)	钝边厚度 p (mm)	坡口角度 α
	3～4	0	—	65°±5°
	5～8	0	1～2	65°±5°
	10～14	0	—	65°±5°

2. 焊接工艺要求

工作压力 PN 为 1.6MPa 以上的铜管或者黄铜管采用气焊时,乙炔气应进行脱硫和脱水。

(1)当纯铜采用钨极氩弧焊时,工艺要求为:

1)纯铜钨极氩弧焊应采用直流正接。

2)焊前将铜焊粉用无水酒精调成糊状涂敷在坡口或者焊丝表面并及时施焊。

3)当焊件壁厚大于 3mm 时,焊前应对坡照口两侧 50～150mm 范围内进行均匀预热,预热温度为 350～550℃。

4)引弧宜在引弧板上进行,熄弧(除环缝外)宜在熄弧板上熄弧,引(熄)弧板材料应与母材相同。

5)在焊接过程中若发生浊钨现象时,应停止焊接,并将钨极、焊丝和熔池处理干净后再继续施焊。

(2)当黄铜采用氧-乙炔焊时,工艺要求为:

1)黄铜采用氧-乙炔焊时,应采用微氧化焰,并采用左焊法施焊。

2)施焊前应对坡口两侧 150mm 范围内均匀预热,当厚度在 5～15mm 时,预热温度为 400～500℃,厚度大于 15mm 时应为 550℃。

3)施焊前应将一定长度焊丝加热,并将被加热的焊丝放入铜焊粉中蘸上一层焊药,然后再进行施焊。

4)焊接时宜采用单层单道焊。若采用多层焊接时,应采用多层单道焊。底层宜选用细焊丝,其他各层宜采用较粗焊丝,用来减少焊接层数。各层表面焊渣应清除干净,接头应错开。

5)异种黄铜焊接时,火焰应适当偏向熔点较高一侧,以保证两侧母材熔合良好。

6)焊缝应进行焊后热处理。热处理加热范围应以焊缝中心为基准,每侧不少于 3 倍焊缝,热处理规范应根据设计要求以及焊接工艺试验确定,也可根据下列要求确定热理加热温度范围:

消除焊接应力退火:400~500℃。

软化退火:550~600℃。

7)焊后热处理前应采取措施,避免由于热处理造成焊件变形。

每条焊缝应一次连续焊完,不得中断,焊后应将焊缝表面的飞溅物、熔渣以及焊药清理干净。

技能要点 3:铝及铝合金管道焊接

铝及铝合金管材一般采用的焊接工艺为氩弧焊或氧-乙炔焊两种。

1. 管道焊接坡口

(1)铝及铝合金管管件氩弧焊坡口形式及尺寸按表 6-12 选用。

表 6-12　铝及铝合金管子管件坡口型号尺寸　(单位:mm)

序号	坡口名称	坡口形式	壁厚 s	间隙 c	钝边 p	坡口角度 α	备注
铝及铝合金手工钨极氩弧焊							
1	I 形		3~6	0~1.5	—	—	

续表 6-12

序号	坡口名称	坡口形式	壁厚 s	间隙 c	钝边 p	坡口角度 α	备注
铝及铝合金手工钨极氩弧焊							
2	V形		6~20	0.5~2	2~3	70°±5°	
3	U形		>8	0~2	1.5~3	60°±5°	R=4~6
4	I形		≤10	0~3	—	—	
5	V形		8~25	0~3	3	70°±5°	
6	U形		>20	0~3	3~5	15°~20°	R=6
				0	5	20°	

(2)当用氧乙炔焰焊接时,应按照表 6-13 所示坡口形式及尺寸进行坡口加工。

表 6-13　氧乙炔焊坡口形式与尺寸

坡口形式	壁厚 s (mm)	间隙 c (mm)	钝边厚度 p (mm)	坡口角度 α
	<2	—	—	—
	<3	1~1.5	—	—
	3~10	2~4	0.5~2	75°±5°

2. 焊前清理与焊后清洗

(1)铝质管材焊接前应对焊件以及焊丝进行清理,其要求为:坡口、焊丝以及坡口两侧不得小于 50mm 的范围内的表面应进行清理。油污应用丙酮或四氯化碳等有机溶剂去除,氧化膜应采用化学或机械方法清除。化学清理的顺序以及方法见表 6-14。

焊丝经化学清洗后不得有水迹或者碱迹,否则需重新清洗。清理工作完后应防止再次沾污,并且应在 8h 内施焊完毕。

(2)焊后必须立即将熔渣、焊药清洗干净,一般清洗方法和程序如下:

1)用不锈钢刷子刷去熔渣。

2)用热水冲洗。

3)用含 5％硝酸和 2％重铬酸钾溶液进行清洗。

4)用热水冲洗。

5)用 5％硝酸银溶液检查清洗质量,如果没有产生白色沉淀物,则说明已清洗干净。

技能要点 4:铅及铅合金管道焊接

铅及铅合金管一般采用氢-氧焰气焊,焊接时氢、氧的使用压力均为 0.15MPa,为了保证安全,焊炬和气瓶之间应安装稳压器和安全器。当管壁厚度在 8mm 以下时也可以采用氧-乙炔焊,但由于火焰温度高,火焰冲击力大,技术难度较大。对于厚度在 4mm 以上的铅板焊接,除了气焊外也可以采用碳极电弧焊。

管道焊接前,应将坡口面以及其两侧管子端部 20～40mm 之间的氧化层刮净,要露出金属光泽,并应在 2h 内焊完,防止再次氧化。

1. 管道焊接坡口

管壁厚度≥4mm 时,焊接管的端面应开 60°～90°的 V 形坡口,并保留 2～3mm 的钝边,对口间隙为 1～1.5mm;当管壁厚度<4mm 时,可以不开坡口,但应用木槌将管子口稍向外扩张成喇叭口形。

表6-14　铝及铝合金管坡口与焊丝化学清理顺序和方法

清理工序	1	2			3	4			5	6
工序名称	除油	碱　洗			冲洗	中和钝化			冲洗	干　燥
		NaOH溶液浓度(%)	温度(℃)	时间(min)		HNO₃溶液浓度(%)	温度(℃)	时间(min)		
纯铝①	丙酮等有机溶剂	13~18	室温	10~15	清水	25~30	室温	1~3	清水	无油压缩空气吹干或室温自然干燥
		5~10	50~60	1~5						
防锈铝		5~10	50~60	4~5						

注：①两和碱溶液可任选其一。

2. 管道焊接施工

铅管的焊接接头形式如图 6-7 所示。

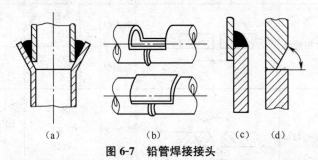

图 6-7　铅管焊接接头

(a)直立的管子　(b)在不能转动的焊件上开天窗　(c)搭接　(d)对接的坡口

铅管的焊接要求如下：

(1)焊接时,先固定焊几处,然后进行焊接。第一层不加焊丝,用中性焰使铅熔化,封闭焊缝;第二层加焊丝施焊;最后一层要高出管壁 2～3mm。

(2)垂直安装的软铅管,一般常采用如图 6-7a 所示的承插焊接。先将下部管加热到 120℃左右、扩口,然后插入对中再焊。

(3)铅管配管应尽量减少固定焊口,并尽可能把焊口放在水平位置上转动焊接。

(4)铅管固定焊口,不能仰焊,可采用如图 6-7b 所示的"割开焊"(开洞焊)。

(5)铅管焊接现场应有良好的通风条件,用来减少空气中的含铅量。工作人员要穿好一切劳动保护用品,戴好口罩,工作后要彻底清洗身体,切记刷牙后才能吃饭喝水,工作用具不得带出现场。

技能要点 5:不同材质金属管道焊接

1. 管道焊接坡口

碳素钢及低合金钢管子管件的坡口形式和尺寸一般按照表 6-15 选用。

表 6-15　碳素钢、低合金钢管焊接常用坡口形式及尺寸

序号	坡口名称	坡口形式	手工焊坡口尺寸(mm)		
1	I 形坡口		单面焊	s	$\geq 1.5\sim 2$	$>2\sim 3$
				c	$0^{+0.5}$	$0^{+1.0}$
			双面焊	s	$\geq 3\sim 3.5$	$>3.5\sim 6$
				c	$0^{+1.0}$	$1^{+1.5}_{-1.0}$
2	V 形坡口		s	$\geq 3\sim 9$	$>9\sim 26$
			α	$70°\pm 5°$	$60°\pm 5°$
			c	1 ± 1	2^{+1}_{-2}
			p	1 ± 1	2^{+1}_{-2}
3	带垫板 V 形坡口		s	$\geq 6\sim 9$	$\geq 9\sim 26$
			c	4 ± 1	5 ± 1
			$p=1\pm 1$　　$\alpha=50°\pm 5°$　　$\delta=4\sim 6$　　$d=20\sim 40$		
4	X 形坡口		$s\geq 12\sim 60$　　$\alpha=60°\pm 5°$　　$c=2^{+1}_{-2}$　　$p=2^{+1}_{-2}$		
5	双 V 形坡口		$s\geq 30\sim 60$　　$\alpha_1=10°\pm 2°$　　$c=2^{+1}_{-2}$　　$\beta=70°\pm 5°$　　$p=2\pm 1$　　$h=10\pm 2$		
6	U 形坡口		$s\geq 20\sim 60$　　$R=5\sim 6$　　$c=2^{+1}_{-2}$　　$\alpha_1=10°\pm 2°$　　$p=2\pm 1$　　$a=1.0$		

续表 6-15

序号	坡口名称	坡口形式	手工焊坡口尺寸(mm)			
7	T形接头不开坡口		$s_1 \geqslant 2 \sim 30$ $c = 0^{-2}$			
8	T形接头单边V形接口坡口			$\geqslant 6 \sim 10$	$\geqslant 10 \sim 17$	$> 1 \sim 30$
			s_1	1 ± 1	2^{+1}_{-2}	3^{+1}_{-3}
			c	1 ± 1	2^{+1}_{-2}	3^{+1}_{-2}
			p			
			$\alpha = 50° \pm 5°$			
9	T形接头对称K形坡口		$s_1 \geqslant 20 \sim 40$　　　　$c = 2^{+1}_{-2}$ $\alpha = \beta = 50° \pm 5°$　　　$p = 2 \pm 1$			
10	管座坡口		$a = 100$　　　$R = 5$ $b = 70$　　　$\alpha = 50° \sim 60°$ $c = 2 \sim 3$　　$\beta = 30° \sim 35°$			
11	管座坡口		$c = 2 \sim 3$　　　$\alpha = 45° \sim 60°$			

2. 不锈钢管与碳钢管的焊接

不锈钢管与碳钢管焊接,若采用碳钢焊条焊接,因焊缝渗入铬、镍,硬度增加,塑性降低,易产生裂缝;若用不锈钢焊条焊接,因碳钢的基本金属熔化,焊缝铬、镍成分被稀释,塑性和耐腐蚀性降低。所以,通常采用下列方法焊接:

(1)对于要求不高的不锈钢和碳钢焊接接头可用奥107、奥122等焊条焊接。

(2)对于要求较高的不锈钢与碳钢的焊接接头,应选用奥302、奥307或奥402、奥407焊条焊接,可以获得奥氏体和铁素体的双相组织金属焊缝。

(3)焊接时,先在碳钢的坡口边缘处用奥302、奥307或奥402、奥407堆焊一层过渡层,再用奥107、奥122等焊条焊接,这样能得到较好焊口。

3. 铸铁管与低碳钢管的焊接

铸铁与低碳钢其熔点相差300℃左右,并且不能同时熔化,因此会造成焊接困难。管道焊接时,可在铸铁管与低碳钢管焊缝交接处形成一个白口铁区域,当白口铁冷却时收缩率大、性脆且硬,容易造成裂纹。因此,铸铁与低碳钢管的焊接,常采用氧-乙炔焊和电弧焊两种方法,其具体施焊程序如下:

(1)氧-乙炔焊焊接。铸铁与低碳钢用氧-乙炔焊施焊程序为:

1)焊接前将低碳钢预热,并且焊接火焰略偏向于低碳钢侧,使之与铸铁同时熔化。

2)选用铸铁焊丝(含碳3%～3.6%;硅3.6%～4.8%)和焊粉硼砂;使焊缝金属获得铸铁组织。

3)火焰采用轻微的碳化焰或者中性焰。

4)焊接完毕后,可用火焰继续加热焊缝处或者用保温方法使之缓慢冷却。

(2)电弧焊焊接。铸铁与低碳钢电弧焊焊接可用碳钢焊条,也可用铸铁焊条。

1)用碳钢焊条焊接时的操作程序：

①一般焊接可选用碱性 J506 焊条。

②先在铸件上堆焊几毫米厚的过渡层,冷却后,再将焊件固定焊固定。

③焊接时,每焊 30～40mm 长后要用锤击焊缝,消除应力。

④当焊缝冷却到 70～80℃时,再继续施焊。

2)用铸铁焊条焊接时操作程序：

①焊条选用钢芯石墨型铸铁焊条铸 208 或者铸 100 以及高钒铸铁焊条铸 116 或者铸 117。

②焊接时先在焊接的铸件上堆焊一层,然后将焊件固定焊固定。

③用正常的焊接规程进行焊接。

第七章　管道支吊架与附件安装

第一节　管道支吊架安装

本节导读：

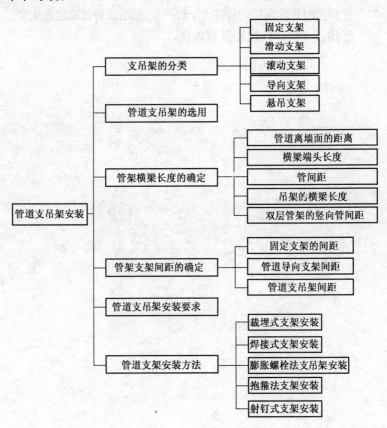

技能要点 1:支吊架的分类

支架按照用途的不同可分为活动支架和固定支架两类。每类支架又有多种结构形式。其中活动支架又可分为滑动支架(双方向移动,摩擦力大);导向支架(单方向移动,摩擦力大);摇动支架(双方向移动,无摩擦力);半铰接支架(单方向移动,无摩擦力)。

1. 固定支架

固定支架用在不允许管道有轴向位移的地方,它除了承受管道的重量外,还均匀分配补偿器间的管道热膨胀,保证补偿器能正常工作从而防止管道因热应力过大而引起管道较大的变形甚至破坏,如管子不需绝热、管子规格较小($DN \leqslant 100mm$)时,可以采用如图 7-1 所示的固定支架;对于需要绝热的管子或者管子规格较大者($DN > 100mm$)时,应装管托,管托同管子要焊牢,管托与支架间用挡板加以固定。挡板分单面挡板和双面挡板,双面挡板适用于推力较大的管道,单面挡板如图 7-2 所示。

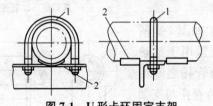

图 7-1　U 形卡环固定支架

1. U 字卡环　2. 弧形板

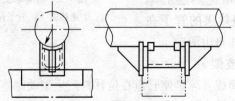

图 7-2　单面挡板固定支架

2. 滑动支架

管道可以在支承面上自由滑动的支架是滑动支架。滑动支架容许管子在支承结构上自由滑动,尽管滑动时摩擦阻力大,但是其支架制造简单,适合于一般情况的管道,尤其适用于略有横向位移的管道,所以使用范围广。滑动支架可分为低滑动支架和高滑动支架两种,低滑动支架适用于不绝热的管道,如图7-3所示。

弧形板滑动支架是管子下面焊接一块弧形板。其目的是防止管子在热胀冷缩的滑动中和支架横梁直接发生摩擦,使管壁减薄。弧形板滑动支架属于低滑动支架,主要用于管壁较薄并且不保温的管道上。弧形板滑动支架如图7-4所示。

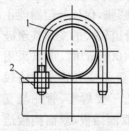

图 7-3 低滑动支架

1. 管卡 2. 螺母

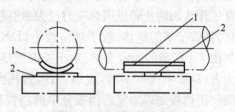

图 7-4 弧形板滑动支架

1. 弧形板 2. 托架

高滑动支架如图7-5所示,高滑动支架适用于绝热管道,且管子与管托之间用电弧焊焊牢。而管托与支架横梁之间能自由滑动,管托的高度要高出绝热层的厚度,确保带绝热层的管子在支架横梁上能自由滑动。

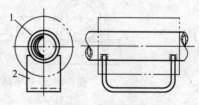

图 7-5 高滑动支架

1. 绝热层 2. 管子托架

3. 滚动支架

装有滚筒或者球盘使管道在位移时产生滚动摩擦的支架称为滚动支架。滚动支架如图7-6所示。滚动支架可分为滚珠支架和滚柱支架两种,主要用于管径较大而无横向位移的管道,两者比较起来,滚珠支架可承受的介质温度要比滚柱支架高,而滚柱支架的摩擦力要大于滚珠支架。

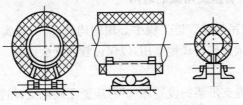

图7-6　滚动支架

4. 导向支架

导向支架由导向板和滑动支架组成,其作用是使管道在支架上滑动时不致偏离管中心线,一般用于补偿器两侧,如图7-7所示。

5. 悬吊支架

悬吊支架有普通吊架和弹簧吊架两种。普通吊架是由卡箍、吊杆和支承结构组成的,用于小口径且无伸缩性的管道。弹簧吊架是由卡箍、吊杆、

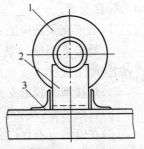

图7-7　导向支架
1. 保温层　2. 管子托架
3. 导向板

弹簧和支承结构组成,用于有弹性以及振动较大的管道。吊杆的长度应大于管道水平伸缩量的若干倍并能自由伸缩,如图7-8所示。

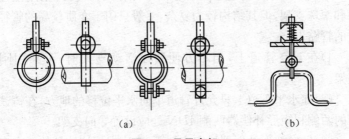

(a)　　　　　　　　　　　　　(b)

图7-8　悬吊支架

(a)普通吊架　(b)弹簧吊架

技能要点 2：管道支吊架的选用

管道支吊架是管道工程中必用的构件，而工程实际又比较复杂，因此必须正确合理地选用，以保证管网安全运行。选用支吊架的原则：

(1)管道支吊架的设置和选型，应能正确地支、吊管道，并且能够满足管道的强度、刚度、输送介质的温度、压力、位移条件等各方面的综合要求。

(2)管道支架还应能够承受一定量的管道外来荷载的作用。

(3)管道支架应尽量选择型号相同的标准管架，便于成批生产，加快施工进度。

(4)焊接型的管道支架，制作简单，施工方便，应优先采用。

(5)管线吊架，现场装配工作量大、耗钢材多，应尽量少用。

(6)在管道上不允许有任何位移的地方应装设固定支架，用来承受管道的质量、水平推力和力矩。

(7)在管道上无垂直位移或者垂直位移很小的地方，可设活动支架或者刚性吊架，用来承受管道质量，增强管道的稳定性，活动支架的形式应根据管道对支架的摩擦作用力的不同来选取。

1)当因摩擦而产生的作用力无严格限制时，可采用滑动支架。

2)当要求减少管道轴向摩擦作用力时，可用滚柱支架。

3)当要求减少管道水平位移的摩擦作用力时，可采用滚柱支架和滚珠支架，但其结构较为复杂，一般只用于介质较高的管径较大的管路上。

4)在架空管道上，当不方便装设活动支架时，可采用刚性支架。

(8)在水平管道上只允许管道单向水平位移的地方，在铸铁阀门的两侧和矩形补偿器两侧 $4DN$ 处应设置导向支架。

(9)轴向波形补偿器导向支架距离，应根据波纹管的要求来设置。轴向波纹管和套管式补偿器应设置双向限位导向支架，防止横向和竖向位移超过补偿器的允许值。

(10)在管道具有垂直位移的地方,应装设弹簧吊架,在不方便装设弹簧吊架时,也可以采用弹簧支架,在同时具有水平位移时,应采用滚珠弹簧支架。

(11)对于室外敷设大直径煤气管道的独立活动支架,为了减少摩擦阻力,应设计成柔性的和半铰接的或者采用可靠的滚动支架,不应采用刚性支架或者活动支架。

技能要点 3:管架横梁长度的确定

管架横梁的构造长度是由生根部分的长度、管道离墙的距离(即墙或柱面距离其最近的一根管子的中心的距离)、管间距、横梁端头长度等几部分组成。当为焊接生根时,生根部分的长度为零;当为多层吊架,并且以角钢作横梁时,横梁的长度还包括上下吊杆连接处错开的距离。

1. 管道离墙面的距离

为了施工的方便,管道离墙面的距离如图 7-9、图 7-10 所示。当有突出的柱或者辅墙时,还应加上墙与柱面的距离 D,如图 7-11 所示。

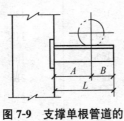

图 7-9 支撑单根管道的
管架横梁长度

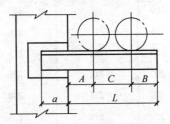

图 7-10 支撑多根管道的
管架横梁长度

管道工程中,管道中心线到柱面或墙面之间的距离,可参见表 7-1。

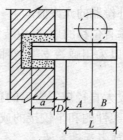

图 7-11   墙架的横梁长度

表 7-1   管中心线至柱面(墙面)及管架端头的距离

DN (mm)	管中心线至柱面的距离(mm)		管中心线至管架端头的距离(mm)	
	不保温管	保温管	不保温管	保温管
15	90	130	40	50
20	95	135	45	55
25	100	140	50	65
32	110	150	60	70
40	115	155	65	75
50	120	160	70	80
65	130	175	80	95
80	145	185	95	105
100	155	195	105	115
125	170	210	120	130
150	180	225	130	145
200	210	260	160	180
250	235	290	185	210
300	270	325	220	245
350	295	350	245	270

2. 横梁端头长度

横梁端头长度,即管道中心线到管架端头的距离。施加热绝缘的管道,其距离隔热绝缘层的外半径的值见表 7-2。

表7-2　管间距表

不保温管道的管间距(mm) ← 上三角　　保温管道的管间距(mm) ← 下三角

D↓ / D→	350	300	250	200	150	125	100	80	65	50	40	32	25	20	15	Dg
350	590	485	460	430	400	375	360	345	335	325	315	310	305	295	290	350
300	565	540	435	405	375	350	335	320	310	300	290	285	280	270	265	300
250	530	505	470	375	345	315	305	290	280	265	255	250	245	235	230	250
200	500	475	440	410	315	290	275	260	250	240	230	225	220	210	205	200
150	465	440	405	375	340	260	250	235	225	210	200	195	190	180	175	150
125	450	425	390	360	310	280	235	220	210	200	190	185	180	170	165	125
100	435	410	375	345	295	260	235	205	195	185	175	170	165	155	150	100
80	425	400	365	335	310	225	260	195	185	175	165	160	155	145	140	80
65	415	390	355	325	300	210	250	240	175	160	150	145	140	130	125	65
50	400	375	340	310	305	200	235	225	210	150	140	135	130	120	115	50
40	395	370	335	305	270	220	230	220	205	200	145	130	125	115	110	40
32	390	365	330	300	265	215	220	215	200	195	190	125	120	110	105	32
25	385	360	325	295	260	230	220	210	195	200	185	180	120	100	100	25
20	375	350	315	285	250	235	210	200	185	185	180	175	170	95	90	20
15	370	345	310	280	245	230	205	195	180	180	175	165	160	150	80	15
Dg→	350	300	250	200	150	125	100	80	65	50	40	32	25	20	15	←↑Dg

3. 管间距

管间距即管道中心线至管道中心线之间的距离,见前面表7-2。

不保温的管道间距系相邻两管的法兰(按照 $PN=0.6$MPa)半径值之和,这样的间距也适用于 $PN \leqslant 2.5$MPa,标准法兰错开安装的不施加热绝缘层的管道。热绝缘管道的间距系相邻两根管道热绝缘的半径值之和再加上 50mm。

热绝缘管道和非绝缘管道相邻并排共架敷设时,其管间距可按照两种管间距之和的平均值计算。

有阀门的并排敷设的非绝缘管道,其阀门应尽量错开安装,当必须并排安装时,其管间可以采用热绝缘管的管间距。

4. 吊架的横梁长度

支撑两根以上管道的吊架横梁长度,如图 7-12 所示。除包括管间距 C 和管中心线到吊杆中心线之间的距离 A 外,还应包括吊杆中心线到横梁的端头距离 b,双层吊架的横梁长度,还需加上下层吊杆间的距离 e。如果上层吊架横梁采用槽钢或者上下吊杆采用一根通长的型钢时则无须加上距离 e。

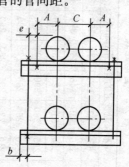

图 7-12　吊架的横梁长度

5. 双层管架的竖向管间距

双层管架的竖向管间距,应根据安装和检修的实际需要确定。一般情况下可参照表 7-3~表 7-6 选取。

表 7-3　双层多管支架的竖向管间距　(单位:mm)

下层最大管径 DN	15	20	25	32	40	50	65	80	100	125	150	200	250
管底间距离	210	210	220	230	240	250	300	340	360	390	410	470	520

注:本表的竖向管间距是指两层管道的管底间距离。

表7-4 双层单管吊架的竖向管间距 （单位：mm）

下层最大管径 DN	15	20	25	32	40	50	65	80	100	125	150	200	250
管中心线间距离	200	200	200	200	200	250	300	300	350	400	450	550	650

注：本表的竖向管间距为管中心线间距离。

表7-5 双层单管支架的竖向管间距 （单位：mm）

下层管径 竖向管间距 上层管径	15	20	25	32	40	50	65	80	100	125	150
15	170	175	180	190	195	240	255	270	295	340	365
20	170	175	180	190	195	240	255	270	295	340	365
25	170	175	180	190	195	240	255	270	295	340	365
32	170	175	180	190	195	240	255	270	295	340	365
40	170	175	180	190	195	240	255	270	295	340	365
50	180	185	195	200	205	250	265	280	305	350	375
65	180	185	195	200	205	250	265	280	305	350	375
80	180	185	195	200	205	250	265	280	305	350	375
100	180	185	195	200	205	250	265	280	305	350	375
125	200	210	215	220	230	270	285	300	325	370	395
150	200	210	215	220	230	270	285	300	325	370	395

注：多层单管支架依此类推，单位为"mm"。

表7-6 双层多管吊架的竖向管间距 （单位：mm）

下层最大管径 DN	15	20	25	32	40	50	65	80	100	125	150	200	250
管底间距离	210	210	220	230	240	250	300	350	400	460	520	660	790

注：同表7-3注。

技能要点4：管架支架间距的确定

1. 固定支架的间距

(1)一般管道固定支架间距的确定原则。

1)管道固定支架是用来承受管道因热胀冷缩时所产生的推

力,为此,支架和基础需坚固,用以承受推力的作用。

2)固定支架间距的大小直接影响到管网的经济性,因此,要求固定支架布置合理,使固定支架允许间距加大用来减少管架数量。

3)固定支架间距必须满足以下条件:

①管段的热伸长量不得超过补偿器的允许补偿量。

②管段因热膨胀产生的推力不得超过固定支架所能承受的允许推力值。

③不宜使管道产生纵向弯曲。

(2)热力管道直管段允许不装补偿器的最大长度见表7-7。

(3)热力管道固定支架最大间距。热力管道固定支架最大间距见表7-8。

2. 管道导向支架间距

(1)导向支架的作用。当管道需要考虑的约束由风载、地震、温度变形等引起的横向位移,或者要避免因不平衡内压、热胀推力以及支承点摩擦力造成管段轴向失稳时,应设置必要的导向架,并要限制最大导向支架间距,如图7-13、图7-14所示。

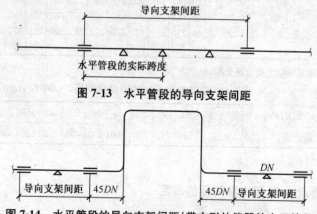

图 7-13　水平管段的导向支架间距

图 7-14　水平管段的导向支架间距(带方形补偿器的水平管段)

(2)垂直管段(立管)的导向支架间距见表7-9。

(3)水平管段的导向支架最大间距见表7-10。

表 7-7　热力管道直管段允许不装补偿器的最大长度　　　(单位:m)

热水温度(℃)	60	70	80	90	95	100	110	120	130	140	143	151	158	164	170	175	179	183	188
蒸汽压力(MPa)	—	—	—	—	—	—	0.05	0.1	0.18	0.27	0.3	0.4	0.5	0.6	0.7	0.8	0.9	1.0	1.2
民用建筑热力管道	55	45	40	35	33	32	—	26	25	22	22	22	—	—	—	—	—	—	—

表 7-8　热力管道固定支架最大间距　　　(单位:m)

补偿器形式	管道敷设方式	公称直径 DN(mm)															
		25	32	40	50	65	80	100	125	150	200	250	300	350	400	450	500
方形补偿器	架空和地沟	30	35	45	50	55	60	65	70	80	90	100	115	130	130	130	130
方形补偿器	无沟	—	—	45	50	55	60	65	70	70	90	90	110	110	125	125	125
波纹管补偿器	轴向复式	—	—	—	50	55	60	50	50	60	75	90	70	70	—	—	—
波纹管补偿器	横向复式	—	—	—	—	70	70	85	85	105	105	120	120	120	140	140	100
套筒补偿器	架空和地沟	—	—	—	—	—	—	100	100	120	120	130	130	140	140	150	140
球形补偿器	架空	—	—	—	—	—	—	—	—	—	—	—	—	—	—	—	150
L形自然补偿器	长边最大距离	15	18	20	24	24	30	30	30	30	30	—	—	—	—	—	—
L形自然补偿器	短边最小距离	2	2.5	3.0	3.5	4.0	5.0	5.5	6.0	6.0	6.0	—	—	—	—	—	—

表 7-9　垂直管段(立管)导向支架最大间距

公称直径 DN(mm)	15	20	25	32	40	50	65	80	100	125	150	200	250	300	350	400	600	800
最大间距(m)	3.5	4	4.5	5.0	5.5	6	6.5	7	8	8.5	9	10	11	12	13	14	16	18

表 7-10 水平管段导向支架最大间距

公称直径 DN (mm)	导向支架最大间距 (m)	公称直径 DN (mm)	导向支架最大间距 (m)
25	12.7	200	27.4
32	13.2	250	30.5
40	13.7	300	33.5
50	15.2	350	36.6
65	18.3	400	38.1
80	19.8	450	41.4
100	22.9	500	42.7
125	23.7	600	45.7
150	24.4		

3. 管道支吊架间距

民用建筑内水暖用管管道支架间距不得大于表 7-11 的规定。

表 7-11 钢管管道支架最大间距

公称直径 DN(mm)		15	20	25	32	40	50	65	80	100	125	150	200	250	300
支架的最大 间距(m)	保温管	2	2.5	2.5	2.5	3	3	4	4	4.5	6	7	7	8	8.5
	不保温管	2.5	3	3.5	4	4.5	5	6	6	6.5	7	8	9.5	11	12

技能要点 5:管道支吊架安装要求

支架安装前,应对所要安装的支架进行外观检查,支架的形式、材质、加工尺寸、制作精度等应符合设计要求,满足使用要求。支架底板以及支吊架弹簧盒的工作面应平整。应对管道支吊架焊缝进行外观检查,不得有漏焊、欠焊、裂纹、咬肉、气孔、砂眼等缺陷,焊接变形应予以校正;制作合格的成品支架应进行防腐处理。

管道支吊架安装应满足下列要求:

(1)支吊架标高要正确,有坡度的管道,支架的标高应满足管

第一节 管道支吊架安装 203

道坡度的需求。

（2）支架安装位置要正确，安装要平整、牢固，与管道的接触要紧密，栽埋式安装的支架，充填的砂浆应饱满、密实。

（3）无热位移的管道，吊架的吊杆要垂直安装，有热位移的管道，吊杆应在位移的相反方向安装，偏移量应根据当地施工时的环境温度计算确定。

（4）管道支架应严格按设计要求进行安装，并在补偿器预拉伸前固定。在有位移的直管段上，不得安装任何形式的固定支架。

（5）导向支架和滑动支架的滑动面应整洁，不得有歪斜和卡涩现象；滑动支架的滑托与滑槽两侧应有 3～5mm 的间隙，安装位置应从支承面中心向位移反方向偏移，偏移量应根据施工时当地的环境温度进行计算确定；有热位移的管道，在系统运行时应及时对支吊架进行检查与调整。

（6）弹簧支吊架的高度应按设计要求调整，并做好记录，安装弹簧的临时支承件，待系统安装、试压、绝热完毕后方可拆除。

（7）安装过程中尽量不使用临时支吊架，如果必须使用时应有明显的标记，并不得与正式的支吊架位置发生冲突，待管道系统安装完毕后，应立即拆除。

（8）管道支吊架上不允许有管道焊缝、管件以及可拆卸件。

（9）管架紧固在槽钢或者工字钢的翼板斜面上时，应加设与螺栓相配套的斜垫片。

（10）在墙上或者柱上安装支架时，采用栽埋式、焊接式、抱箍式要进行综合比较，安装前，应对预留洞孔洞或者预埋件进行检查，检查其位置、标高、孔洞的深浅是否符合设计要求，是否满足安装要求。

技能要点6：管道支架安装方法

支架的安装方法有：栽埋式支架安装、焊接式支架安装、膨胀螺栓法支吊架安装、抱箍法支架安装、射钉式支架安装。

1. 栽埋式支架安装

栽埋式支架安装是将管道支架埋设在墙内的一种安装方法,如图7-15所示。支架埋入墙内的深度不得小于150mm,栽入墙内的那端应开脚,有预留孔洞的,将支架放入洞内,待位置找正、标高找正后,用水冲洗墙洞。冲洗墙洞的目的有两个,其一,是将墙洞内的尘沙冲洗干净;其二,是将墙洞润湿,方便水泥砂浆的

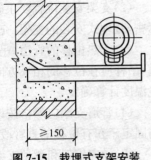

图 7-15　栽埋式支架安装

充塞。墙洞冲洗完毕后,即可用1∶3的水泥砂浆进行填塞,砂浆的填塞要饱满、密实,充填后的洞口要凹进3～5mm,以便墙洞面抹灰修饰。

2. 焊接式支架安装

焊接式支架安装如图7-16所示,焊接式支架安装,在现场浇筑混凝土时将各类支架预埋件按照需求的位置预埋好,待模板拆除后,即可进行安装。焊接式支架安装步骤如下:

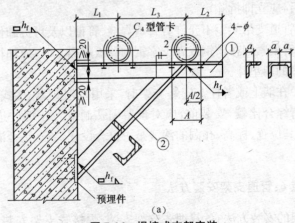

(a)

图 7-16　焊接式支架安装

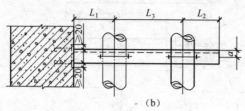

图 7-16 焊接式支架安装(续)

(a)立面图 (b)平面图

(1)将预埋在钢筋混凝土墙(柱)内钢板表面上的砂浆、铁锈用钢丝刷刷掉。

(2)在预埋钢板上确定并画出支架中心线以及标高位置。

(3)一面将支架对正钢板上的中心以及标高位置;一面可用水平仪找好支架安装位置、标高,并作定位焊。

(4)经过校验确认无误后,将支架牢固地焊接在预埋钢板上。

3. 膨胀螺栓法支吊架安装

用膨胀螺栓固定支吊架(图 7-17),不需要预先留孔或者预埋件,其优点是节省材料,不损坏原结构,施工程序简单,可缩短施工周期,提高工效。

(1)膨胀螺栓的结构。膨胀螺栓是由尾部带锥度的螺栓和尾部开槽的套管、螺母三部分组成,如图 7-18 所示。

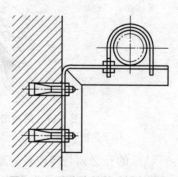

图 7-17 用膨胀螺栓安装的支架

(2)支架安装。用膨胀螺栓安装管道支架,必须先在安装支架的建筑构件上用冲击电钻(电锤)进行钻孔,钻孔如图 7-19 所示。钻孔前应先用錾子(或用电锤)在需要钻孔的位置冲出中心坑,再进行钻孔,钻孔时要端稳电钻,开始时,钻孔速度要慢,逐渐加大钻孔速度,在快将孔洞钻好的时候,再把速度降下来。

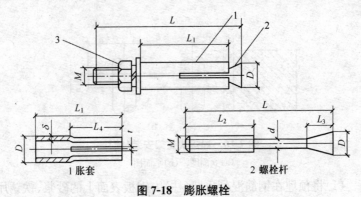

图 7-18　膨胀螺栓

1. 胀套　2. 螺栓杆　3. 螺母

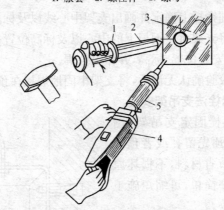

图 7-19　用冲击式电钻和手凿打孔

1. 手凿护手板　2. 凿头　3. 孔　4. 电钻　5. 旋转冲击头

钻成的孔必须与砖或者混凝土构件表面垂直。钻孔的直径应和膨胀螺栓直径相等,钻孔深度为套管长度加上 15～20mm 的距离。孔钻好后,将孔内的碎屑清除干净,然后将套管以及膨胀螺栓施力放入孔内。用扳手旋紧膨胀螺栓上的螺母,螺栓受拉力后,螺栓尾部锥度使套管开槽处膨胀扩大,产生胀力、摩擦力和剪力,如图 7-20 所示。

安装膨胀螺栓时,把套管套在螺栓上,套管的开口端朝向螺栓的锥形尾部,再把螺母带在螺栓上,然后打入已钻好的孔内,用扳手拧紧螺母,随着螺母的拧紧,螺栓被向外拉动,螺栓的锥尾部就把开口的套管尾部胀开,使螺栓和套管一起紧固在孔内,如图 7-21 所示。

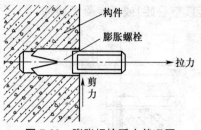

图 7-20　膨胀螺栓受力状况图

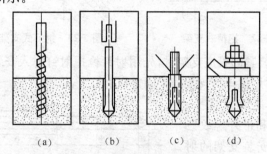

图 7-21　膨胀螺栓安装示意图

(a)钻孔　(b)将锥头螺栓和套管装入孔内

(c)将套管锤入孔内　(d)将设备紧固在膨胀螺栓上

4. 抱箍法支架安装

在混凝土和木结构、柱上安装支架时,不得钻孔和打洞,但可以采用抱箍式支架。抱箍式支架如图 7-22 所示。

抱箍式支架的安装方法及步骤如下:

(1)在柱子上确定支架的安装位置,并弹出水平线。

(2)先用长螺栓将支架初步固定在柱子上,再用水平仪找正支架。

(3)待确认无误后,将螺栓拧紧。

抱箍式支架的安装,位置应正确,安装要牢靠,支架与管道的接触要紧密。

5. 射钉式支架安装

用射钉式支架安装如图 7-23 所示,适用于砖墙(不得是多孔砖或空心砖)或者混凝土构件。

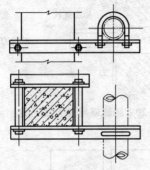

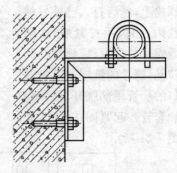

图 7-22　抱箍式支架　　　　　图 7-23　射钉式支架安装

用射钉紧固管道支架时,先用射钉枪把射钉射入安装支架的位置,然后用螺母将支架横梁固定在射钉上。

射钉有带圆柱头、带内螺纹和带外螺纹三种。用于安装支架的射钉一般是带外螺纹的射钉,如图 7-24 所示。

图 7-24　M10 外螺纹射钉

使用射钉安装时应注意下列事项:

(1)被射物体的厚度应大于 2.5 倍的射钉长度,对混凝土厚度不超过 100mm 的结构不准射钉,不得在作业后面站人,防止发生事故。

(2)射钉离开混凝土构件边缘距离不得小于 100mm,防止构件受振动碎裂。

(3)不得在空心砖或多孔砖上采用射钉式安装支架。

(4)现在施工中使用的射钉能发射 $\phi8$、$\phi10$、$\phi12$ 三种规格的射钉,使用时请注意射钉规格的选配。

(5)射钉枪应由专人保管和使用,使用者应了解射钉枪的性能、特点、工作原理和使用要求;操作时人员要站稳脚跟,佩戴防护镜,高空作业时必须系好安全带。

(6)射钉枪使用前应对其进行检查,确认无误后才能使用,射钉枪用毕应妥善保管。

第二节 阀门安装

本节导读:

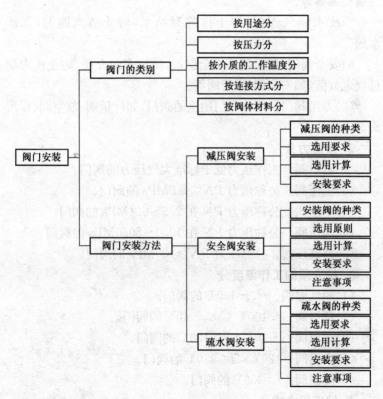

技能要点 1:阀门的类别

1. 按用途分

(1)通用阀门。工业企业中各类管道上普遍采用的阀门。

1)启闭阀门:用来启闭管路用的阀门,也称此类阀门为闭路阀门,如截止阀、闸阀、球阀、旋塞阀、蝶阀等。

2)止回阀门:用于防止介质倒流的阀门。

3)调节阀门:用于调节管内的介质压力和流量,如减压阀、节流阀等。

4)分配阀门:用于改变管路的介质流动方向和分配介质用,如三通旋塞阀等。

5)疏水隔气阀门:用于排除凝结水,防止蒸汽跑漏,如疏水阀。

6)安全阀门:用于超压安全保护,排放多余介质,防止压力超过规定数值,如安全阀、溢流阀等。

(2)专用阀门。用做专门用途的阀门,如计量阀、放空阀、排污阀等。

2. 按压力分

(1)真空阀。工作压力低于标准大气压力的阀门。

(2)低压阀。公称压力 $PN \leqslant 1.6\mathrm{MPa}$ 的阀门。

(3)中压阀。公称压力 PN 在 $2.5 \sim 6.4\mathrm{MPa}$ 的阀门。

(4)高压阀。公称压力 PN 在 $10.0 \sim 80.0\mathrm{MPa}$ 的阀门。

(5)超高压阀。公称压力 $PN \geqslant 100\mathrm{MPa}$ 的阀门。

3. 按介质的工作温度分

(1)超低温阀。$t < -100℃$ 的阀门。

(2)低温阀。$-100℃ \leqslant t \leqslant -40℃$ 的阀门。

(3)常温阀。$-40℃ < t \leqslant 120℃$ 的阀门。

(4)中温阀。$120℃ < t \leqslant 450℃$ 的阀门。

(5)高温阀。$t > 450℃$ 的阀门。

4. 按连接方式分

阀门按连接方式可分为:螺纹阀门、法兰阀门、焊接阀门、对夹阀门、卡箍阀门、卡套阀门等。

5. 按阀体材料分

阀门按阀体材料可分为:铸铁阀门、钢制阀门、铜制阀门、非金属阀门、衬里阀门等。

技能要点 2:减压阀安装

减压阀是通过启闭件(阀瓣)的节流,将介质压力降低,并依靠介质本身的能量,使出口压力自动保持稳定的阀门。

1. 减压阀的种类

减压阀根据敏感元件以及结构不同可分为:薄膜式、弹簧薄膜式、活塞式、波纹管式、杠杆式等。

(1)弹簧薄膜式减压阀。弹簧薄膜式减压阀的敏感度较高,因为它没有活塞的摩擦力。与活塞式减压阀相比,薄膜的行程较小,且容易损坏;一般薄膜用橡胶或者聚四氟乙烯制造,因此,使用温度受到限制。当工作温度和工作压力较高时,薄膜就需要用铜或者奥氏体不锈钢制造。所以,薄膜式减压阀在水、空气等温度与压力不高的条件下使用较多。

(2)活塞式减压阀。活塞式减压阀主要由阀体、阀盖、弹簧、活塞、主阀、副阀(脉冲阀)等部分组成。

活塞式减压阀具有工作可靠、维修量小、减压范围较大、占地面积小、适用范围广等优点。活塞式减压阀工作时,由于活塞在气缸中的摩擦力较大,因此,它适用于温度较高、压力较大的蒸汽和空气等介质的管道工程上。活塞式减压阀具有灵敏度较差的缺点。

(3)波纹管式减压阀。波纹管式减压阀主要是通过波纹管来平衡压力。波纹管式减压阀的敏感度较高,因为它没有活塞的摩擦力。与薄膜式减压阀相比,波纹管的行程比较大,并且不容易损坏;由于波纹管一般都用奥氏体不锈钢制造,故可用在工作温度和工作压力较高的水、空气、蒸汽等介质的管路上。但波纹管的制造工艺比较复杂。

(4)杠杆式减压阀。杠杆式减压阀是通过杠杆上的重锤平衡压力的减压阀。

（5）比例式减压阀。比例式减压阀是依照减压阀内部结构呈比例设计，故阀前压力和阀后压力亦呈比例关系变化。比例式减压阀不仅可减动压，也可减静压。比例式减压阀广泛应用于生产给水系统，80℃以下的生活热水、消防给水、高层建筑供水等需要减压的管道系统。

（6）减压稳压阀。减压稳压阀为上进下出的常开型弹簧膜片式减压阀。减压稳压阀既可以减动压，也可以减静压。被广泛应用于生产给水系统，80℃以下的生活热水、消防给水、高层建筑供水等需要减压稳压的管道系统。

2. 选用要求

（1）当减压阀前后压力之比大于5～7时，应串联装设两个减压阀。

（2）选用活塞式减压阀，阀前阀后压力之差应大于0.15MPa，且减压后的压力不得小于0.1MPa，如需要减到0.07MPa以下时，应设波纹管式减压阀或者利用截止阀进行第二次减压。

（3）在热负荷波动频繁而剧烈时，两级减压阀之间应尽量拉长一些。

（4）选用减压阀时，除了确定型号规格外，还需要说明减压阀前后压差值和安全阀的开启压力，方便生产厂家合理地配备弹簧。

（5）当热水、蒸汽、压缩空气流量稳定，而出口压力要求又不严格时，可采用调压孔板减压。

3. 选用计算

根据工艺要求确定减压流量、阀前后的压力以及阀前介质温度等条件，同时确定阀孔面积，并进而选择相应规格的减压阀。减压阀选用计算的步骤如下：

（1）临界压力比计算。减压阀的流量与流体性质和压力比有关，压力比越小，流量越大，但压力比减少到某一值时，流量不再随压力比减少而增加，这个压力比的极限值称作临界压力比，用 β_L 表示，其计算式为：

$$\beta_{\mathrm{L}}=\frac{p_{\mathrm{L}}}{p_1}$$

式中 p_{L}——流体的临界压力（MPa）；

p_1——阀孔前的流体压力，也称初态压力（MPa）。

常用流体的临界压力比为：

饱和蒸汽：$\beta_{\mathrm{L}}=0.577$，过热蒸汽：$\beta_{\mathrm{L}}=0.546$，压缩空气：$\beta_{\mathrm{L}}=0.528$。

（2）流量计算。减压阀流量根据其减压比与临界压力比的大小，按照下述两种情况进行计算确定。

1）当减压阀的减压比大于临界压力比即 $\beta=\dfrac{p_2}{p_1}>\beta_{\mathrm{L}}$ 时，采用下列公式计算流量：

饱和蒸汽（$K=1.135$）

$$q=462\mu A\sqrt{\frac{10p_1}{v_1}\left[\left(\frac{p_2}{p_1}\right)^{1.76}-\left(\frac{p_2}{p_1}\right)^{1.88}\right]}$$

过热蒸汽（$K=1.3$）

$$q=332\mu A\sqrt{\frac{10p_1}{v_1}\left[\left(\frac{p_2}{p_1}\right)^{1.54}-\left(\frac{p_2}{p_1}\right)^{1.77}\right]}$$

压缩空气（$K=1.4$）

$$q=298\mu A\sqrt{\frac{10p_1}{v_1}\left[\left(\frac{p_2}{p_1}\right)^{1.48}-\left(\frac{p_2}{p_1}\right)^{1.71}\right]}$$

2）当减压阀的减压比等于或小于临界压力比即 $\beta=\dfrac{p_2}{p_1}\leqslant\beta_{\mathrm{L}}$ 时，采用下列公式进行计算：

饱和蒸汽（$K=1.135$）

$$q=71\sqrt{\frac{10p_1}{v_1}}$$

过热蒸汽（$K=1.3$）

$$q = 75\sqrt{\frac{10p_1}{v_1}}$$

压缩空气（$K=1.4$）

$$q = 77\sqrt{\frac{10p_1}{v_1}}$$

式中　q——通过 $1cm^2$ 阀孔面积时的流量[$kg/(cm^2 \cdot h)$]；

　　　μ——减压阀孔的流量系数，一般水取 $0.45\sim0.65$，气体取 $0.65\sim0.85$。

　　　K——流体的绝热指数。

　　　p_1——阀孔前流体的压力（MPa）（绝）；

　　　p_2——阀孔后流体的压力（MPa）（绝）；

　　　v_1——阀孔前流体的比容（m^3/kg）。

（3）确定减压阀所需阀孔面积和直径，按照下式计算：

面积　　　　　　　　　$A = \dfrac{G}{q\mu}$

直径　　　　　　　　　$d = \sqrt{\dfrac{4A}{\pi}}$

式中　A——减压阀阀座面积（cm^2）；

　　　G——通过阀孔总流量（kg/h）。

其他符号如前述。

4. 安装要求

减压阀是功能性附件，减压阀前后必须设截断阀、控制阀，还应设置压力表，并且为防止减压阀失灵而又确保减压阀后的管道系统处在相应的安全工作压力范围内，减压阀后一定要安装安全阀。

减压阀阀组不应设置在靠近移动设备或者容易受到冲击的地方，而应设置在振动较小、方便维护检修处。减压阀主要用于降低蒸汽、压缩空气、燃气压力等管路，减压阀前后的截断阀应采用截止阀。

减压阀阀组的安装有两种情况:一种是沿墙敷设安装,另一种是安装在架空管路上;后者安装时应设置永久性操作平台。减压阀组的安装高度为 1.2m 左右。蒸汽减压阀阀组安装如图 7-25所示;给水管道的减压阀组安装如图 7-26 所示。

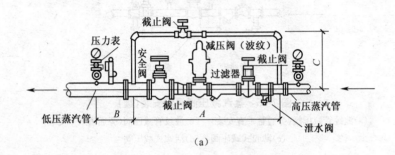

(a)

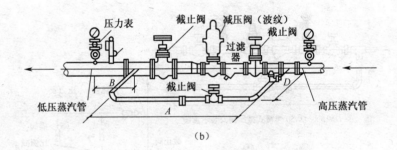

(b)

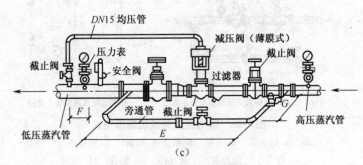

(c)

图 7-25 蒸汽减压阀阀组安装

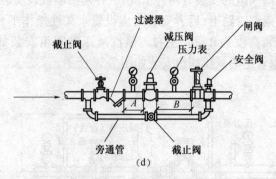

(d)

图 7-25　蒸汽减压阀阀组安装(续)

(a)波纹管减压阀(旁通管垂直安装)　(b)波纹管减压阀(旁通道水平安装)
(c)薄膜式减压阀　(d)活塞式减压阀

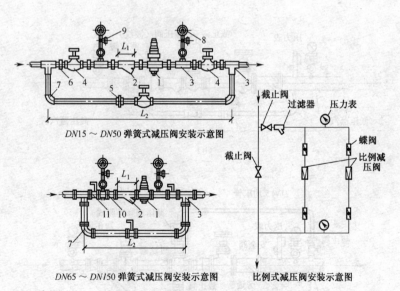

DN15～DN50 弹簧式减压阀安装示意图

DN65～DN150 弹簧式减压阀安装示意图

比例式减压阀安装示意图

图 7-26　给水管道的减压阀组安装

1.减压阀　2.过滤器　3.三通　4.截止阀(闸阀)　5.活接头　6.外接头

7.弯头　8.压力表　9.旋塞阀　10.短管　11.蝶阀

技能要点 3：安全阀安装

1. 安全阀的种类

安全阀的种类很多,通常大都以安全阀的结构特点或者阀瓣最大开启高度与阀座直径之比(h/d)进行分类,一般可分为:杠杆重锤式安全阀、弹簧式安全阀、脉冲式安全阀、微启式安全阀、全启式安全阀、先导式安全阀等。

(1)杠杆重锤式安全阀。杠杆重锤式安全阀由阀体、阀座、阀盘、导向套管、阀杆、重锤、杠杆及阀盖等组成。

重锤的作用力通过杠杆放大后加载于阀瓣。在阀门开启和关闭过程中载荷的大小不变,因此由阀杆传来的力基本是不变的。其具有对振动较敏感,且回座性能差的缺点。这种结构的安全阀只能用在固定设备上,重锤的质量一般不应超过 60kg,防止操作困难。铸铁制重锤式安全阀适用于公称压力 $PN \leqslant 1.6$MPa,介质温度 $t \leqslant 200$℃,碳钢制重锤式安全阀适用于公称压力 $PN \leqslant 4.0$MPa,介质温度 $t \leqslant 450$℃。重锤式安全阀主要用于水、汽等介质的管道中。

(2)弹簧式安全阀。弹簧式安全阀是利用弹簧的力来平衡阀瓣的压力,并使之密封。根据阀瓣的开启高度,弹簧式安全阀又可分为微启式和全启式。弹簧式安全阀的优点在于比重锤式安全阀轻便,灵敏度高,安装位置没有严格限制。缺点是作用在阀杆上的力随弹簧的变形而产生变化;同时,当温度较高时,应注意弹簧的隔热和散热。这类安全阀的弹簧作用力一般不得超过 20000N;过大、过硬的弹簧不适于精确的工作。

1)微启式安全阀:阀瓣的开启高度为阀座通径的 1/20～1/40 的安全阀是微启式安全阀。微启式安全阀又可分为不带调节圈的微启式安全阀和带调节圈的微启式安全阀。

2)全启式安全阀:阀瓣的开启高度为阀座通径的 1/4～1/3 的安全阀是全启式安全阀。全启式安全阀在安全阀的阀瓣处设有反冲盘,其借助于气体介质的膨胀冲力,使阀瓣开启到足够的高度,从而达到排量要求。这种结构的安全阀使用较多,灵敏度也较高。

(3)脉冲式安全阀。脉冲式安全阀又称为先导式安全阀。它把主阀和辅阀设计在一起,通过辅阀的脉冲作用带动主阀动作。这种阀门通常用于大口径、大排量以及高压系统。

2. 选用原则

(1)根据操作压力选择安全阀的公称压力;根据操作温度选择安全阀的使用温度范围;根据计算出的安全阀定压值选择弹簧和杠杆的调压范围;然后根据操作介质定出安全阀的材料和结构形式;最后根据安全阀的排放量计算出安全阀喷嘴截面积,选择安全阀型号和数量。

(2)安全阀的各运行状态压力如工作压力、开启压力、回座压力、排放压力之间有一定关系,并且它们与介质的性质也有关,在设计、选择和使用时,可参照表 7-12。

表 7-12　安全阀各运行状态压力规定

设备管路 压力(MPa)	蒸汽锅炉			设备管路	
工作压力 p	<1.3	$1.3\sim3.9$	>3.9	$\leqslant1.0$	>1.0
开启压力 p_k	$p+0.02$ $p+0.04$	$1.04p$ $1.06p$	$1.05p$ $1.08p$	$p+0.05$	$1.05p$ $1.10p$
回座压力 p_n	$p_k-0.04$ $p_k-0.06$	$0.94p_k$ $0.92p_k$	$0.93p_k$ $0.90p_k$	$p_k-0.08$	$0.90p_k$ $0.85p_k$
排放压力 p_p	$1.03p_k$	$1.03p_k$	$1.03p_k$	$p_p=1.1p_k$ $p_p\not>1.15p$	
用途	工作用 控制用	工作用 控制用	工作用 控制用	工作用 控制用	

(3)弹簧式安全阀包括封闭和不封闭两种式样,通常易燃易爆有毒介质选用封闭式;蒸汽或者惰性气体选用不封闭式。

3. 选用计算

(1)根据工艺流程具体分析加以确定安全阀的排放量：对设备一般按照设备额定排量计算；对管道上的安全阀，则应按照管道最大流量计。

(2)安全阀选用计算主要是根据阀座喉部面积与直径计算，算出喉部面积后，可按照表7-13选取安全阀的公称直径。

表7-13 安全阀的公称直径与喉部直径

公称直径 DN(mm)	微 启 式		全 启 式	
	d_0(mm)	A(cm²)	d_0(mm)	A(cm²)
25	20	3.14	—	—
32	25	4.81	—	—
40	32	8.04	25	4.91
50	40	12.57	32	8.04
80	65	33.2	50	19.65
100	80	50.27	65	33.2
150			100	78.5

(3)阀座喉部面积的计算：

1)当 $p_2/p_1 \leqslant 0.55$ 介质为气体时：

①油气（相当于正庚烷气）按下式计算：

$$A = \frac{G}{2255.5\sqrt{\dfrac{M}{ZT}}}$$

②空气按下式计算：

$$A = \frac{G}{784.5K_t p_1}$$

③饱和蒸汽按下式计算：

$$A = \frac{G}{490.3 p_1}$$

④过热蒸汽按下式计算：

$$A = \frac{G}{490.3 \varphi p_1}$$

⑤氢、氧系统按下式计算：

$$A = \frac{G}{2157.4 p_1 \sqrt{M/T_1}}$$

式中　A——安全阀喉部面积（cm^2）；

　　　G——安全阀额定排量（kg/h）；

　　　p_1——安全阀排放压力，按表 7-12 查得 $p_1 = p_p$（MPa）；

　　　p_2——安全阀出口压力，如果放空则 $p_2 = 0.1$MPa；

　　　M——气体分子量；

　　　T——进口处介质热力学温度（K）；

　　　Z——进口处介质压缩系数，可取 0.8～1.0；

　　　K_t——工作温度校正系数，可取 0.95～1.05，温度低时取高值，温度高时取低值；

　　　φ——过热蒸汽校正系数，可取 0.8～0.88。

2）当 $p_2/p_1 > 0.55$ 介质为气体时，应按照上述公式求出喉部面积 A，再将 A 除以出口压力修正系数 f，得出实际安全阀喉部面积，f 值见表 7-14。

表 7-14　$p_2/p_1 > 0.55$ 时的修正系数

p_2/p_1	f	p_2/p_1	f
0.55	1.00	0.78	0.87
0.60	0.995	0.80	0.85
0.62	0.99	0.82	0.81
0.64	0.98	0.84	0.78
0.66	0.97	0.86	0.75
0.68	0.96	0.88	0.70
0.70	0.95	0.90	0.65
0.72	0.93	0.92	0.58
0.74	0.91	0.94	0.49
0.76	0.89	0.96	0.39

3)介质为液体时,其喉部面积按下式计算:

$$A = \frac{G}{\mu \sqrt{2g\Delta p v}}$$

式中　μ——流量系数,$\mu = 0.55 \sim 0.63$;

　　　g——重力加速度,$g = 9.8 \text{m/s}^2$;

　　　v——介质密度(kg/m^3);

　　　Δp——进出口压差,如放空,则 $\Delta p = p_p$(MPa)(绝)。

当介质为水,且出口压力为放空时,按下式计算:

$$A = \frac{G}{102.1 \sqrt{p_p}}$$

(4)安全阀喉部直径的计算。

1)求出喉部面积后可直接查表7-13,得出喉部直径和选出安全阀公称直径。

2)据计算求得:

$$A = \frac{\pi d_0^2}{4 \times 100}$$

$$d_0 = \sqrt{\frac{100A}{0.785}} = 11.29 \sqrt{A}$$

式中　A——喉部面积(cm^2);

　　　d_0——喉部直径(mm)。

4. 安装要求

(1)安全阀必须垂直安装,并尽量靠近被保护的设备或者管道,自被保护的设备到安全阀入口管道最大压力损失不得超过安全阀定压的3%。

(2)安全阀入口管道的管径必须大于或者等于安全阀入口管径,其连接的大小头应尽量设在靠近安全阀的入口处。

(3)安全阀向大气排放介质时,排放管口要高出以排放口为中心的7.5m半径范围内的操作平台、设备或者地面2.5m以上。而对于腐蚀性、易燃或有毒的介质,排放口要高出15m半径范围内的操作平台、设备或地面 3m 以上。

（4）安全阀排放管排入大气时，端部要切成平口，同时，在安全阀出口弯头附近的低处要开设 $\phi6\sim\phi10$ 的小孔，防止雨、雪或冷凝液积聚在排出管内。

（5）安全阀排放液体时，要引向装置内最近的合适的工艺废料系统，不允许直接排往大气。

（6）安全阀要装在易于检修和调节处，周围要有足够的操作空间。

（7）安全阀入口处不允许设置切断阀，如果出于检修或其他方面的原因（如排放的介质中含有固体颗粒，影响安全阀跳开后不能再关闭，需要拆开检修；或用于黏性、腐蚀性介质），可加切断阀并设检查阀，切断阀必须处于全启状态，并加铅封，并且应有醒目的标志。

（8）对有可能使用蒸汽吹扫的泄压过道，应考虑由于蒸汽吹扫产生的热膨胀。

5. 注意事项

（1）安全阀前不得加设切断阀，确定是因检修或者其他原因需加设的，切断阀必须处于常开状态，而且应有醒目的标志，并且进行铅封。

（2）安全阀在施工现场进行调试定压时，操作人员应采取良好的防护措施，如戴上防护镜、戴好护耳、戴好手套等，防止烫伤，震聋耳朵等。

技能要点 4：疏水阀安装

1. 疏水阀的种类

（1）浮桶式蒸汽疏水阀。浮桶式蒸汽疏水阀由阀盖、止回阀阀芯、疏水阀座、疏水阀芯、截止阀阀芯、套管、阀杆、浮桶及阀体组成，其桶状浮子的开口朝上配置。

（2）倒吊桶式疏水阀。倒吊桶式疏水阀由阀座、阀瓣、双金属片及钟形桶组成。这种结构的浮桶,开口朝下设置,所以称为倒吊桶。又因其倒吊桶的形状正好呈吊钟形,所以也称为钟形浮子式。

(3)杠杆浮球式疏水阀。杠杆浮球式疏水阀由阀座、阀芯、浮球、阀体、杠杆机构、波纹管式排气阀及阀盖组成。它是依靠浮球随凝结水面的上升,浮球也随之上升,使出口阀开启。

(4)自由浮球式蒸汽疏水阀。因为这种疏水阀是将圆形浮子无约束地放置在疏水阀的阀体内部,所以称为自由浮球式疏水阀,或者称为无杠杆疏水阀。这类阀门的浮球既是结构件又是启闭件。为方便空气的排出,在阀盖上部设置了空气排放阀。

(5)波纹管式疏水阀。波纹管式疏水阀的动作元件即感温元件是波纹管。这种波纹管的形状像一个小灯笼,是一个可伸缩的壁厚为 0.1~0.2mm 的密封金属容器,其内部装有水或比水沸点低的易挥发液体(如酒精、乙醚等),这种波纹管随着液体温度的变化其形状发生显著变化,波纹管的底部有一阀瓣(多数情况下阀瓣与波纹管制成一体),波纹管的胀缩,使得阀瓣闭合或离开阀口,从而使疏水阀关闭或打开。

(6)双金属片疏水阀。双金属片疏水阀的感温元件是双金属片。双金属片是由受热后膨胀程度差异较大的两种金属(特殊合金)薄板粘合在一起制成的,所以温度一旦发生变化,热膨胀系数大的金属比热膨胀系数小的金属胀缩大,使这种粘合的金属薄板产生较大的弯曲。双金属片能将温度变化转换成弯曲形状的变化。双金属片具有足够的机械强度,且耐冲击力较强,有着良好的使用功能。

(7)隔膜式疏水阀。隔膜式疏水阀的下体和上体之间设有耐高温的膜片,膜片下的碗形体中充满了感温液。根据不同的工况选用不同的感温液。当膜片在周围不同温度的蒸汽和凝结水作用下,使感温液发生气液之间的相变,出现压力上升或者下降,使膜片带动阀瓣往复位移,启闭阀门,达到排水阻汽的目的。

(8)圆盘式蒸汽疏水阀。圆盘式疏水阀的活动零件只有一个圆盘阀片,所以结构简单。设有圆盘阀片的中间室称为变压室,借助于变压室内的压力降有以下几种不同的开阀方法:大气冷却法(自然冷却法)、蒸汽加热凝结水冷却法(带蒸汽夹套)和空气保温式(带空气夹套),如图 7-27 所示。

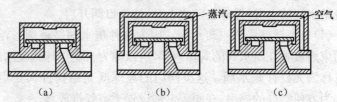

图 7-27　圆盘式蒸汽疏水阀的不同冷却方式
(a)大气冷却式　(b)蒸汽加凝结水冷却式　(c)空气保温式

(9)脉冲式疏水阀。脉冲式疏水阀在阀瓣上设置了孔板,接通疏水阀出口,所以又称孔板式疏水阀。带有凸缘且具有通孔的纵向形阀瓣以及控制缸为主要零件。阀瓣的通孔被称为第二级孔板,阀瓣凸缘与控制缸间的间隙为第一级孔板。这种疏水阀即使处在关闭状态,也会通过第一和第二级节流孔板与出口相通,它不是完全闭锁结构。

2. 选用要求

疏水阀选用时,不能只从排水量最大或者仅根据管径考虑,而应按照实际工况,根据疏水量(凝结水量)与阀前后的压力差,按照阀门样本确定其规格及数量。

(1)阀前压力 p_1,蒸汽管道排水用的疏水阀,p_1 值与该排水点蒸汽压力相同;换热设备用的疏水阀,p_1 为换热设备前蒸汽压力的 95%。

(2)浮桶式、钟形浮子式等疏水阀可在较低压差下工作;脉冲式、热动力式疏水阀要求最低工作压差为 0.05MPa。

(3)疏水阀进出口压差直接影响疏水性能和使用。浮子式疏水阀在较高背压下可以正常工作;脉冲式疏水阀的背压要求不得超过进口压力的 25%;热动力式疏水阀的背压一般不得超过进口压力的 50%。

3. 选用计算

(1)系统疏水量(凝结水量)按下式计算:

$$G_y = \frac{Q}{\gamma}$$

式中 G_y——凝结水量(kg/h);

Q——用热系统的耗热量(kJ/h);

γ——蒸汽工作压力下汽化热(kJ/kg)。

(2)为适应用热设备启动负荷加大、压力降低、安全因素等要求,在选择疏水阀型号时,所选疏水阀的排水量应大于系统疏水量的 K 倍。疏水阀的设计排水量计算公式应按下式计算:

$$G_x = KG_y$$

式中 G_x——设计排水量(kg/h);

K——疏水阀的选择倍率,见表 7-15。

表 7-15 疏水阀选择倍率 K 荐用值

供热系统	使用状态	K
蒸汽管网的主管	每 150~200m 管道应有一疏水阀;主管末端;管路拐弯处;控制阀前	3
蒸汽管网的支管	支管长度大于或等于 5m 的各种控制阀前	3
汽水分离器	在汽水分离器下部	3
蒸汽伴管	一般伴管直径为 DN15,每 50m 左右应设疏水点	2
分汽缸	在各种压力下的分汽缸,其下部均应设疏水点	3
暖风机	压力不变时	3
	压力可调时(MPa):	
	0~0.1	2
	0.1~0.2	2
	0.2~0.6	3
单路盘管加热(液体)	需快速加热	3
	不需快速加热	2

续表 7-15

供热系统	使用状态	K
多路并联盘管加热（液体）	—	2
烘室（箱）	压力不变时	2
	压力可调时	3
溴化锂冷装置中蒸发器的疏水	单效,压力≤0.1MPa	2
	双效,压力≤1MPa	3
浸没在液体中的加热盘管	压力不变时	2
	压力可调时(MPa)：	
	0～0.1	2
	>0.2	3
列管式热交换器	压力不变时	2
	压力可调时(MPa)：	
	0.1	2
	0.2	2
	0.6	3
夹套锅	必须在夹套锅上方设排空气阀	3
蒸发器（单效或多效）	凝结水量≤20t/h	3
	>20t/h	2
层压机	应分层疏水,注意防止水击	3
消毒柜	必须在柜的上方设排空气阀	3
回转干燥机	回转圆筒的表面线速度	
	≤30m/s	5
	≤80m/s	8
	≤100m/s	10
二次蒸汽罐	罐体直径应保证二次蒸汽速度小于或等于5m/s 罐体上部应设排空气阀	3

（3）疏水阀自身排水量计算。疏水阀本身排水量应按照产品样本的数据选用,当缺乏这些数据时,可按下式计算：

$$G = Ad^2 \sqrt{p_1 - p_2}$$

式中　d——疏水阀排水阀孔直径(mm)；

　　p_1,p_2——疏水阀前后压力(kPa)；

　　A——排水系数见表7-16；

　　G——饱和凝结水的连续排水量(kg/h)。

表7-16　疏水阀排水系数 A 值

阀孔直径	$p_1 - p_2$(kPa)									
(mm)	100	200	300	400	500	600	700	800	900	1000
2.6	25	24	23	22	21	20.5	20.5	20	20	19.9
3	25	23.7	22.5	21	21	20.4	20	20	20	19.5
4	24.2	23.5	21.6	20.6	19.6	18.7	17.8	17.2	16.7	16
4.5	23.8	21.3	19.9	18.9	18.3	17.7	17.3	16.9	16.6	16
5	23	21	19.4	18.5	18	17.3	16.8	16.3	16	15.5
6	20.8	20.4	18.8	17.9	17.4	16.7	16	15.5	14.9	14.3
7	19.4	18	16.7	15.9	15.2	14.8	14.2	13.8	13.5	13.5
8	18	16.4	15.5	14.5	13.8	13.2	12.6	11.7	11.9	11.5
9	16	15.3	14.2	13.6	12.9	12.5	11.9	11.5	11.1	10.6
10	14.9	13.9	13.2	12.5	12	11.4	10.9	10.4	10	10
11	13.6	12.6	11.8	11.3	10.9	10.6	10.4	10.2	10	9.7

(4)疏水阀可能提供的最大背压。凝结水流经疏水时，要损失部分能量，表现为压力下降，即 $\Delta p = p_1 - p_2$。损耗部分能量后，尚有部分余压(以 p_2 表示)，靠这部分余压克服管网阻力并将凝结水提升一定高度，此时疏水阀后压力 p_2 按照下式计算：

$$p_2 \geqslant 10(H+h) + p_3$$

式中　H——疏水阀后系统阻力(mH_2O)；

　　h——疏水阀后提升的最大高度(m)；

　　p_3——回水箱内的压力(kPa)。

4. 安装要求

(1)疏水阀组的安装。疏水阀是功能性阀门,一般情况下不单独安装。疏水阀的安装如图 7-28 所示。从图中可知,疏水阀前后均设切断阀,疏水阀前还应设检查管、过滤器,疏水阀后还应设检查管、止回阀等,由这些组件构成的疏水装置,称为疏水阀组。

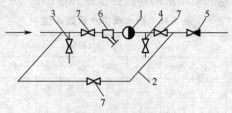

图 7-28　疏水阀的安装

1. 疏水器　2. 旁通管　3. 冲洗管　4. 检查管　5. 止回阀　6. 过滤器　7. 截止阀

疏水阀组应安装在方便检修的地方,并尽量靠近用热设备和管道以及凝结水排出口之下。阀体的垂直中心线与水平面应互相垂直,不可倾斜,并使介质的流道方向与阀体一致。组装时,应注意安装好旁通管、冲洗管、检查管、止回阀和过滤器等的位置,并加设必要的可拆卸件(法兰或活接),方便检修时拆卸。

1)旁通管的作用,主要是管道在开始运行时用来排放大量的凝结水。运行中,检修疏水阀时,用旁通管来排放凝结水是不适宜的,因为这样会使蒸汽窜入回水系统(凝结水排至排水沟的除外)。影响其他用热设备和管网回水压力的平衡。如果不论疏水阀的大小,不分系统和用途一律装设旁通管,实践证明,弊多利少。所以一般中小用汽系统、用热设备以及在蒸汽管道中,安装疏水阀可不装旁通管。而对于必须连续生产以及对加热温度有严格要求的生产用热设备或者对于用热量大、易间歇、快速加热的设备,应安装旁通管。

2)冲洗管的作用是用来冲洗管路和放气,冲洗管一般向下安装,但也可以向上安装。

3)疏水阀前后应设切断阀,方便疏水阀检修时使用,切断阀常采用截止阀,如凝结水直接排入大气时,疏水阀后可不设切断阀。

4)疏水阀与前切断阀间应设置过滤器,防止系统中的污物堵塞疏水阀。圆盘式疏水阀本身带过滤器,其他类型的疏水阀在设计时另选配用。

5)止回阀的作用是防止回水管网窜汽后压力升高,甚至超过供热系统的使用压力时,凝结水倒灌。浮桶式疏水阀、圆盘式疏水阀自身带逆止结构,所以安装这类疏水阀时不需再装止回阀。

6)检查管的作用是用于检查疏水阀工作是否正常,当凝结水直接排入大气时,疏水阀后可不装设检查管。检查过程中,若打开检查管,发现有大量冒汽现象,则说明疏水阀损坏,需要检修。

7)蒸汽管网的低位点,在垂直上升的管段前,应设启动疏水和经常疏水装置。同一坡向的直线管段,顺坡时每隔400～500m,逆坡时每隔200～300m,应设启动疏水装置。

(2)疏水阀的安装形式如图7-29所示。

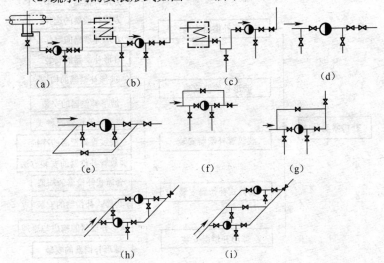

图7-29 疏水阀的安装形式

(a)与集水管连接 (b)安装在设备之下 (c)安装在设备之上 (d)不带旁通水平安装
(e)带旁通水平安装 (f)带旁通垂直安装一 (g)带旁通垂直安装二 (h)并联安装一
(i)并联安装二

5. 注意事项

（1）疏水阀安装前应清洗管路设备、除去杂质，防止堵塞。

（2）疏水阀应尽量安装在设备的下方和易于排水的地方。

（3）疏水阀安装有方向性，不可反装，安装时应注意阀体上箭头方向与管内介质流动方向相同。

（4）蒸汽疏水阀进口应有不小于 0.003 的坡度，坡向疏水阀；出口管路应有不小于 0.003 的坡度，坡向排水点。

第三节　补偿器安装

本节导读：

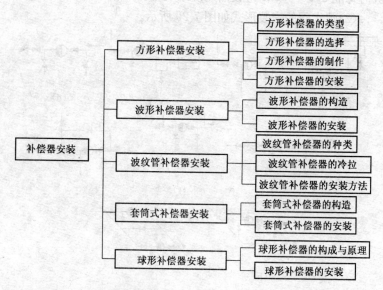

技能要点 1：方形补偿器安装

1. 方形补偿器的类型

采用专门加工成 Π 型的连续弯管来吸收管道热变形的装置，

称为方形补偿器,这种补偿器是用弯管的弹性变形来吸收热胀或者冷缩,从其工作原理看,方形补偿器补偿属于管道弹性热补偿。

方形补偿器由水平臂、伸缩臂和自由臂构成,通常是由 4 个 90°弯头组成的,其优点是:制作简单,安装方便,热补偿量大,工作安全可靠,一般不需维修;缺点是:外形尺寸大,安装占用空间大,不太美观等。

方形补偿器按照其外形可分为 Ⅰ 型-标准式($c=2h$),Ⅱ 型-等边式($c=h$),Ⅲ 型-长臂式($c=0.5h$),Ⅳ 型-小顶式($c=0$),其中 Ⅱ型、Ⅲ型最为常用,如图 7-30 所示。

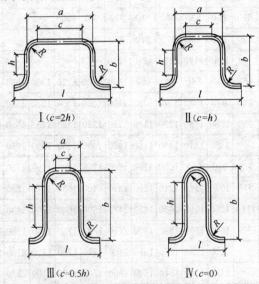

Ⅰ($c=2h$)　　　　　　Ⅱ($c=h$)

Ⅲ($c=0.5h$)　　　　　Ⅳ($c=0$)

图 7-30　方形补偿器的类型

2. 方形补偿器的选择

方形补偿器的选择见表 7-17。

3. 方形补偿器的制作

方形补偿器尽量用一根管子连续揻制而成。当由于补偿器尺寸较大,用一根管子揻制不够长时,则可用 2 根或者 3 根管子分别揻制,经焊接成形。揻制补偿器时应注意:

表 7-17 方形补偿器的选择表 （单位：mm）

补偿能力 ΔL	型号	公称直径 DN											
		20	25	32	40	50	65	80	100	125	150	200	250
		外伸臂 $b=h+2R$ （$R=4D$）											
30	Ⅰ	450	520	570	—	—	—	—	—	—	—	—	—
	Ⅱ	530	580	630	670	—	—	—	—	—	—	—	—
	Ⅲ	600	760	820	850	—	—	—	—	—	—	—	—
	Ⅳ	—	760	820	850	—	—	—	—	—	—	—	—
50	Ⅰ	570	650	720	760	790	860	930	1000	—	—	—	—
	Ⅱ	690	750	830	870	880	910	930	1000	—	—	—	—
	Ⅲ	790	850	930	970	970	980	980	—	—	—	—	—
	Ⅳ	—	1060	1140	1150	1240	1240	—	—	—	—	—	—
75	Ⅰ	680	790	860	920	950	1050	1100	1220	1380	1530	1800	—
	Ⅱ	830	930	1020	1070	1080	1150	1200	1300	1380	1530	1800	—
	Ⅲ	980	1060	1150	1220	1180	1220	1250	1350	1450	1600	—	—
	Ⅳ	—	1350	1410	1430	1450	1450	1450	1450	1530	1650	—	—
100	Ⅰ	780	910	980	1050	1100	1200	1270	1400	1590	1730	2050	—
	Ⅱ	970	1070	1170	1240	1250	1330	1400	1530	1670	1830	2100	2300
	Ⅲ	1140	1250	1360	1430	1450	1470	1500	1600	1750	1830	2100	—
	Ⅳ	—	1500	1600	1680	1700	1710	1720	1730	1840	1980	2190	—
150	Ⅰ	—	1100	1260	1270	1310	1400	1570	1730	1920	2120	2500	—
	Ⅱ	—	1330	1450	1540	1550	1660	1760	1920	2100	2280	2630	2800
	Ⅲ	—	1560	1700	1800	1830	1870	1900	2050	2230	2400	2700	2900
	Ⅳ	—	—	—	2070	2170	2200	2200	2260	2400	2570	2800	3100
200	Ⅰ	—	1240	1370	1450	1510	1700	1830	2000	2240	2470	2840	—
	Ⅱ	—	1540	1700	1800	1810	2000	2070	2250	2500	2700	3080	3200
	Ⅲ	—	—	2000	2100	2100	2200	2300	2450	2670	2850	3200	3400
	Ⅳ	—	—	—	2720	2750	2770	2780	2950	3130	3400	3700	

续表 7-17

补偿能力 ΔL	型号	公称直径 DN										
		20	25	32	40	50	65	80	100	125	150	200	250
		外伸臂 $b=h+2R$　　($R=4D$)										
250	I	—	—	1530	1620	1700	1950	2050	2230	2520	2780	3160	—
	II	—	—	1900	2010	2040	2260	2340	2560	2800	3050	3500	3800
	III	—	—	—	2370	2500	2600	2800	3050	3300	3700	3800	
	IV	—	—	—	—	3000	3100	3230	3450	3640	4000	4200	

(1)揻制补偿器时,尺寸应准确,防止歪扭和翘棱。其歪扭偏差不得大于 3mm/m。

(2)由方形补偿器的工作状态图(图 7-31)可以看出,补偿器的顶端变形较大,垂直臂中部变形较小,所以不论用几根管子揻制,在平臂(顶端)不应有焊口。焊口应留在悬臂的中部,如图 7-32 所示。

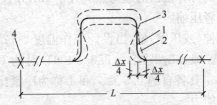

图 7-31　方形补偿器变形图

1. 制作后形状　2. 安装时状态　3. 补偿器运行状态　4. 固定点

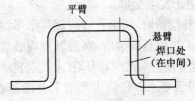

图 7-32　方形补偿器焊接点位置

(3)方形补偿器组对时,应在平台上或者平地上拼接,组对尺寸要正确,垂直臂长度偏差不应大于±10mm,弯头角度必须是 90°。

4. 方形补偿器的安装

安装补偿器时,为了减少热应力和提高热补偿能力,必须对补偿器进行预拉伸。输送热介质的管道需冷拉,输送冷介质的管道需冷压,如图 7-33 所示。

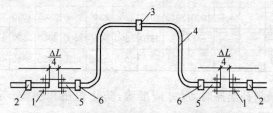

图 7-33　方形补偿器冷拉示意图

1. 拉管器　2、6. 活动管插　3. 活动管托或弹簧吊架　4. 补偿器　5. 附加直管

(1)管道预拉或预压。管道预拉或预压应在两个固定支架之间的管道安装完毕并与固定支架连接牢固以后再进行。预拉伸或预压缩的焊口离开补偿器的起弯点应大于 2m,并且应将补偿器两臂同时拉抻或者压缩。

管道预拉伸(或压缩)量,当设计工作温度 $t<250℃$ 时为设计伸缩量的一半,即 $\Delta L/2$;当 $t=250\sim400℃$ 时为 $0.7\Delta L$;当 $t>400℃$ 时为 ΔL。其各自的 0.5、0.7 和 1 称为冷紧比,方便充分利用其设计补偿能力。

(2)安装要求。安装补偿器时,应用三点以上受力起吊,并将两垂直臂撑牢,防止发生变形。

当水平安装补偿器时,两垂直臂应保持水平,补偿器顶端应和管道的坡向相同。当垂直安装时,在最低点应装放大阀,在最高点应装放气阀,输送介质为蒸汽时,则应在来汽端装疏水阀。

(3)补偿器设置要求。任何大型方形补偿器必需设置三个活动支架,但附近不应设置导向支架。导向支架离补偿器起弯点的距离不少于管子公称直径的 40 倍,即 $l_0>40DN$。在补偿器的弯头起弯点外 0.5~1m 处应设一滑动支架,不管补偿器有多大,其顶端必须设置一个活动支架,用来保障补偿器正常工作。

当几根管子平行敷设时,补偿器应套装布置在一个膨胀穴内,即使补偿量相差不多,也只能采用加大外围补偿器的方法使之套在外面。当考虑外围补偿器的尺寸时,一定要计及管径和保温层的厚度,并以相同的弯曲半径弯曲,否则很易造成布置上的困难,如图 7-34 所示。补偿器拉伸或者压缩合格后,应马上做好记录。

图 7-34　平行敷设管道的∩形补偿器

技能要点 2:波形补偿器安装

波形补偿器是一种以金属薄板压制并拼焊起来,利用凸形金属薄壳挠性变形构件的弹性变形来补偿管道的热伸缩量的一种补偿器。

1. 波形补偿器的构造

波形补偿器按照其内部结构的不同可分为带套筒和不带套筒的两种,但用得较多的是带套筒的波形补偿器,如图 7-35 所示,由于有套筒的存在,可以减少介质的流动阻力,套筒一端满焊,一端自由,故可保证补偿器能自由伸缩,满焊的一端迎向介质流向。

波形补偿器具有结构紧凑、所占空间小、工作时只发生轴向变形等优点;但制造比较困难,耐压强度低,补偿能力小(每个波的补偿值只有 5~20mm 左右)。

波形补偿器按照波数的不同可分为单波、双波、三波、四波等形式,波数不宜超过四波,波数过多时,易使补偿器受热变形后不沿中心线方向移动。

2. 波形补偿器的安装

(1)波形补偿器安装前应进行检查,检查表面有无裂纹、凸凹、轧痕、皱褶等缺陷;检查各部位尺寸是否符合要求,经检查合格并按设计规定的压力进行水压试验,合格后方可安装。

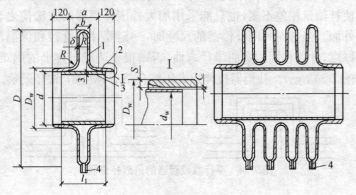

图 7-35　波形补偿器构造

1. 波　2. 直筒　3. 内衬套筒　4. DN20 单头螺纹短节

C 为直筒与内衬间隙,当 $DN \leqslant 600$mm 时 $C=1$mm;当 $DN > 700$mm 时 $C=2$mm

(2)波形补偿器安装前应进行预拉伸(拉伸或压缩),冷拉应在平整的地面上分次进行,要使各个波节受力均匀,并严禁超过波节的补偿能力;因波形补偿器多用在常温、低压的大口径管路上,因此,冷拉值为补偿值的 1/2。冷拉可采用拉管器拉伸的方法。

(3)内部有套筒的波形补偿器的安装是有方向性的,如果在水平管路上安装,套管的焊缝应迎向介质流动的方向;如果在垂直管路上安装,套管的焊缝应在上部。

(4)待管道全部安装固定后,留出补偿器的位置,并且按照设计的预拉伸量计算好预留尺寸。安装时补偿器的中心线与管道中心线应在同一直线上,不得歪斜。

(5)补偿器吊装时,不能将绳索绑扎在补偿器波节上;严禁将支承件焊在波节上,防止波形补偿器变形影响补偿器正常工作。

(6)为使波形补偿器能够正常安全地工作,补偿器两侧的活动支架应为导向支架。

技能要点 3：波纹管补偿器安装

1. 波纹管补偿器的种类

波纹管补偿器是采用疲劳极限高的 1Cr18Ni9Ti 不锈钢板制成的，不锈钢板厚度为 0.2～10mm，适用于工作温度在 450℃以下、公称压力 PN 为 0.25～25MPa、公称直径为 $DN25～DN1200$ 的弱腐蚀性介质的管路上。

波纹管补偿器具有结构紧凑、承压能力高、工作性能好、配管简单、耐腐蚀、维修方便等优点。

常用的波纹管补偿器有以下几种：

(1)通用内压轴向型补偿器。通用内压轴向型补偿器主要吸收内压管道的轴向位移和少量的径向位移。

(2)内压单式轴向型补偿器。内压单式轴向型补偿器适用于保温和地沟、无沟敷设管道吸收内压管道的轴向位移和少量的横向位移。

(3)复式拉杆式轴向型补偿器。复式拉杆式轴向型补偿器适用于吸收管道系统的轴向大位移量。

(4)复式套筒式轴向型补偿器。复式套筒式轴向型补偿器主要吸收管道系统的轴向大位移和少量的径向位移。由于加有外套筒，适用于保温、地沟、直埋管道的敷设。

(5)外压式轴向型补偿器。外压式轴向型补偿器主要吸收外压(真空)管道的轴向位移和少量的径向位移。

(6)铰链式横向型补偿器。铰链式横向型补偿器通常以两三个成套使用，吸收单平面管系一个或多个方向的挠曲。

2. 波纹管补偿器的冷拉

安装前应先了解生产厂所提供的补偿器预拉伸情况(有些厂家在波纹管补偿器出厂前根据用户要求已做了预拉伸)，了解补偿器在最高工作温度和最低温度下的长度以及供货时的定位长度；检查到货补偿器的实际情况，包括长度、定杆数量以及受力状况等,并做好记录。

需要预拉伸的补偿器,应根据安装时的环境温度和设计的补偿值确定出冷拉值,按照如图 7-36 所示的方法进行冷拉。

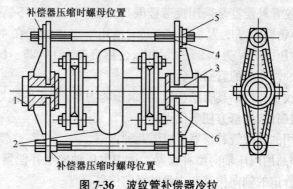

补偿器压缩时螺母位置

补偿器压缩时螺母位置

图 7-36　波纹管补偿器冷拉

1. 管子　2. 补偿器　3. 法兰组　4. 拉杆　5. 螺母　6. 挡环

3. 波纹管补偿器的安装方法

波纹管补偿器按照其连接方法的不同可分为焊接和法兰连接,不管采用何种连接通常采用后安装的方法。即进行管道安装时,先不安装波纹补偿器,在要安装补偿器的位置上先用整根直管接过去,并按照设计要求和补偿器生产厂对补偿器附近支架的设置要求,安装好导向支架和固定支架,待支架达到设计强度后,再开始安装补偿器。应该注意,由于波纹管补偿器自身结构的原因,波纹管补偿器应在系统吹扫、清洗、试压合格后进行。波纹管补偿器的安装程序如下:

(1)先丈量已备好的波纹管补偿器的全长(含法兰);在管道上为补偿器安装画出定位中线,按照补偿器长度画出补偿器的边线(至法兰边)。

(2)依线切割管道,当采用法兰连接时,要考虑法兰以及垫片厚度所占长度。

(3)连接焊接接口的补偿器,应采用临时支架将补偿器支吊起进行对口,补偿器两边的接口要同时对好,同时进行定位焊,检查补偿器位置合适后,顺序进行焊接。

(4)连接法兰接口的补偿器,先将补偿器的两片法兰加上垫片后临时安装在补偿器上,用临时支吊架将补偿器支吊起,进行对口连接,补偿器两边的接口要同时对好,同时进行定位焊,在检查补偿器位置合适后,拆卸开法兰螺栓,放下补偿器,对两片法兰进行焊接,焊好后清理焊渣,检查焊接质量,合格后再对内外焊口进行防腐处理,吊起进行法兰的安装。

技能要点4:套筒式补偿器安装

1. 套筒式补偿器的构造

套筒式补偿器又称填料式补偿器,由套管、插管和密封填料三部分组成,它是靠插管和套管的相对运动来补偿管道的热变形量。

套筒式补偿器按照壳体的材料不同可分为铸铁制和钢制两种,按照套筒的结构分为单向套筒和双向套筒,按照连接方式的不同分为螺纹连接、法兰连接和焊接。

套筒式补偿器结构简单、紧凑,补偿能力大,占地面积小,施工安装简便,但这种补偿器的轴向推力大,易渗漏,需经常维修和更换填料;当管道稍有径向位移和角向位移时,容易造成套筒被卡住现象,故使用单向套筒式补偿器,应安装在固定支架附近,双向套筒式补偿器应安装在两固定支架中部,并应在补偿器前后设置导向支架。

2. 套筒式补偿器的安装

套筒式补偿器安装前,应拆开进行检查,检查其内部零件是否齐全,检查填料是否完好且符合要求。安装时,补偿器的轴线与管道轴线在同一直线上,不得偏斜,以保证管道运行时不致偏离中心线,使补偿器能自由伸缩。

双向套筒式补偿器的两侧应安装导向支架,单向套筒式补偿器应在伸管侧安装导向支架。

套筒式补偿器的伸缩范围如图7-37所示。补偿器的补偿值是按照设计的最高温度和安装时的冷态温度计算出来的,但实际

安装时的环境温度并不等于设计计算时的冷态计算温度,因此安装时应留有一定的剩余收缩余量,剩余收缩余量按照下式计算:

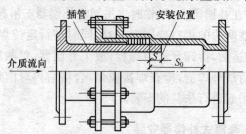

图 7-37　套筒式补偿器安装剩余收缩量示意图

$$S = S_0(t_a - t_0)/(t_2 - t_0)$$

式中　S——插管与套管挡圈间的安装剩余收缩余量(mm);

S_0——补偿器的最大补偿能力(mm);

t_0——管道设计计算时的冷态计算温度(℃);

t_a——管道安装时的环境温度(℃);

t_2——管道设计计算时热态计算温度(℃),即管道内介质的最高温度。

套筒式补偿器安装时也可不经计算,按照表 7-18 的条件留出伸缩间隙 Δ。

表 7-18　套筒式补偿器安装间隙(剩余伸缩量)

两固定支架间的管段长度(m)	安装时为下列温度时的安装间隙 Δ(mm)		
	低于 −5℃	−5~20℃	20℃以上
100	30	50	60
75	30	40	50

技能要点 5:球形补偿器安装

1. 球形补偿器的构成与原理

球形补偿器是利用补偿器的活动球形部分角向转弯来补偿管道的热变形,它允许管子在一定范围内相对转动,因而两直管可以不保持在一条直线上。

球形补偿器的工作原理如图 7-38 所示。球形补偿器适宜于有三向位移的蒸汽、热油、热水、燃气等各种介质的管路上。

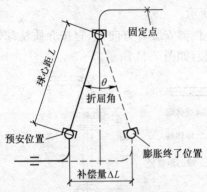

图 7-38 球形补偿器的工作原理

2. 球形补偿器的安装

球形补偿器安装前必须阅读生产厂的说明书,了解补偿器的性能、特点、适用介质范围以及工作参数。球形补偿器可安装在水平管路上,也可安装在垂直管路上,但必须安装两个或者两个以上,组合成Ⅱ形或Γ形管线。

球形补偿器安装时,两固定端间的管线应与球形补偿器中心重合,在管段上适当配置导向滑动支架,补偿器两侧的第一个支架应为滑动支架,其余为导向支架。

球形补偿器的密封圈是用加填充剂的聚四氟乙烯组成,其优点是密封性能好,而且还有润滑作用,正常情况下,密封圈不易损坏,一旦损坏,可拆下压紧法兰予以更换。

应该说明,球形补偿器本身不能吸收管道的热变形,球形补偿器是利用补偿器的活动球体在回转中心范围内能自由转动来吸收管道的位移,以补偿管道的热变形,因此球形补偿器不能单个使用,可根据具体情况将 2～4 个球形补偿器连成一组使用。

球形补偿器安装,应符合下列规定:

（1）球形补偿器安装前,应将球体调整到所需要的角度,并与球心距管段组成一体,如图 7-39 所示。

（2）球形补偿器的安装应紧靠弯头,使球心距长度大于计算长度,如图 7-40 所示。

（3）球形补偿器安装有方向性,宜按介质从球体端流入、壳体端流出进行安装,如图 7-41 所示。

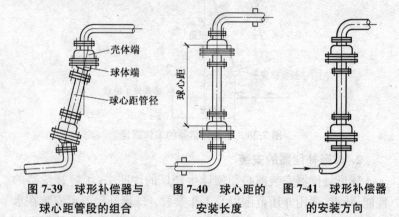

壳体端
球体端
球心距管径

球心距

图 7-39　球形补偿器与　　图 7-40　球心距的　　图 7-41　球形补偿器
球心距管段的组合　　　　安装长度　　　　的安装方向

（4）垂直安装球形补偿器时,壳体端应在上方。

（5）紧靠球形补偿器的两侧应安装滑动支架,其余为导向支架,固定支架应按设计要求进行。

（6）运输、装卸球形补偿器时,应防止碰撞,严禁野蛮装卸。

第八章　管　道　安　装

第一节　常用材质管道安装

本节导读：

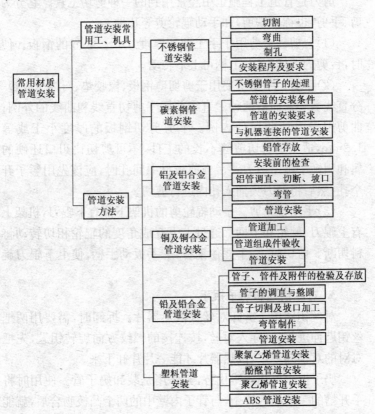

技能要点 1：管道安装常用工、机具

1. 扳手

扳手分为套筒扳手、活扳手和梅花扳手三种。扳手主要用于安装、拆卸四角头和六角头螺栓及螺母、活接头、根母、阀门等零件和管件。套筒扳手和梅花扳手除具有一般扳手的功用外，特别适用于各种工作空间狭窄和特殊位置。它们都是由六角头头部对边距离为公称尺寸大小不同成套组成的。

2. 剪刀

剪刀是管道工程施工中经常用到的一种剪切工具。它分为台剪、手剪（也称白铁剪）和手动辊轮剪等几种。

（1）台剪。台剪用于手工剪切厚度 0.6～2mm 的钢板。使用时，台剪的下柄固定，上柄可上下转动。

（2）手剪。手剪主要用于剪切薄钢板、橡胶垫、石棉橡胶板等。分直线剪和弯曲剪两种。直线剪用于剪切直线和曲线的外圆；弯曲剪用于剪切曲线的内圆。手剪剪切钢板的厚度小于或等于 1.2mm，适用于剪切剪缝不长的工件，不可剪切比刃口还硬的金属和用锤子锤击剪刀背。当剪板材中间孔时，应该先用錾子开一个孔，然后将剪刀尖插入孔内进行剪切。

（3）手动辊轮剪。手动辊轮剪的机架下部有下辊刀，机架上部有上辊刀、棘轮和手柄。通过上下互成角度的辊轮相切转动将板料切断。剪切时，一手握住钢板，一手扳动手柄，使上下辊刀旋转然后将板料切下。

3. 对丝钥匙和奶子扳手

对丝钥匙用于拆卸对丝式散热器片。拆卸时，需要用两把对丝钥匙伸进接口，穿入对丝，按连接的螺纹方向旋转钥匙，先把一对对的对丝卸下来，散热器片才能一片片卸下来。

奶子扳手可用管钳代替，其作用是装卸奶子管。使用时将扳手开槽的一端插入管子，与管子内壁中的两个凸棱吻合后，就能对散热片进行装卸工作。

4. 铸铁管捻口工具

铸铁管捻口工具主要有麻錾子、灰錾子、熔铅小锅等。作用是将其用在铸铁管连接捻口处。

麻錾子、灰錾子,通常根据管径大小,用圆钢或螺纹钢制成。熔铅小锅,通常可用 $\phi219mm \times 4.5mm$ 一段无缝钢管,加底和两边各加一个钢环焊制成。

5. 钻孔机械

(1)冲击电钻。冲击电钻主要用于在混凝土、砖墙、岩石上面进行钻孔、开槽等作业。冲击电钻具有冲击、旋转、旋转冲击(通过调节工作头上调节手柄来实现)等多种功能。技术规格主要有功率、转矩、钻头直径($\phi12 \sim \phi22mm$)等。

(2)手枪电钻和手电钻。手枪电钻和手电钻在使用时可以移动,能够迁就工件,还能钻不同方向的孔,适用于不便在固定钻床上加工的金属材料的钻孔和检修安装现场钻孔。

手枪电钻小巧灵便,钻孔直径有限,一般最大钻孔直径小于等于 $\phi13mm$。手电钻钻孔直径比手枪电钻大,最大钻孔直径可达 $\phi32mm$。

(3)金刚石钻机。金刚石钻机的钻孔直径为 $\phi36 \sim \phi200mm$ (可扩展到 $\phi250mm$),深度可达 1m 左右(包括使用延伸杆)机型分为电压 220V 和 110V 两种。用于钢筋混凝土、型钢、钢板、砖墙、瓷墙、耐火砖等材料的钻孔。

技能要点 2:不锈钢管道安装

不锈钢就是耐大气腐蚀的镍铬钢,它包括铬钢和镍铬钢。工业上常用的镍铬钢含碳量(质量分数)在 0.14% 以下,含铬约 18%,含镍 $\geq 8\%$,俗称 18-8 不锈钢,具有强度高、耐蚀性好、可焊性好的特点,是管道工程上的优质管材。

1. 切割

由于不锈钢具有较高的韧性和耐磨性,硬度较大,并且在切削的地方容易产生冷硬的倾向。工程中,常用的切割工具有手锯、砂轮切割机、锯床及等离子切割机等。一般高碳钢锯条的速度比较慢,而且锯条耗损量大,故手锯及锯床的锯条要采用耐磨的锋钢条。不锈钢管子禁止用氧乙炔焰进行切割,以免产生难熔的氧化铬。

同时安装数种品种不同的不锈钢管子时,切割下的管子应在管端打上钢印,以便安装时辨认,防止材质搞错。

2. 弯曲

不锈钢管子需要加工弯管时,一般用热揻,小管也可用冷揻。用于揻弯的管子,材质应与所安装的直管段相同,且不得用负公差的管子揻弯。

(1)管子如采用热揻方法弯曲,管内应灌砂,且用纯铜榔头或木榔头振实,但不能用铁榔头。管子必须在专用的加热炉中加热,加热温度须达到 1100～1200℃。为了使不锈钢管子在加热时不产生渗碳现象,可将其放在碳素钢套管内进行加热。碳钢套管应比不锈钢管管径大 1～2 档,不允许将不锈钢管直接接触火焰。

在揻弯过程中,应严格控制温度,弯曲结束时,管子的温度不应低于 900℃。热揻结束后,必须立即将管子再次加热到 1050～1100℃,然后用水急冷进行淬火处理。

由于不锈钢管子热揻温度控制要求较高,热揻后需进行热处理,因而热揻法在小口径不锈钢管子上不大采用。小口径不锈钢管大多在火焰管弯机上进行,弯曲半径不应小于外径的 3.5 倍。

(2)当小口径不锈钢管采用冷弯时,弯管一般是在手动或电动、液压管弯机上进行。为了减小弯曲的椭圆度,小管弯曲时也应在管内灌砂后再弯。

3. 制孔

当不锈钢管子需要开孔接出支管时,由于不锈钢具有较高的耐磨性和韧性,硬度较大,容易产生冷硬的倾向,因此,不锈钢开孔比较困难,一般用钻床、铣床、镗床等进行钻孔加工。

(1)如果孔径较小,用钻床钻孔时,应根据划线一次钻好;孔径较大时,可按孔径轮廓先钻出若干 $\phi 8 \sim \phi 12$mm 的小孔,用锋钢凿凿去残留部分,然后用角向砂轮或锉刀等去掉毛刺并打磨好。

(2)钻孔时,为了防止划伤管子,钻头不得在管子表面滑动。

(3)在没有机械的情况下,采用电弧气刨开孔和切割比较合适,但必须留出 $3 \sim 5$mm 的余量,然后用角向砂轮磨光并打坡口。

(4)开孔的孔径应和管子的内径相一致,支管打坡口,如图 8-1a所示。如果支管孔径在主管管径 1/3 以下时,也可将支管插入主管孔内,如图 8-1b 所示。但支管管端应与主管内壁相平。支管不得伸入主管管腔内。

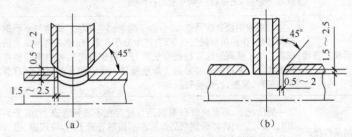

图 8-1 异径正三通组对示意图

4. 安装程序及要求

不锈钢管道安装程序及要求见表 8-1。

表 8-1 不锈钢管道安装程序及要求

程 序	要 求
安装前的检查	不锈钢管安装前应进行检查,检查管子有无异常,检查管子内外壁有无机械损伤、管内有无异物。检查方法是:直管可将管子对着光检查,弯管则可用 0.86 倍管子内径的硬质木球或不锈钢球作通球试验,如有异物,应用压缩空气吹净等办法吹除
安装前的清洗	不锈钢管道安装前应进行清洗,除去油渍及其他污物,并用净布擦干。当管子表面有机械损伤时,必须加以修整,使其光滑,并要进行酸洗和钝化处理(当划痕在 0.2mm 以下,且无黑斑时,可不进行处理)

续表 8-1

程　序	要　求
管道热伸长及补偿	不锈钢管路较长或输送介质温度较高时,在管路上应设不锈钢补偿器,补偿器的形式有方形补偿器、波纹管补偿器和波形补偿器三种,采用哪种形式的补偿器要视管径大小和工作压力的高低而定。补偿器的安装方法和要求与热力管道补偿器相同
支架	不锈钢管敷设安装所用支架多数用型钢制作,特殊情况下,也可用不锈钢型材。不锈钢管道不得与碳钢支架直接接触,应在管道与支架间垫入不锈钢垫片或不含氯离子的塑料或橡胶垫片
套管	不锈钢管道穿墙和楼板时均应加设钢套管,套管与管道之间的间隙不应小于 10mm,并在孔隙里面加充绝缘物,绝缘物内不得含有铁锈、铁屑等杂物,绝缘物一般可采用石棉绳
松套法兰连接	当采用碳钢松套法兰连接时,由于碳钢法兰锈蚀后铁锈与不锈钢管表面接触,在长期接触情况下,会产生分子扩散,而使不锈钢发生锈蚀现象。为了防腐绝缘应在松套法兰与不锈钢管之间衬垫绝缘物或在碳钢法兰与不锈钢管接触面上涂绝缘漆。绝缘物可采用不含有氯离子的塑料、橡胶、石棉橡胶板等
制品焊接	一般情况下,不允许将碳钢制品直接焊在不锈钢管道上,由于某种原因,设计上允许将碳钢制品焊接在不锈钢管道上时,应用镍、铬含量高的不锈钢焊条,以减少碳钢对不锈钢合金成分的稀释和补充焊接过程中合金成分的烧损
不锈钢管道连接	不锈钢管道的连接方式有:螺纹连接、法兰连接和焊接 (1)螺纹连接。不锈钢管采用螺纹连接时,螺纹应采用车床加工,配件应用不锈钢制品,由于不锈钢加工难度大,不锈钢管道采用螺纹连接较少。螺纹连接的填料为聚四氟乙烯生料带或黄粉(一氧化铅)与甘油的调和物 (2)焊接。焊接是不锈钢管道的主要连接方式。不锈钢管道采用焊接连接时,一般应采用手工氩弧焊或手工电弧焊。手工电弧焊应使用直流电焊机,用负极法连接(即焊条接正极),所使用的焊条应在 150～200℃温度下干燥 0.5～1h,焊接时环境温度不得低于−5℃,温度过低时,应采用预热措施 (3)管道与法兰阀门、设备和必须使用法兰连接的地方应采用法兰连接。法兰连接的要求与碳钢管道相同。连接用螺栓可采用碳钢螺栓,但螺栓与法兰接触处应采取隔离绝缘措施。法兰连接用垫片应根据输送介质的性质、工作温度和安装位置选用金属、半金属、非金属垫片

续表 8-1

程　序	要　　求
不锈钢管存放	不锈钢管子、管件等经验收合格后应妥善保管,不得与碳钢接触,同一施工现场有两种或两种以上不同材质的不锈钢时,应按材质分开存放,并用涂料或记号笔做好标记
氧化膜的保护	不锈钢管道安装过程中,应注意保护好不锈钢制品表面的氧化膜。在搬运和装卸时应小心轻放,避免碰撞。在管子台虎钳或加工机具上装夹不锈钢管时,应在钳口或夹持器与管子之间设置垫层。组对管口的卡具宜用不锈钢制作;如用碳钢制作,应采用螺栓连接的形式,并在卡具与管子接触处加垫层。吊装绑扎不锈钢管宜用麻绳或棕绳;如用钢丝绳,也应在钢绳与管子之间加垫层。垫层材料一般用木板、橡胶板或其他非金属材料。不得用铁质工具敲击不锈钢管,需要敲击时使用不锈钢榔头或铜质榔头。并尽量减少敲击次数

5. 不锈钢管子的处理

不锈钢管道在冷加工及焊接后,必然产生残余应力,而在热加工和焊接过程中,管子要经过 450~850℃这个危险区域,或在该区域停留一段时间,因而会产生晶间腐蚀倾向。为了清除残余应力和晶间腐蚀倾向,必须进行热处理。

(1)清除应力处理。奥氏体不锈钢管道,如经冷加工或焊接后存在内应力,当输送的介质含有氯离子(或溴离子)时,会引起应力腐蚀。应力腐蚀是指介质与应力共同作用下引起的腐蚀,一方面是腐蚀使管壁的有效截面减小;另一方面是应力加速腐蚀,促使管件破坏。

①管子经过消除应力处理后,其屈服强度与疲劳强度可以得到提高,并可以防止产生裂纹。

②消除冷加工后的残余应力,一般是将管件加热至 250~425℃,常用的是 300~350℃,对于不含有钛或铌的管件不应超过450℃,进行回火处理。

③消除焊接后的残余应力,需要在较高的温度下进行,一般为850~870℃,其冷却方式,对于含钛和铌的管件可直接在空气中冷却,不含钛和铌的管件应经水冷至 450℃(即以较快速度通过危险

范围)以后,再以空气冷却。

(2)固溶处理。固溶处理是使管件在危险温度范围受热时析出来的碳化物在高温时溶解,随后快速冷却而将其固定在奥氏体中。固溶处理的目的是消除管件在加工过程中产生的晶间腐蚀倾向。

固溶处理的加热温度,应根据不锈钢的含碳量来选择,在含碳量(质量分数)低于 0.1%时,建议采用加热温度为 1050～1100℃,当含碳量在 0.1%～0.2%之间时,应加热到 1100～1150℃,当加热到上述温度时,要保持 1h 左右,然后进行冷却。冷却方式,对于壁厚小于 2mm 的薄壁不锈钢管,可采用空气冷却,但冷却速度必须快。厚壁管件应在水中急剧冷却。固溶处理时应注意,必须避免过分地提高加热温度,以免发生晶粒长大或出现大量铁素体增多而降低管件的机械性能和耐腐蚀性能。

不锈钢经固溶处理后,其硬度不会增加,反而会降低,经固溶处理的管件仍然要避免在 450～850℃危险温度范围内加热和使用,否则会使碳化物重新析出,形成晶间腐蚀。

(3)稳定化处理。对于稳定化元素钛、铌的 18-8 不锈钢,在高温下(450℃以上)使用,必须进行稳定化处理。

稳定化处理是含钛、铌的 18-8 不锈钢经固溶处理,在 850～900℃(略小于碳化铬重新溶解的温度)保温 2～4h 后,然后在空气中冷却的一种处理方法。这使得在稳定化处理时,部分溶于固体中的钛能有足够的时间析出,与碳形成碳化钛或碳化铌,可避免在危险温度范围内加热时形成碳化铬。

非稳定型 18-8 不锈钢管子在预制加工过程中不适应这种处理。

(4)酸洗钝化处理。酸洗钝化处理是消除管子在预制加工、焊接和热处理过程中使管子表面的氧化膜遭受破坏或氧化,或在加工、安装过程中有可能使碳素钢或其他不耐腐蚀物的颗粒粘附在不锈钢的表面上,从而将会引起局部腐蚀。为了除去管子和焊缝

表面的附着物,并使其形成一层新的氧化膜,在焊接或热处理后进行一次酸性处理。酸洗钝化处理可按下述步骤进行:

清除附着的油脂→酸洗处理→冷水冲洗→钝化处理→冷水冲洗→吹干。

酸洗和钝化处理溶液配方及处理时间见表8-2。

表 8-2　酸洗和钝化处理溶液配方及处理时间

名称		酸洗膏 (质量分数,%)	酸洗液 (体积分数,%)	钝化液 (质量分数,%)
配方	盐酸	45	—	—
	硝酸	5	15	25
	氢氟酸	—	4	—
	水	50	84	75
温度(℃)		室温	49～60	室温
处理时间(min)		15	15	20

技能要点 3:碳素钢管道安装

1. 管道的安装条件

管道安装一般应具备如下条件:

(1)与管道有关的土建工程经验收合格,满足安装要求。

(2)与管道连接的机械找正合格,固定完毕。

(3)必须在管道安装前完成的有关工序进行完毕,如清洗、脱脂、内部防腐与衬里等。

(4)管道组成件及管道支承件等已检验合格,并具备相关的技术文件。

(5)按设计文件核对管件、管子、阀门等无误后,清理内部杂物。当设计文件对管道内部有特殊清洁要求时,其质量应符合设计文件规定。

2. 管道的安装要求

(1)管道的坡度和坡向应符合设计要求。可用支架的安装高度或支座下的金属垫板来调整管道的坡度,也可用吊杆螺栓来调整吊架。垫板应与预埋件或钢结构进行焊接,不得夹于管道和支座之间。

(2)给排水的支管与主管连接时,宜按介质流向稍有倾斜。

(3)法兰和其他连接件应设置在便于检修的地方,不得紧贴墙壁、楼板或管架等。

(4)经脱脂处理后的管子、管件及阀门等,安装前要严格检查,其内外表面严禁存有杂物。当发现有杂物时,应重新进行脱脂处理,检验合格后方可安装。安装脱脂管道时使用的工具、量具等,必须按脱脂件的要求预先进行脱脂处理。操作人员使用的手套、工作服等防护用品也必须是无油污的。

(5)安装埋地管道,当遇到地下水或管沟内积水时,应采取排水措施。埋地管道试压防腐完毕后,应尽快办理隐蔽工程验收,填写隐蔽工程记录,及时回填土,并分层夯实。

(6)管道在穿越楼板、墙、道路或其他构筑物时,必须加套管或砌筑涵洞保护。管道焊缝不应置于套管内。穿墙套管长度不得小于墙厚,穿楼板套管应高出楼面的 50mm。穿过屋面管道应有防水肩和防雨帽。不燃材料可用来填塞管道与套管间隙。

(7)连接在管道上的仪表导压管、流量计、调节阀、流量孔板、温度计套管等仪表元件,应与管道同时安装,并应符合仪表安装的相关规定。

(8)管道膨胀指示器、蠕胀测点和监察管段,应按设计文件和施工验收规范的规定安装。

(9)安装前应做好埋地钢管的防腐层,在安装和运输过程中要注意保护防腐层。焊缝部分的防腐必须在管道试压合格后进行。

(10)管道的坐标、标高、间距等安装尺寸必须符合设计规范,其偏差不得超过规定。

3. 与机器连接的管道安装

与机器连接的管道,应预先将管内的铁锈及其他杂物除去,并按设计文件规定进行化学清洗或脱脂处理。安装前必须进行复查,确认管道内部没有杂物。

管道的固定焊口应尽量选在远离机器的部位,以防机器受到焊接应力的影响。对不允许承受附加外力的机器,在管道与机器连接之前,应在自由状态下检验法兰的平行度和同轴度,其偏差应符合设计文件规定;当设计文件无规定时,必须符合表 8-3 的规定。

表 8-3 法兰允许偏差

机器转速(r/min)	3000~6000	>6000
平行度(mm)	≤0.15	≤0.10
同轴度(mm)	≤0.50	≤0.20

管道系统与机器最终连接时,应在机器的联轴节上架设百分表,以监视机器的位移。机器转速大于 6000r/min 时,位移值应小于 0.02mm;转速小于或等于 6000r/min 时,位移值应小于 0.05mm。

安装管道合格后,其质量应由管架承受,严禁使机器承受设计以外的附加载荷。

管道经试压、吹扫合格后,应对该管道与机器的接口进行复位检验,其偏差要符合上述的规定。当超出规定时,应重新调整,直至合格。

技能要点 4:铝及铝合金管道安装

1. 铝管存放

铝及铝合金管牌号较多,在一个建设项目中,往往要有几种不同型号的管道,运往施工现场时,应做好标记,分别堆放,以免错用。堆放管材的库房应整洁,不得与钢管、铁管、铜管、不锈钢管混合堆放,以防止电化学腐蚀和受到意外伤害。

2. 安装前的检查

铝管及管件安装前应进行细致的检查,铝管表面不应有明显的凸起、凹陷、划伤,纵向划痕深度不得大于0.03mm,局部的凸起高度和凹陷深度不得大于0.3mm;管子内外表面应整洁、光滑,无麻面、斑孔、裂纹和气泡等缺陷。

3. 铝管调直、切断、坡口

铝及铝合金管安装前如有弯曲,应用木槌或橡皮锤进行调直,调直不得在普通钢制平台上,也不得在混凝土地面上,而应在铺有木板的操作台上进行。

铝管切断可采用钢锯、无齿锯;坡口可用锉刀、坡口机、车床等,不得用氧-乙炔焰进行切割和坡口。夹持固定铝及铝合金管时,管壁两侧应垫以木板,以免夹伤管子。

4. 弯管

纯铝管及铝镁合金管 $DN \leqslant 100mm$,应采用冷弯,冷弯效率高,弯管质量好。$DN > 100mm$,可采用热弯,L11~L17管热弯时,加热温度为150~260℃;铝管采用热撼时,温度不易掌握,操作加工技术要求较高。

铝锰合金管弯曲时,必须热撼,先将管子加热至400~450℃。铝及铝合金管冷撼时,弯曲半径 R 不应小于4倍的管外径,热撼时弯曲半径不应小于3.5倍的管外径。铝及铝合金管的加热方法应采用木炭或电炉加热,不得采用煤炭加热。铝及铝合金管热撼时,应充填面砂。

不管采用何种方法撼弯,弯制后管子不得有嵌入物,不得有裂纹、分层和过烧等缺陷,管子弯曲不圆度,铝管应小于9%,铝合金管应小于8%。

5. 管道安装

在铝管施工过程中,如同时使用两种或两种以上不同牌号的铝或铝合金管时,应在管子运到现场时分别堆放并做好涂色标记,以防使用时发生错误。

安装管子之前要对管子内外表面进行检查,不得有裂缝、起皮、氧化及凹凸不平等缺陷。若管子内外表面发现暗淡色或白色印迹,必须在无麻面的情况下方可使用,管子内、外壁划痕不得超过0.03mm,局部凹陷深度也不得超过0.3mm。

铝管的质地较软,因此管道支架的设置应严格按设计规定进行;如设计没有明确要求,一般支架间距比钢管要小。热轧铝管的支架间距一般按同样管径和壁厚的碳素钢管支架间距的2/3选取,冷轧管按碳素钢管道支架间距的3/4选取。

铝及铝合金管需要保温时,禁止使用石棉绳、石棉粉、玻璃棉等带有碱性的材料,宜用中性的保温材料。

技能要点 5:铜及铜合金管道安装

铜及铜合金管在水中与非氧化性酸中非常稳定,它有较好的低温性能和耐腐蚀性能;对醋酸、硫酸钠、硼酸、氢氧化钠、草酸、氢氧化钾、氯化氢、硝酸钠等介质具有较高的耐腐蚀能力。

1. 管道加工

铜及铜合金管的切割、调直方法和质量要求与铝及铝合金管相同。管口翻边的方法和质量要求与不锈钢管口翻边相同。弯管制作应采用机械方法冷弯;如采用热弯法制作,铜管热弯温度为500～600℃,铜合金管热弯温度为600～700℃,制作方法和质量要求与铝及铝合金管相同。

2. 管道组成件验收

安装铜及铜合金管道组成件要注意如下事项:

(1)检查制造厂的质量证明书。

(2)按设计文件核对它们的材质和规格。

(3)黄铜管及管件表面不得有绿锈,外观质量的其他要求与铝及铝合金管相同。

(4)采用胀口或翻边连接的管子,它们的胀口或翻边试验要求也与铝及铝合金管相同。

3. 管道安装

在同一施工现场有两种或两种以上不同牌号的铜及铜合金管

道时,管子、管件验收合格后应做好涂色标记,分开存放,防止混淆。在装卸、搬运和安装的过程中,应轻拿轻放,防止碰撞及表面被硬物划伤。

支、吊架间距应符合设计文件的规定。当设计文件无规定时,可按同规格钢管支、吊架间距的 4/5 采用。

弯管的管口至起弯点的距离应不小于管径,且不小于 30mm。安装铜波形补偿器时,其直管长度不得小于 100mm。采用螺纹连接时,其螺纹部分应涂以石墨甘油。法兰连接有平焊法兰、对焊法兰、焊环松套法兰和翻边松套法兰四种类型。平焊法兰、对焊法兰及松套法兰的焊环或翻边肩材料应与管子材料牌号相同,松套法兰用碳素钢制造。法兰垫片一般采用橡胶石棉板等软垫片。采用翻边松套法兰连接时,应保持同轴。公称直径小于或等于 50mm 时,其偏差应不大于 1mm;公称直径大于 50mm 时,其偏差应不大于 2mm。

此外,铜及铜合金管道安装还应遵照碳素钢管道安装的有关规定执行。

技能要点 6:铅及铅合金管道安装

1. 管子、管件及附件的检验及存放

管子、管件及附件在安装前应进行检查、检验,检查其有无残缺、伤痕、凸起和凹陷。检查管子、管件及附件有无制造厂的质量证明书,并按设计文件核对其材质和规格,采用翻边连接的铅管,应作翻边试验。

铅管强度硬度较低且有毒,因此铅管应单独存放。存放铅管的库房应整洁、平整。在地面上存放应铺垫柔性材料,不允许直接将铅管放在水泥地面上,铅管应单根放置,不允许叠加存放。

2. 管子的调直与整圆

铅管在运输和装卸过程中,容易产生弯曲或被压扁,因此安装前必须将弯曲的管子调直,将压扁的管子整圆。

　　铅管调直通常是在铺有木板的平台上进行,用木槌或橡皮锤轻轻敲打,逐段调直。

　　铅管整圆,公称直径 $DN \geqslant 50mm$ 的铅管整圆时,可用一根外径小于铅管内径的钢管(管端最好有一半球形封头)穿进铅管内,并把钢管的两端放在支承架上,然后用木槌敲打铅管被压扁的部位,一边敲打,一边转动管子,直到将铅管整圆为止。敲打时,应注意用力要轻,用力要均匀。

　　公称直径 $DN < 50mm$ 的铅管整圆,可将铅管两端堵塞,在管内通入压力为 $0.2 \sim 0.3MPa$ 的压缩空气,然后用焊炬对压扁的部位加热,让管内压缩空气把管子胀圆。操作时应注意使加热部位受热均匀,升温过程要缓慢,当管子即将被胀圆时应立即停止加热。

3. 管子切割及坡口加工

　　直径较小的铅管一般采用手工钢锯切割。切割时,宜用粗齿锯条。为防止铅屑粘附在锯齿上和减少摩擦,可在锯口上滴上少许机油。直径较大的铅管可用氧-乙炔焰切割,尤其是硬铅管,采用氧-乙炔焰切割效果更好,切割火焰宜用中性焰。

　　铅管的坡口一般用刮刀加工,硬铅管可用锉刀坡口,硬铅管也可用坡口机和车床坡口。

4. 弯管制作

　　公称直径 $DN \leqslant 100mm$ 的铅管可采用机械冷弯或手工冷弯。冷弯的弯曲半径 R 应大于 3.5 倍的管外径,采用机械冷弯时,宜用电动弯管机,不宜用液压弯管机,这是因为采用液压弯管机可能会在铅管上顶出凹坑。如用手工冷弯,须用一个内径与铅管外径相等的碳钢管,沿轴线割成两半,用弯管内侧的一半作为弯管模,然后将铅管紧贴弯管模,在弯曲起点处加一卡箍,放在弯管平台上,一边拍打一边弯制,如图 8-2 所示。

　　公称直径 $DN > 100mm$ 的铅管可采用热弯,热弯时,管内不允许装砂。这是因为铅管本来较软,加热后硬度更低,如果在管内装砂,会使砂粒嵌入管壁而难以清除。所以铅管热弯一般都是空心弯制,为了降低铅管的不圆度(铅管的不圆度应控制在 10% 以内)和防止弯管内侧发生凹陷,可在弯制前将弯管内侧上下两面的管壁稍加拍打,使弯曲部分的管子成卵圆形,如图 8-3a 所示。铅管热弯时,其加热温度应控制在 100～130℃。测温方法一般用数字式测温笔。加热方法一般用氧-乙炔焰焊炬。弯制方法是加热一段弯制一段,每段的加热长度为 30～50mm,加热宽度约为管子外圆周长的 3/5,如图 8-3b 所示。每弯制一段应用样板检查一下所弯曲的角度,合格后,用湿布抹拭冷却,以免搣制下一段时再发生变形,如此逐渐进行。搣弯时,应注意用力应均匀,不可用力过猛。全部搣制完毕后,应用样板作比对,弯管中心必须与样板中心吻合,如某一处弯曲角度不合适,应重新加热予以调整。搣制后的管子,弯管内侧加热区域可能出现局部凸起,可用木槌轻轻敲击,将其打平。

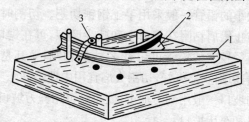

图 8-2　铅管手工冷弯

1. 铅管　2. 弯管模　3. 卡箍

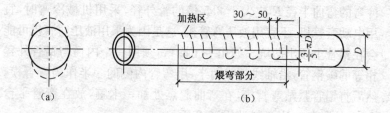

图 8-3　铅管空心热弯

(a)拍打成卵圆形　(b)加温分布区的画法

　　硬铅管撬制比较困难,因为弯曲时管子易断裂,因此,管子弯曲时,应先向管内通入 100℃ 左右的蒸汽,将管子加热,再采用分段撬制的方法。对于公称直径 $DN>100mm$ 的硬铅管,宜采用虾壳弯弯头。

5. 管道安装

　　管道安装时应注意以下事项:

　　(1)在同一施工现场有两种或两种以上不同牌号的铅及铅合金管道时,管子、管件验收合格后应分开存放,做好涂色标记,以免混淆。

　　(2)在装卸、搬运和安装过程中,要轻拿轻放,防止铅管产生凹陷、弯曲及表面被硬物划伤。

　　(3)为了避免弯曲,水平安装的铅管应在支、吊架上设置连续的托撑角钢。如果铅管直径较大,应用槽钢制作支架横梁。

　　(4)铅合金管水平安装时可不设托撑角钢。支、吊架间距应为 $1\sim2m$,用扁钢箍将管子固定在支、吊架上,并在管子与扁钢箍之间垫 3mm 厚的橡胶石棉板。

　　(5)铅管垂直或超过 45° 倾斜安装时,必须设置伴随角钢。管子用扁钢箍应固定在伴随角钢内。扁钢箍焊接在伴随角钢上,间距为 1.5m 左右。扁钢箍靠管子的一面须倒棱。在扁钢箍的上方焊一铅质防滑块于管子上,将管子的质量通过防滑块与扁钢箍支承在伴随角钢上,以免管子下滑。

　　(6)铅及铅合金管道的法兰连接只用于与设备或阀门等管道附件的连接及管道检修时需要拆卸的部位。采用法兰连接时,必须使用软垫片。

　　(7)铅管法兰类型通常采用翻边松套法兰。松套法兰用碳素钢制成,与铅管接触的一面须加工成圆角形。翻边肩不允许超过法兰螺栓孔,应直接在管口上翻边。翻边时先在管口套上钢法兰,用锥形木模将管口扩成喇叭状,再用木槌将喇叭状管口打成与管子轴线垂直的翻边肩,如图 8-4 所示。翻边肩超过法兰螺栓孔时,可用环形铅板(牌号必须与管子相同)在管口上焊成翻边肩。

铅合金管法兰类型通常情况下采用平焊法兰。用来加工法兰的板材牌号必须要与管子相同。法兰内径应制成45°的坡口，两面都必须与管子焊接，焊完后必须将法兰密封面刮平，如图8-5所示。紧固用普通钢质螺栓，法兰两面都必须加钢垫圈。拧紧螺栓要适度，不可过紧。

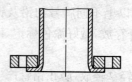 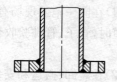

图 8-4　铅管翻边松套法兰　　　图 8-5　铅合金管平焊法兰

（8）铅及铅合金管道安装应遵照碳素钢管道安装的有关规定执行。

技能要点 7：塑料管道安装

塑料是一种高分子合成材料，由于用塑料做成的管子质量轻、耐腐蚀，可根据需要制成各种颜色，因此在管道工程上得到了广泛的应用。

塑料根据其用途分为通用塑料和工程塑料两大类。通用塑料在管道工程上常用的有：聚氯乙烯（PVC）、聚乙烯（PE）、聚丙烯（PP）和酚醛塑料等；工程塑料在管道工程上常用的有：聚酰胺（PA）、聚甲醛（POM）、聚四氟乙烯（PTEF）和丙烯腈-丁二烯-苯乙烯共聚物（ABS）等。

1. 聚氯乙烯管道安装

聚氯乙烯管道的化学稳定性高，适用于输送工作压力在0.6MPa以下，温度在0～60℃之间的大部分碱、酸、盐类介质。在大多数情况下，对中等浓度酸、碱介质的耐蚀性能良好，但不宜作酯类、酮类和含氯芳香族液体的输送管道。此外，由于硬聚氯乙烯管怕热、怕冻,为防止其遭受日晒和冷冻,因此应将其整齐地堆放在室内。

(1)安装要求。聚氯乙烯管道安装时,应符合下列要求:

1)硬聚氯乙烯管强度较低,且具有脆性,为减少破损率,在安装同一部位时,必须待其他材质的管道安装完毕后再进行安装。

2)硬聚氯乙烯管道的线膨胀系数较大,不能靠近输送高温介质的管道敷设,也不能安装在温度高于 60℃ 的热源附近。即使在环境自然温度的影响下,因其线膨胀系数为 0.008mm/(m·℃),约为碳钢的 7 倍,因此一般要考虑其热膨胀的补偿措施,一般采用如图 8-6 所示的补偿器予以补偿。

3)聚氯乙烯管道用的各种装置,如阀门、凝水器和调压设备等应设专门支架或支座,不能使管道承受这些装置的质量。

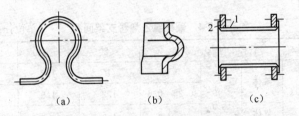

(a)　　　　　　　(b)　　　　　　　(c)

图 8-6　硬聚氯乙烯管的补偿器

(a)Ω 形补偿器　(b)波形补偿器　(c)软管翻边粘结法兰补偿器

1. 软聚氯乙烯　2. 用胶粘结

4)管道安装以后,必须按照要求做强度和严密性检验。

(2)管道调直。硬聚氯乙烯管若产生弯曲,必须进行调直。调直的方法是把弯曲的管子放在平直的平台上,在管内通入蒸汽,使管子变软,以其本身自重调直。

(3)管道弯曲与扩口。当硬聚氯乙烯管需要进行弯曲、扩口等施工时,可以采用加热的方法来进行。加热的温度要控制在 135~150℃ 之间,在该温度下,硬聚氯乙烯的延伸率可以达到 100%。

加热的方法可采用空气烘热或浸入热甘油锅内加热。采用热空气加热时,控制的温度一般为(135 ± 5)℃;采用热甘油加热时,控制温度一般为(145 ± 5)℃。无论采用何种加热方式,为防止产生韧性流动,故温度都应严格控制在 165℃以下。因此,加热硬聚氯乙烯管子的介质温度,必须随时用温度进行监测。

(4)管道支架的间距。硬聚氯乙烯管因其强度和刚度均较钢管差,尤其是当介质或环境温度高于 40℃时,支架间距更要小一些,硬聚氯乙烯管的支架间距可参照表 8-4 的要求选用。当按照要求需要加大管道跨距时,为防止管道出现塌腰现象,可以在管道下面加以如图 8-7 所示的管托。管道与钢支架间要加垫一层软塑料板或橡胶板。固定螺栓时,注意不要完全拧紧,以免管子不能自由胀缩。

表 8-4　硬聚氯乙烯管支架间距　　　（单位:mm）

管径 DN			<20	25~40	>50
温度<40℃	液体	压力 (MPa)	0.05	1	1.2	1.5
			0.25~0.6	1.2	1.5	1.8
	气体		<0.6	1.5	1.8	2
温度≥40℃	液体		<0.25	0.7	0.8	1
	气体		≥0.25	0.8	1	1.2

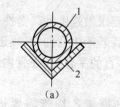 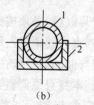

(a)　　　　　　　　(b)

图 8-7　硬聚氯乙烯管道的衬托

(a)角式衬托　(b)槽式衬托

1. 管道　2. 衬托

(5)管道连接。硬聚氯乙烯管除了与设备或附件以法兰或螺纹连接之外,一般都采用承插式粘结或如图 8-8 所示的承插式焊接。承插式连接的接头尺寸见表 8-5。

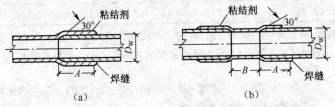

图 8-8　承插式连接结构

表 8-5　承插式连接尺寸　　　（单位：mm)

管径 DN	25	32	40	50	65	80	100
D_W	32	40	51	65	76	90	114
A	35	40	45	55	70	100	100
B	50	50	50	50	50	80	80

(6)套管设置。聚氯乙烯管在穿过楼板或隔墙时,应参照如图 8-9 所示设置套管,套管可以选用大一挡(不宜过大)的钢管或塑料管,使聚氯乙烯管能滑动自由。套管要高出地坪 5～10mm,套管与管子的间隙应填入麻丝、软泡沫塑料,防止聚氯乙烯管直接紧压套管。

2. 酚醛管道安装

(1)管道的性能。酚醛塑料管是一种热固性塑料管,它具有良好的耐腐蚀

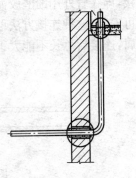

图 8-9　套管

性能,特别是耐盐酸、二氧化硫、三氧化硫、氯化氢、低浓度及中浓度硫酸的腐蚀,但不耐碱、强氧化性酸的腐蚀。它材质较脆、抗冲击韧性差,使用温度范围一般为 −30～130℃,适用压力与管道直

径参照表8-6。

表8-6　适用压力与管道直径

公称直径 DN(mm)	33	54	78	100	150～300	350～500	550～1000
适用压力 p(MPa)	0.6	0.5	0.4	0.3	0.2	0.15	0.1(包括液柱压力)

注:1. 试验压力为适用压力的1.5倍,且不应小于0.2MPa。

2. 本表系常温时适用压力数据,若温度太高或太低,介质毒性较大,应另作考虑。

3. 上述试验是在不对外接管的塔节及管子上进行的,若有对外配管的设备,要考虑接管粘结部分的承压能力。

4. 目前生产的 $DN \leqslant 100$mm 挤压管(无缝耐酸酚醛塑料管),适用压力可提高。

5. 耐酸酚醛塑料管不宜在有机械冲击、剧烈振动、温差变化大的情况下使用。

(2)管道的连接。酚醛塑料管及管件的端部一般都带有凸缘,采用钢制或铸铁制的对开法兰连接,该法方便连接,密封性能可靠,用得较多;也有在制作管子时将法兰与管子一次成型,但因强度低、易拆坏,故除液面计、人孔、手孔等部件处采用外,不推荐采用。若管子一端为直管,而另一端带凸缘时,可采用直管粘合连接,即在管外用酚醛胶泥将外包裹的软板条胶粘在一起,固化后即可安装,这种连接方法可以减少法兰接头,减轻管道质量,节约金属,连接后总长不能大于4m,其连接形式如图8-10所示。

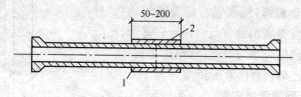

图8-10　直管粘合连接

1. 软板条(粘结后硬化)　2. 酚醛胶泥高出管子外壁2～3mm

(3)管道的安装。在有振动和冲击荷载的地方不宜用酚醛管道。如不可避免时,必须要采取防振措施。

在管道安装的过程中,不要扭曲和敲打。法兰连接时,密封面要保持平整光洁,垫片大小、厚度要适中,常用的垫片材料有:橡胶、石棉橡胶板(适用于小直径管道)、软聚氯乙烯(或外包聚四氟乙烯)等,厚度一般在 3~6mm 之间。螺栓拧紧用力要对称均匀逐渐拧紧。当管道内温度变化较大时,应设补偿器。管道在穿墙、穿楼板及相互交叉的情况下,要装保护套管。保护套管的直径比管道直径大 30~50mm,长度比楼板或砖墙两边各长 50mm,交叉管间距≥200mm。

管道安装完成后,按照规范应进行压力试验。

3. 聚乙烯管道安装

聚乙烯管材与一般金属或非金属的管材性能区别很大,故聚乙烯管道的安装不能采用一般管道的安装施工方法。由于聚乙烯管属极性材料,所以很难采用粘结方法连接,常用的连接方法有熔接、焊接、法兰连接及承插式连接等,焊接多用在大口径聚乙烯管;热熔接是目前国内中、小口径聚乙烯管最常用的连接方法之一,特别是承插式热熔接,具有严密性好、接口强度高、成本低等特点,因此用得更为普遍。

4. ABS 管道安装

ABS 塑料管具有优质管道所需要的多种特性,它是一种丙烯腈、丁二烯、苯乙烯三元共聚物。ABS 塑料耐腐蚀性好、无毒,并在-40~94℃的范围内仍然能保持韧性、坚固性和刚度的特性。ABS 塑料完全不受腐蚀,并且不受电流的侵蚀、风化或土壤电蚀的损坏。

ABS 塑料管可以采用溶剂胶接或螺纹连接。ABS 胶粘剂有成品市售,胶接时,要将管子端面切割整齐,不能凹凸不平或有毛刺。用清洁的布擦去管子表面的杂物,在管子的外表面和管件的内表面要分别涂上胶粘剂,然后立即将管子和管件压合。管端应笔直,并插足到位,接好后必须使接头稳定约 2~5min,以待胶粘剂固化。为使胶接工作顺利进行,管子和管件在胶粘前应先在相同温度下进行干配合试验,配合松紧度合适的管子和管件才能进行胶接。螺纹连接施工工艺基本上和钢管相同，可以参照执行。

　　管子安装时坡度要正确，不应用外力使管子强行弯曲或扭曲，支架间距可参照聚氯乙烯管执行。为使管道能伸缩自如，管卡的螺栓不应拧得太紧；为防管子滑动时划伤，管子支架处应包以橡胶板或软塑料。

第二节　室内给水管道安装

本节导读：

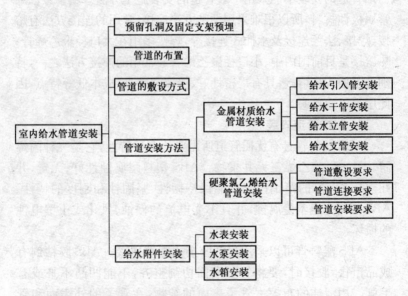

技能要点 1：预留孔洞及固定支架预埋

　　室内给水管道的安装在主体工程完成后进行，但在土建施工时，管道施工人员应按图纸要求预留孔洞和预埋支架等，以保证施工质量。预留孔洞尺寸见表 8-7。

表 8-7　预留孔洞尺寸

管　道　名　称		明　管	暗　管
		预留尺寸	墙槽尺寸
		长(mm)×宽(mm)	宽度(mm)×深度(mm)
给水立管	管径≤25mm	100×100	130×130
	管径 32～50mm	150×150	150×130
	管径 70～100mm	200×200	200×200
一根排水立管	管径≤50mm	150×150	200×130
	管径 70～100mm	200×200	250×200
二根采暖或给水立管	管径≤32mm	150×100	200×130
一根给水立管和一根排水立管在一起	管径≤50mm	200×150	200×130
	管径 70～100mm	250×200	250×200
二根给水立管和一根排水立管在一起	管径≤50mm	200×150	250×130
	管径 70～100mm	350×200	380×200
给水支管或散热器支管	管径≤25mm	100×100	60×60
	管径 32～40mm	150×130	150×100
排水支管	管径≤80mm	250×200	—
	管径 100mm	300×250	—
采暖或排水主干管	管径≤80mm	300×250	—
	管径 100～125mm	350×300	—
给水引入管	管径≤100mm	300×200	—
排水排出管穿基础	管径≤80mm	300×300	—
	管径 100～150mm	(管径＋300)×(管径＋200)	—

注：给水引入管，管顶上部净空一般不小于 100mm。

技能要点 2：管道的布置

室内给水管线的布置主要有两种形式：一种是水平干管沿建

筑内高层（各区高层）顶棚布置，由上向下供水的称上行下给式；另一种是水平干管埋地或布置在建筑内地下室中，底层（各区底层）走廊内由下往上供水的称上行上给式。同一栋建筑其管线布置也可同时具有以上两种形式。

给水管道的布置受建筑结构、用水要求、配水点和室外给水管道的位置以及其他设备工程管线位置等因素的影响。进行管道布置时，不仅要处理协调好与各种相关因素的关系，而且还应符合以下基本要求：

（1）管道尽可能与墙、梁、柱平行，呈直线走向，宜采用枝状布置力求管线简短，以减小工程量，降低造价。

（2）不允许间断供水的建筑，应从室外环状管网不同管段设两条或两条以上的引入管，在室内将管道连成环状或贯通树枝状进行双向供水，如图 8-11 所示，若条件不允许，可采取设贮水池或增设第二水源等安全供水措施。

图 8-11　引入管从建筑物不同侧引入

（3）给水埋地管应避免布置在可能受重物挤压的地方，如穿过生产设备基础、伸缩缝和沉降缝等处。若遇特殊情况必须穿越时，应采取保护措施。

（4）管道不要布置在妨碍生产操作和交通运输的地方，也不要布置在遇水易引起燃烧、爆炸或损坏的原料设备和产品之上，不得穿过配电间，不宜穿过橱窗壁柜和吊柜等设施和从机械设备上通过，以免影响各种设施的功能和设备的起吊维修。

（5）给水横管宜有 0.002～0.005 的坡度，坡向泄水装置。

（6）室内给水管道与排水管道平行埋设和交叉埋设时，管外壁的最小距离分别为 0.5m 和 0.15m。

交叉埋设时,给水管应布置在排水管上面。当地下管道较多、敷设有困难时,可在给水管道外面加设套管,再由排水管下面通过。

(7)给水管道可与其他管道同沟或共架敷设,但给水管应布置在排水管和冷冻管的上面,热水管或蒸汽管的下面。给水管道不宜与输送易燃、易爆或有害的气体及液体的管道同沟敷设。

(8)管道周围应留有一定的空间。当管道井需进入维修时,其通道不宜小于 0.6m,维修门应开向走廊。

(9)为防止管道腐蚀,给水管不允许布置在烟道和风道内,不允许穿越大、小便槽,当干管位于小便槽端部不大于 0.5m 时,在小便槽端部应有建筑隔断措施。生活给水管道不能敷设在排水沟内。

(10)管与管及建筑构件之间的最小净距见表 8-8。

表 8-8　管与管及建筑构件之间的最小净距

管道名称	间　　距
引入管	在平面上与排水管间的净距≥1mm
	在立面上需安装在排水管上方,净距≥150mm
横干管	与其他管道的净距≥100mm
	与墙、地沟壁的净距≥100mm
	与梁、柱、设备的净距≥50mm
	与排水管的水平净距≥500mm
	与排水管的垂直净距≥150mm
立管	管中心距柱表面≥50mm
	当管径＜32mm,至墙面的净距≥25mm
	当管径 32～50mm,至墙面的净距≥35mm
	当管径 75～100mm,至墙面的净距≥50mm
	当管径 125～150mm,至墙面的净距≥60mm
用具支管	管中心距墙面(按标准安装图集确定)
煤气引入管	与给水管道及供热管道的水平距离≥1m
	与排水管道的水平距离≥1.5mm

技能要点 3:管道的敷设方式

根据建筑物性质和卫生标准要求,室内给水管道敷设有两种形式,即明装和暗装。

(1)明装是指管道在建筑物内沿墙、梁、柱和地板暴露敷设。这种敷设方式造价低,安装维修方便,但由于管道表面积灰、产生凝结水而影响环境卫生,也有碍室内美观。民用建筑和大部分生产车间内的给水管道通常均采用明装。

(2)暗装是指管道敷设在地下室的天花板下或吊顶中,以及管沟、管道井、管槽和管廊内。这种敷设方式不仅使室内整洁,而且美观,但施工复杂、维护管理不便、工程造价高。标准较高的民用建筑、宾馆及工艺要求较高的生产车间(如精密仪器车间和电子元件车间)内的给水管道通常采用暗装。管道暗装时,必须考虑便于安装和检修。给水横干管宜敷设在地下室、技术层、吊顶或管沟内,立管和支管可敷设在管井或管槽内。管井尺寸应根据管道的数量、管径、排列方式和维修条件,结合建筑平面的结构形式等合理确定。当需进入检修时,其通道宽度不宜小于 0.6m。管井应每层设检修门,暗装在顶棚或管槽内的管道在阀门处应留有检修门,且应开向走廊。

为了便于安装和检修,管沟内的管道应尽可能单层布置。当采取双层或多层布置时,一般将管径较小、阀门较多的管道放在上层。管沟应有与管道相同的坡度和防水、排水设施。

技能要点 4:金属材质给水管道安装

1. 给水引入管安装

引入管(总管)穿越建筑物基础时,应按照如图 8-12 及图 8-13 所示的要求施工,并妥善封填预留的基础孔洞。当有防水要求时,给水引入管应采用防水套管。常用的刚性防水套管如图 8-14

所示。

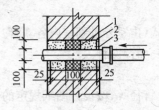

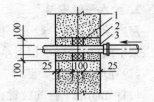

图 8-12　给水管穿过砖基础
1. 沥青油麻　2. 枯土捣实
3. 50 号水泥砂浆

图 8-13　给水管穿过混凝土基础
1. 沥青油麻　2. 枯土捣实
3. 50 号水泥砂浆

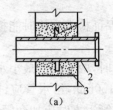

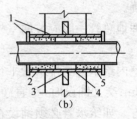

(a)　　　　　　　(b)

图 8-14　刚性防水套管
(a)1. 翼环　2. 钢管　3. 石棉水泥
(b)1. 挡圈　2. 钢套管　3. 翼环　4. 油麻　5. 石棉水泥

给水引入管由总阀至距墙外皮 1.0m 处的两管段 L_1 和 L_2 组成，如图 8-15 所示。安装时应经量尺及比量法下料，在地面上预制成整体后，一次性穿入基础预留孔洞。预制时，应在室外部分的管端加工管螺纹，并连接管接头及堵头，以备

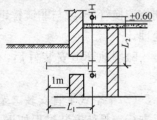

图 8-15　给水引入管的安装

试压。必要时，引入管预制后经试压合格后再穿入基础洞，以确保引入管安装的严密性。

根据经验，引入管底部宜用三通管件连接，三通底部装泄水阀或管堵，以利于管道系统试验及冲洗时排水。给水引入管与排水

排出管的水平净距不得小于 1m。

2. 给水干管安装

室内给水干管一般分下供埋地式（由室外进到室内各立管）和上供架空式（由顶层水箱引至室内各立管）两种。

（1）埋地式干管安装。

1）首先确定干管的位置、标高及管径等，按设计图纸规定的位置开挖土(石)方至所需深度。若没有留墙洞，则需按图纸的标高和位置在工作面上划好打眼位置的十字线，然后打洞。十字线的长度应大于孔径，以便打洞后按剩余线迹来检验所定管道的位置是否正确。

2）埋地总管一般应坡向室外，以保证检查维修时能排尽管内余水。

3）室内给水管与排水管平行铺设时，两管间的最小水平净距为 500mm；交叉铺设时，垂直净距为 150mm，给水管应铺设在排水管上方。如给水管必须铺设在排水管下方时应加套管，套管长度不应小于排水管径的 3 倍。

4）对埋地镀锌钢管被破坏的镀锌表层及管螺纹露出部分的防腐，可采用涂铅油或防锈漆的方法；对于镀锌钢管大面积表面破损则应调换管子，或与非镀锌钢管一样，按三油两布的方法进行防腐处理。

5）埋地管道安装好后，在回填土之前，要填写"隐蔽工程记录"。

（2）架空式干管安装。架空式干管安装，一般在支架安装完毕后进行。具体安装过程如下：

1）可先在主干管中心线上定出各分支主管的位置，标出主管的中心线，然后测量记录各主管间的管段长度，并在地面进行预制和预组装（组装长度应以方便吊装为宜）。

2）预制时，同一方向的主管头应保证在同一条直线上，且管道的变径应在分出支管之后进行。

3)组装好的管子应在地面进行检查,若有歪斜扭曲,则应进行调直。

4)上管时,应将管道滚落在支架上,随即用预先准备好的 U 型卡将管子固定,防止管道滚落伤人。

5)干管安装后,还应进行最后的校正调直,保证整根管子水平面和垂直面都在同一直线上,并最后固定牢。

3. 给水立管安装

(1)室内给水立管的安装方法。

1)首先根据图纸要求或给水配件及卫生器具的种类确定支管的高度,在墙面上画出横线。

2)用线坠吊在立管的位置上,在墙上弹出或画出垂直线,并根据立管卡的高度在垂直线上确定出立管卡的位置并画好横线,然后再根据所画横线和垂直线的交点打洞栽管卡。立管管卡的安装:当层高小于或等于 5m 时,每层需安装一个,管卡距地面为 1.5～1.8m;层高大于 5m 时,每层不少于两个,管卡应均匀安装。成排管道或同一房间的立管卡和阀门等的安装高度应保持一致。

3)管卡埋好后,再根据干管和支管的横线,测出各立管的实际尺寸,进行编号记录,在地面统一进行预制和组装,检查和调直后才可进行安装。上立管时,应有两个人配合操作,一个人在下端托管,另一人在上端上管,上到一定程度时,要注意下面支管端的方向,以防支管端偏差或过头。上好的立管要最后进行检查,保证垂直度和管子离墙的距离,使其正面和侧面都在同一垂直线上,最后把管卡收紧,配合土建堵好楼板洞。支管的甩口均要加好临时丝堵。

采用铝塑管安装,其安装方法与上述方法基本相同,只要安装长度量得准确,其安装速度比钢管快得多,而且美观,水质净化程度也很高,很受用户欢迎。其管接头与管道的连接方法如图 8-16 所示。

(2)立管安装注意事项。

1)调直后管道上的配件若有松动,必须重新上紧。

2）上管要注意安全,且应保护好管端螺纹,不得碰坏。

3）多层及高层建筑,每隔一层在立管上安装一个活接头,以便检修。

4）使用膨胀螺栓时,应先在安装支架的位置上用冲击电钻钻孔,孔的直径与螺栓外套外径相等,深度与螺栓长度相等。然后将套管套在螺栓上,带上螺母一起打入孔内,到螺母接触孔口时,

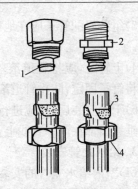

图 8-16　管接头与管道的连接
1. O 形橡胶圈　2. 接头本体
3. C 形压紧环　4. 螺母

用扳手拧紧螺母,使螺栓的锥形尾部将开口的套管尾部胀开,螺栓便和套管一起固定在孔内,这样就可以在螺栓上固定支架或管卡。

4. 给水支管安装

安装支管前,先按立管上预留的管口在墙上画出或弹出水平支管安装位置的横线,并在横线上按图纸要求画出各分支线或给水配件的位置中心线,再根据横线中心线测出各支管的实际尺寸,进行编号记录,根据尺寸进行预制和组装(组装长度以方便上管为宜),检查调直后进行安装。

当冷热水管或冷热水龙头并行安装时,上下平行安装,热水管应在冷水管上方;垂直安装时,热水管应在冷水管的左侧;在卫生器具上安装冷、热水龙头,热水龙头应安装在左侧。

支管上有三个或三个以上配水点的始端以及给水阀门后面,按水流方向均应设可装拆的连接件。

支管支架宜采用管卡做支架。为保证美观,其支架宜放置在管段中间位置(即管件之间的中间位置)。

支管暗装时,应先定出管位,然后画线,剔出管槽,将预制好的支管敷设在槽内,找平找正定位后用钩钉固定。卫生器具的冷、热水预留口要做在明处,并加好丝堵。

支管安装还应注意以下事项：

(1)支架位置应正确，木楔或砂浆不得凸出墙面。木楔孔洞不宜过大，在瓷砖或其他饰面的墙壁上打洞，要小心轻敲，尽可能避免破坏饰面。

(2)支管口在同一方向开出的配水点管端，应在同一轴线上，以保证配水附件安装美观、整齐统一。

(3)支管安装好后，应最后检查所有的支架和管端，清除残丝和污物，并应随即用丝堵或管帽将各管口堵好，以防污物进入，并为充水试压做好准备。

技能要点5：硬聚氯乙烯给水管道安装

1. 管道敷设要求

使用建筑给水硬聚氯乙烯管道，要严格控制两个参数：一是控制水温不超过45℃；二是控制水压不得大于0.60MPa，若当工作压力接近0.60MPa时，应选用1.0MPa压力级的管材、管件。

(1)给水管道与热源应保持一定距离，保证管外壁温度不会因热源辐射而超过40℃。立管离灶边净距不得小于400mm，与供热管道净距不得小于200mm。

(2)钢筋混凝土水池及钢板水箱装配进水管、出水管、排污管时，其穿过水箱、水池壁至外部阀门间的管段应采用镀锌钢管。

(3)室内地坪以下敷设的管道，应在夯实土建回填土后，重新开挖施工，管道一定要在坚实的土层中敷设，严禁在未经夯实的土层中敷设管道；回填土时不得有硬块与管道直接接触，并先夯实管道两侧的回填土，待回填至管顶300mm时，应再次夯实后方可继续回填；地下敷设管道的埋设深度不宜小于300mm。

(4)管道穿过地下室外墙、基础及地下构筑物外墙时，应设金属套管，同时穿过套管的一段管道也应改为钢管。

(5)宜把给水立管设置在用水量最大的用水点附近的墙角、墙边或立柱外。作为固定支承点对待穿过楼板和屋面处的立管，套管应高出地面、屋面100mm,穿出屋面时要有防水措施。

2. 管道连接要求

当塑料管外径大于63mm时,应采取弹簧密封圈连接、法兰连接或其他连接方法;当管外径等于或小于63mm时,塑料管与金属管配件采用螺纹连接。采用螺纹连接时,必须采用注射成型的螺纹塑料管件,同时应将金属管配件作为内螺纹,塑料管件作为外螺纹。若塑料管件作为内螺纹,则宜使用在注射螺纹端外部嵌有金属加固圈的塑料连接件。密封填充物宜采用聚四氟乙烯生料,不宜使用麻丝、白厚漆。

外径在110mm以下的塑料管之间的连接,应采用承插口粘结。切断管材时,使断口平整,应使用细齿锯或割刀,去掉断口毛边并倒角,倒角坡口宜为$10°\sim15°$,倒角长度为$2.5\sim3$mm。当塑料管直径大于110mm时,则应优先采用胶圈连接。采用承插口粘结连接时,应遵守如下规定:

(1)承插口的粘结操作场所应远离火源,防止阳光直射,不宜在湿度大的环境下进行。

(2)为检验其配合程度,先对承插口进行试插,以插入承口长度的2/3为宜,在插口端做上记号。在涂抹胶粘剂之前,要先用干布把承、插口的粘结表面擦干净。若有油污,可用丙酮等清洁剂擦净。

(3)使用鬃刷或尼龙刷涂抹胶粘剂。先从里到外涂承口,后涂插口。胶粘剂不得漏涂或发生流淌,要涂抹均匀。胶粘剂瓶及清洁剂瓶注意随用随开,经常保持密封。

(4)应在涂抹胶粘剂20s内完成粘结。若因延误时间而使涂抹的胶粘剂干涸,应清除干净后重新涂抹。

操作时,将插口端插入承口中,插入时可稍做旋转,但不得超过1/4圈,不得插到承口底部后再旋转。插入时要保证承口端与插口端轴线一致。插接完成后,要将多余的胶粘剂擦干净。

(5)刚粘结好的接头,须静置固化一定时间,应避免受力。

(6)管道粘结操作人员应佩戴防护手套、眼镜和口罩。操作场所,禁止明火及吸烟;通风必须良好。

(7)在 0℃ 以下进行粘结操作时,要有防止胶粘剂冻结的措施,不得使用明火或电炉等方法加热胶粘剂。

3. 管道安装要求

(1)为使管道温度与施工现场环境温度一致,避免产生温度应力,当施工现场与材料存放处温差较大时,应在安装前将管材、管件运抵现场,并放置一段时间。

(2)管道安装过程中,应防止现场的油漆、沥青等有机物污染管材、管件。

(3)管道系统的横管宜有 0.002～0.005 的坡度,坡向泄水一侧。

(4)在金属管配件与塑料管连接部位,应在金属管配件一侧设置管卡,并尽量靠近金属管配件。若采用金属管卡作为管道支架时,管卡与塑料管之间的隔垫应使用塑料带或橡胶物,为便于为管道的伸缩留有余地,不宜把管卡上得过紧。

(5)水平管和立管的支撑间距不得大于表 8-9 的规定。

(6)当干管直线长度大于 20m 时,应采取补偿措施。应利用管道转角对支管与干管、支管与设备的连接进行自然补偿。

表 8-9　塑料管道的最大支撑间距

管外径(mm)	20	25	32	40	50	63	75	90	110
水平管(m)	0.50	0.55	0.65	0.80	0.95	1.10	1.20	1.35	1.55
立管(m)	0.90	1.00	1.20	1.40	1.60	1.80	2.00	2.20	2.40

技能要点 6:给水附件安装

1. 水表安装

(1)水表的选型。水表(又称流量计)是安装在给水引入管或其配水管上,用来测量用户用水量的装置。常用的水表有旋翼式和叶轮式两种,其工作原理都是根据管径一定时,流速与流量成正比的关系,并利用水流带动水表叶轮的转速来指示流量。

(2)旋翼式水表。旋翼式水表内有垂直的旋转轴,轴上安装翼片,水流通过水表时,冲击翼片使转轴旋转,其转数通过由大小齿轮组成的传动机构,指示于计量盘上。由于传动变速机构的作用,计量盘上的指针旋转速度要比主动轴慢得多,使它能在长时间内对流量做好记录,不过它只能累计用水量的总和,不能指示瞬时流量。

旋翼式水表按传动机构所处状态又可分为干式和湿式两种。干式水表内传动机构和计量盘与水隔开,而湿式水表的传动机构和计量盘则浸在水中,在计量盘上装有一块厚玻璃用于承受水压。由于干式构造较湿式复杂,敏感性比湿式差,目前普遍采用湿式水表。

(3)叶轮式水表。叶轮式水表在水流的垂直方向有螺旋状叶片,由旋转轴带动的一套传动机构指示在计量盘上,用以记录用水量的总和。

(4)水表结点的组成及安装要求。水表结点是由水表及其前后的阀门和泄水装置等组成,如图 8-17 所示。为了检修和拆换水表,水表前后必须设阀门,以便检修时切断前后管段。在检测水表精度以及检修室内管路时,还要放空系统的水,因此需在水表后装泄水阀或泄水丝堵三通。对于设有消火栓或不允许间断供水,且只有一条引入管时,应设水表旁通管,其管径与引入管相同,如图 8-18 所示,以便水表检修或一旦发生火灾时用,但平时应关闭,需加以铅封。

水表结点应设在便于查看和维护检修、不受振动和碰撞的地方,可装在室外管井内或室内的适当地方。在炎热地区,要防止曝晒,在寒冷地区必须有保温措施,防止冻结。水表应水平安装,方向不能装反,螺翼式水表与其前面的阀门间应有 8~10 倍水表直径的直线管段,其他水表的前后应有不少于 0.3m 的直线长度。

(5)水表安装地点。水表的安装地点应选择在查看管理方便、不受冻不受污染和不易损坏的地方。分户水表一般安装在室内给水横管上；住宅建筑总水表安装在室外水表井中；南方多雨地区也可在地上安装。如图 8-19 所示为水表安装示意图，水表外壳上箭头方向应与水流方向一致。

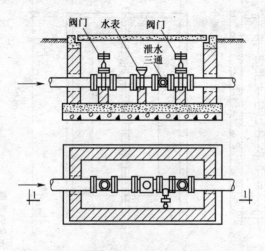

图 8-17　水表结点

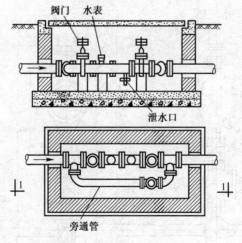

图 8-18　带旁通管水表结点

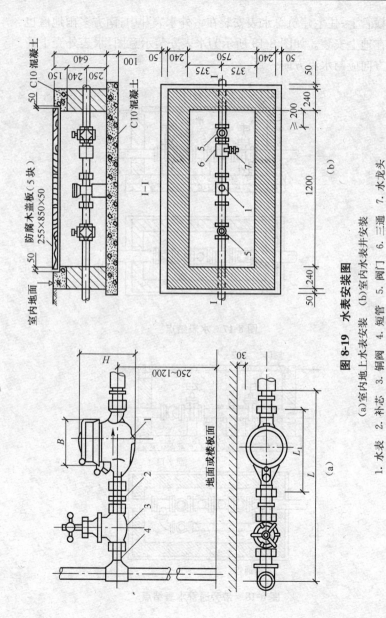

图 8-19　水表安装图

(a)室内地上水表安装　(b)室内水表井安装

1. 水表　2. 补芯　3. 铜阀　4. 短管　5. 阀门　6. 三通　7. 水龙头

2. 水泵安装

水泵机组分带底座和不带底座两种形式,一般小型水泵出厂时与电机装配在同一铸铁底座上。口径较大的泵出厂时不带底座,水泵和动力电机直接安装在基础上。

(1)水泵机组布置。水泵机组的布置应使管线最短、弯头最少、管路便于连接,并留有一定的走道和空地,以便于维护、管理、检修和起吊。机组的平面布置主要有横向排列、纵向排列和双行排列三种形式。

1)横向排列布置跨度小,配件简单,水力条件好,起重装卸方便,适用于地面式泵房,如图 8-20 所示。

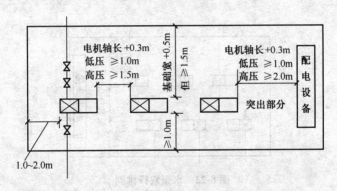

图 8-20　水泵横向排列

2)纵向排列布置紧凑,适用于地下泵房,如图 8-21 所示。

3)双行排列布置紧凑,占地面积较小,适用于大型的地下式泵房,如图 8-22 所示。

(2)施工准备。在泵就位前,应先检查基础尺寸、位置及标高是否符合设计要求;设备配件是否齐全、是否有损坏或锈蚀等;盘车应灵活,无阻滞、卡住现象,无异常声音。

(3)水泵的安装。

1)安装要求:地脚螺栓必须埋设牢固。泵座与基座应接触严密,多台水泵并列时各种高程必须符合设计要求;水泵附属的真空表、压力表的位置应安装准确。

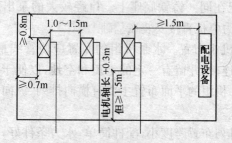

图 8-21 水泵纵向排列

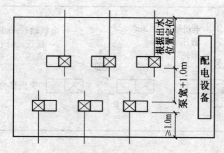

图 8-22 水泵双行排列

2)水泵安装工艺流程:水泵安装工艺流程如下:

基础施工→机组布置→水泵机组安装→水泵配管→水泵清洗检查→管路附加安装→水泵机组管道安装→试运转。

3)水泵找正:水平找正,以加工面为基准,用水平仪进行测量。泵的纵、横面水平度不应超过万分之一;小型整体安装的泵不应有明显的倾斜。大型水泵水平找正可用水准仪或吊垂法进行测量。水泵中心线找正,以使水泵摆放的位置正确、不歪斜。标高找正,检查水泵轴中心线高程是否符合设计要求,以保证水泵能在允许的吸水高度内工作。

4)水泵的试运转:试运转前应作全面检查。水泵试运转过程应填入水泵试运转记录表中,见表 8-10。

表 8-10 水泵试运转记录

工程名称: 　　　　　　　　　　　　　　年 月 日

水泵名称									
试 运 项 目 时 间	水泵本体				电动机				电流 (A)	出口 压力 (MPa)	记录人
	推力端		膨胀端		轴伸端		非轴伸端				
	温度 (℃)	振动	温度 (℃)	振动	温度 (℃)	振动	温度 (℃)	振动			
备 注:											

3. 水箱安装

(1)水箱箱体安装。

1)水箱的安装高度:水箱的安装高度与建筑物高度、配水管道长度、管径及设计流量有关。水箱的安装高度应满足建筑物内最不利配水点所需的流出水头,并经管道的水力计算确定。根据构造上的要求,水箱底距顶层板面的高度最小不得小于 0.4m。

2)水箱间的布置:水箱间的净高不得低于 2.2m,采光、通风应良好,保证不冻结,如有冻结危险时,要采取保温措施。水箱的承重结构应为非燃烧材料。水箱应加盖,防止被污染。

为便于操作安装和维修管理,水箱之间及水箱和建筑结构之间的最小净距应符合表 8-11 中的要求。

表 8-11 水箱之间及水箱和建筑结构之间的最小净距

(单位:m)

水箱形式	水箱壁与墙面之间的距离		水箱之间的净距	水箱顶至建筑结构最低点的距离
	有浮球阀一侧	无浮球阀一侧		
圆形	0.8	0.5	0.7	0.6
矩形	1.0	0.7	0.7	0.6

注:水箱旁连接管道时,表中所规定的距离应从管道外面算起。

3)托盘安装:有的水箱设置在托盘上。托盘一般用木板制作(50～65mm 厚)。外包镀锌铁皮,并刷防锈漆两道。周边高 60～100mm,边长(或直径)比水箱大 100～200mm。箱底距盘上表面、盘底距楼板面均不得小于 200mm。

(2)水箱配管。

1)进水管:当水箱直接由管网进水时,进水管上应装设不少于两个浮球阀或液压水位控制阀,为了检修的需要,在每个阀前设置阀门。进水管距水箱上缘应有 150～200mm 的距离。当水箱利用水泵压力进水,并采用水箱液位自动控制水泵启闭时,在进水管出口处可不设浮球阀或液压水位控制阀。进水管管径按水泵流量或室内设计秒流量计算确定。

2)出水管:出水管管口下缘应高出水箱底 50～100mm,以防污物流入配水管网。出水管与进水管可以分别和水箱连接,也可以合用一条管道,合用时出水管上应设止回阀。

3)溢水管:溢水管的管口应高于水箱设计最高水位 20mm,以控制水箱的最高水位,其管径应比进水管的管径大 1～2 号。为使水箱中的水不受污染,溢水管通常不宜与污水管道直接连接,当需要与排污管连接时,应以漏斗形式接入。溢水管上不必安装阀门。

4)排水管:排水管的作用是放空水箱及排出水箱中的污水。排水管应由箱底的最低处接出,通常连接在溢水管上,管径一般为 50mm。排水管上需装设阀门。

5)信号管:信号管通常在水箱的最高水位处引出,然后通到有值班人员的水泵房内的污水盆或地沟处,管上不装阀门,管径一般为 32～40mm,该管属于高水位的信号,表明水箱满水。有条件的可采用电信号装置,实现自动液位控制。

6)泄出管:有的水箱设置托盘和泄水管,以排泄箱壁凝结水。泄水管可接在溢流管上,管径为 32～40mm。在托盘上管口要设栅网,泄水管上不得设置阀门。

水箱附件如图 8-23 所示。

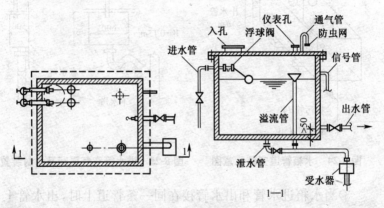

图 8-23　水箱附件

(3)水箱管道连接。

1)当水箱利用管网压力进水时,其进水管上应装设浮球阀。其安装要求如图 8-24 所示,图中进、出水管和溢水管也可以从底部进出水箱,出水管管口应高出水箱内底 100mm。

进水管上通常装设浮球阀(不少于两个),只有在水泵压力管直接接入水箱,不与其他管道相接,并且水泵的启闭由水箱的水位自动控制时,才可以不设置浮球阀。每个浮球阀最好不大于 $d=$ 50mm,其引水管上均应设一个阀门。

2)溢水管由水箱壁到与泄水管相连接处的管段的管径,一般应比进水管大 1～2 号,与泄水管合并后可采用与进水管相同的管径。由底部进入的溢水管管口应做成喇叭口,喇叭口的上口应高出最高水位 20mm。溢水管上不得设任何阀门,与排水系统相接处应做空气隔断和水封装置,如图 8-25 所示。

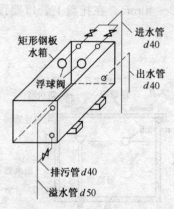

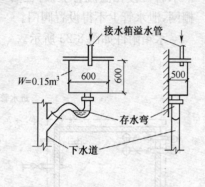

图 8-24　水箱管道安装示意图　　图 8-25　溢水管空气隔断及水封装置

3)当水箱进水管和出水管接在同一条管道上时,出水管上应设有止回阀,并在配水管上也设阀门(图 8-26)。而当进水管和出水管分别与水箱连接时,只需在出水管上设阀门(图 8-27)。

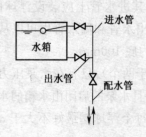

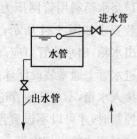

图 8-26　进出水管连接设置　　图 8-27　进出水管单独设置

第三节 室内排水管道安装

本节导读:

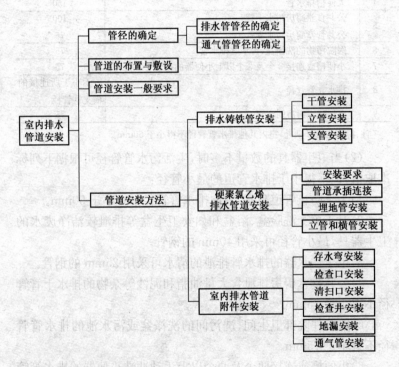

技能要点 1:管径的确定

1. 排水管管径的确定

(1)为避免排水管道经常淤积、堵塞和便于清通,根据工程实践经验,对排水管道管径的最小限值做了规定,即排水管的最小管径。

建筑排水工程实践中,各类排水管道的最小管径见表 8-12。

表 8-12　排水管道的最小管径

序号	管　道　名　称	最小管径(mm)
1	单个饮水器排水管	25
2	单个洗脸盆、浴盆、净身器等排泄较洁净废水的卫生洁具排水管	40
3	连接大便器的排水管	100
4	大便槽排水管	150
5	公共食堂厨房污水干管	100
	公共食堂厨房污水支管	75
6	医院污物的洗涤盆、污水盆排水管	75
7	小便槽或连接 3 个及 3 个以上小便器的排水管	75
8	排水立管管径	不小于所连接的横支管管径
9	多层住宅厨房间立管	75

注:除表中 1、2 项外,室内其他排水管管径不得小于 50mm。

　　(2)当卫生器具的数量不多时,生活污水管管径可根据下列标准取值,但不得小于排水管道的最小管径:

　　1)为了防止管道阻塞,室内排水管管径不宜小于 50mm。

　　2)对于单个洗脸盆、浴盆和妇女卫生盆等排泄较洁净废水的卫生器具,最小管径可采用 40mm 的钢管。

　　3)单个饮水器的排水管排泄的清水可采用 25mm 的钢管。

　　4)公共食堂厨房排泄含大量油脂和泥沙等杂物的排水干管管径不得小于 75mm。

　　5)医院住院部卫生间、洗污间的洗涤盆或污水池的排水管管径不得小于 75mm。

　　6)小便槽或连接两个及两个以上手动冲洗小便器的排水管管径不得小于 75mm。

　　7)凡连接大便器的管段,即使仅有一只大便器,考虑其排水时水量大而猛的特点,管径不得小于 100mm。

　　(3)按排水立管的最大排水能力,确定立管管径。其要求是当排水管道通过设计流量时,其压力波动不应超过规定控制值±0.25kPa(±25mmH$_2$O),以防水封破坏。

排水管的最大排水能力,即使排水管道压力波动保持在允许范围内的最大排水量。生活排水水管和不通气排水立管的最大排水能力分别见表 8-13 和表 8-14。

表 8-13 生活排水立管最大排水能力

生活排水立管管径(mm)	排水能力(L/s)	
	无专用通气立管	有专用通气立管或主通气立管
50	1.0	—
75	2.5	5
100	4.5	9
125	7.0	14
150	10.0	25

表 8-14 不通气排水立管的最大排水能力

立管工作高度(m)	排水能力(L/s)			
	立管管径(mm)			
	50	75	100	125
2	1.8	1.70	3.8	5.0
≤3	0.64	1.35	2.40	3.4
4	0.50	0.92	1.76	2.7
5	0.40	0.70	1.36	1.9
6	0.40	0.50	1.00	1.5
7	0.40	0.50	0.70	1.2
≥8	0.40	0.50	0.64	1.0

注:1. 排水立管工作高度,系指最高排水横支管和立管连接点至排出管中心线间的距离。

2. 如排水立管工作高度在表中列出的两个高度值之间时,可用内插法求得排水立管的最大排水能力数值。

2. 通气管管径的确定

(1)当生活排水立管中通过的设计流量小于其最大排水能力时,设伸顶通气管即可。伸顶通气管的管径可等于与其相连的立管管径,但在最冷月平均气温低于−13℃的地区,应将自室内平顶或吊顶以下 0.3m 处至伸顶通气管出口管道的管径放大 1 级,以防止结露后缩小通气断面积。

(2)当生活排水立管中通过的设计流量超过无专用通气立管的排水立管最大排水能力时,应设专用通气立管。为加强通气,每隔 2 层由结合通气管与排水立管相连。

(3)连接 4 个及 4 个以上卫生器具并与立管的距离大于 12m 的污水横支管,连接 6 个及 6 个以上大便器的污水横支管,应设环形通气管及与其相连的主通气立管或副通气立管,为进一步使排水管道系统中的气流畅通,主通气立管应每隔 8～10 层设结合通气管与污水立管连接。

(4)对卫生和控制噪声要求较高建筑的排水系统,应在每个卫生器具排水管上设器具通气管。各类通气管的管径不应小于表 8-15 中的规定。

(5)当两根或两根以上污水立管的通气管汇合连接时,汇合通气管的断面积应为最大一根通气管的断面积与其余通气管断面积之和的 0.25 倍。

(6)按照规定须设置辅助透气管和辅助透气立管时,其管径根据排水支管和立管管径按表 8-16 确定。

表 8-15　通气管最小管径　　　　(单位:mm)

通气管名称	排水管管径						
	32	40	50	75	100	125	150
洁具通气管	32	32	32	—	50	50	—
环形通气管	—	—	32	40	50	50	—
通气立管	—	—	40	50	75	100	100

注:1. 通气立管长度在 50m 以上者,其管径应与污水立管管径相同。

2. 两个及两个以上排水立管同时与一根通气立管相连时,应以最大一根排水立管按上表确定通气立管管径,且其管径不宜小于其余任何一根排水立管管径。

3. 结合通气管不宜小于通气立管管径。

表 8-16 辅助透气管及透气立管管径 （单位:mm）

排水支管管径	辅助透气管管径	立管管径	辅助透气立管管径
50	25~32	50	40
70	32~40	75	50
100	40~50	100	75
—	—	150	100

技能要点 2:管道的布置与敷设

排水管道的布置与敷设应符合以下基本要求:

(1)为满足管道工作时的最佳水力条件,排水立管应设在污水水质最差、杂质最多的排水点附近。管道要尽量减少不必要的转角,宜作直线布置,并以最短的距离排出室外。

(2)为使管道不易受损,排水管道不得穿过建筑物的沉降缝、烟道和风道,并避免穿过伸缩缝,否则要采取保护措施。埋地管不得布置在可能受到重物压坏处或穿越设备基础。当需穿过以上部位时,则应采取保护措施。

(3)为了不影响使用安全,排水管道不得布置在遇水能引起燃烧、爆炸或损坏的原料、产品和设备上面。架空管道不得设在食品和贵重商品仓库、通风小室、配电间以及生产工艺或卫生有特殊要求的厂房内,并尽量避免布置在食堂、饮食业的主、副食操作烹调灶上方,以及通过公共建筑的大厅等建筑艺术和美观要求较高的场所。生活污水立管宜沿墙、柱布置,不应穿越对卫生、安静要求较高的房间,如卧室和病房等,并应避免靠近与卧室相邻的内墙,以免噪声干扰。

(4)排水管与建筑结构和其他管道应保持一定的间距,一般立管与墙、柱的净距为 25~35mm,排水横管与其他管道共同埋设时的最小净距水平方向为 1~3m,竖向为 0.15~0.20m。清通设备周围应留有操作空间,排水横管端点的弯向地面清扫口与其垂直墙面的净距不应小于 0.15m,若横管端点设置堵头代替清扫口,则堵头与墙面的净距不应小于 0.4m。

由于排水管件均为定型产品,规格尺寸都已确定,所以管道布置时,宜按建筑尺寸组合管件,以免施工时安装困难。

技能要点 3:管道安装一般要求

(1)按设计图纸上管道的位置确定标高并放线,经复核无误后,将管沟开挖至设计深度。

若工业厂房内生活排水管埋设深度设计无要求时,不得小于表 8-17 中的规定。

表 8-17 工业厂房生活排水管由地面至管顶最小埋设深度

(单位:m)

管　材	地　面　种　类	
	土地面、碎石地面、砖地面	混凝土地面、水泥地面、菱苦土地面
铸铁管、钢管	0.7	0.7
钢筋混凝土管	0.7	0.5
陶土管、石棉水泥管	1.0	0.6

注:1. 厂房生活间和其他不受机械损坏的房间内,管道的埋设深度可酌减到 300mm。

2. 在铁轨下铺设钢管或给水铸铁管,轨底至管顶埋设深度不得小于 1m。

3. 在管道有防止机械损伤措施或不可能受机械损坏的情况下,其埋设深度可小于表中及注 2 中规定的数值。

(2)埋地铺设的管道宜分两段施工。第一段先作室内部分,至伸出外墙为止。待土建施工结束后,再铺设第二段,从外墙接入检查井。如果埋地管为铸铁管,地面以上为塑料管时,底层塑料管插入其承口部分的外侧应先用砂纸打毛,插入后用麻丝填嵌均匀,以石棉水泥捻口。操作时要防止塑料管变形。

(3)凡有隔绝难闻气体要求的卫生器具和生产污水受水器的泄水口下方的器具排水管上,均须设置存水弯。设存水弯有困难时,应在排水支管上设水封井或水封盒,其水封深度应分别不小于

100mm 和 50mm。

（4）排水横支管的位置及走向,应视卫生器具和排水立管的相对位置而定,可以沿墙敷设在地板上,也可用间距为 1～1.5m 的吊环悬吊在楼板下。

1)排水横管支架的最大间距见表 8-18。

表 8-18　排水横管支架的最大间距

公称直径 DN(mm)		50	75	100
支架最大间距(m)	塑料管	0.6	0.8	1.0
	铸铁管		≤2	

2)排水横支管不宜过长,一般不得超过 10m,以防因管道过长而产生虹吸作用,破坏卫生器具的水封;同时,要尽量少转弯,尤其是连接大便器的横支管,宜直线地与立管连接,以减少阻塞及清扫口的数量。

3)排水立管仅设出顶通气管时,最底排水横支管与立管连接处距排水立管管底的垂直距离,应符合表 8-19 中的要求。

表 8-19　最底排横支管与立管连接处至立管底部的垂直距离

立管连接卫生器具的层数(层)	≤4	5～6	7～19	≥20
垂直距离(m)	0.45	0.75	3.00	6.00

4)排水支管连接在排出管或排水横干管上时,连接点距立管底部的水平距离不宜小于 3.0m。

（5）按各受水口位置及管道走向进行测量,绘制实测小样图并详细注明尺寸。

（6）埋地管道的管沟应底面平整,无突出的尖硬物;对塑料管可做 100～150mm 的砂垫层,垫层宽度应不小于管径的 2.5 倍,坡度与管道坡度相同。

（7）清除管道及管件承口、插口的污物,铸铁管有沥青防腐层的要用气焊设备(或喷灯)将防腐层烤掉。

（8）在管沟内安装的要按图纸、管材和管件的尺寸,先将承插口、三通及阀门等位置确定,并挖好操作坑,如管线较长,可逐段定位。

(9)排水管安装一般为承插管道接口,即用麻丝(用线麻在5%的30号石油沥青、95%的汽油溶剂中浸泡后风干而成)填充,用水泥或石棉水泥打口(捻口),不得用一般水泥砂浆抹口。

(10)地面上的管道安装。按管道系统和卫生设备的设计位置,结合设备排水口的尺寸与排水管管口施工要求,在墙柱和楼地面上划出管道中心线,并确定排水管道预留管口坐标,并做好标记。

(11)按管道走向及各管段的中心线标记进行测量,绘制实测小样图,详细注明尺寸。管道距墙柱尺寸为:立管承口外侧与饰面的距离应在20~50mm之间。

(12)按实测小样图选定合格的管材和管件,进行配管和断管。预制的管段配制完成后,应按小样图核对节点间尺寸及管件接口朝向。

(13)排水立管宜设置在靠近杂质最多、最脏和排水量最大的卫生器具的地方,以减少管道堵塞。并尽量使各层对应的卫生器具中的污水经同一立管排出。

1)排水立管一般不允许转弯,当上下层位置错开时,宜用乙字管或两个45°弯头连接,错开位置较大时,也可有一段不太长的水平管段。

2)立管管壁与墙、柱等表面应有35~50mm的安装净距。立管穿楼板时,应加段套管,对于现浇楼板应预留孔洞或镶入套管,其孔洞尺寸可较管径大50~100mm。

3)立管的固定常采用管卡,管卡的间距不得超过3m,但每层必须设一个管卡,宜设在立管接头处。

4)为了便于管道清通,排水立管上应设检查口,其间距不宜大于10m;若采用机械疏通时,立管检查口的间距可达15m。

(14)选定的支承件和固定支架的形式应符合设计要求。吊钩或卡箍应固定在承重结构上。

1)铸铁管的固定间距：横管不得大于 2m,立管不得大于 3m；层高小于或等于 4m,立管可安设一个固定件,立管底部的弯管处应设支墩。

2)塑料管支承件的间距：立管外径为 50mm 的应不大于1.5m；外径为 75mm 及以上的应不大于 2m。横管应不大于表 8-20 中的规定。

表 8-20　塑料横管支承件的间距　　（单位：mm）

外径	40	50	75	110	160
间距	400	500	750	1100	1600

(15)将材料和预制管段运至安装地点,按预留管口位置及管道中心线,依次安装管道和伸缩节(塑料管),并连接各管口。管道安装一般自下向上分层进行,先安装立管,后横管,连续施工。

(16)为了保证水流畅通,排水横干管要尽量少转弯,横干管与排出管之间、排出管与其同一检查井内的室外排水管之间的水流方向的夹角不得小于 90°；当跌落差大于 0.3m 时,可以不受此限制。排出管与室外排水管连接时,为利于排水,其管顶标高不得低于室外排水管管顶标高。

(17)排出管及排水横干管在穿越建筑物承重墙或基础时,要预留孔洞,其管顶上部的净空高度不得小于房屋的沉降量,并且不小于 0.15m。排出管穿过地下室外墙或地下构筑物的墙壁外,应采取防水措施。高层建筑的排出管应采取有效的防沉降措施。

技能要点 4:排水铸铁管安装

1. 干管安装

(1)敷设在管沟或直埋室内地坪±0.00 以下管道时,应将预制好的管段按承口朝向、来水方向自排出口处向室内顺序排管,按设计位置、标高及坡度进行稳管,核对甩口的方向和中心线,随后将管段承插口相连。

(2)安装在地下室或设备层内的铸铁排水干管,按设计要求做好托、吊架栽埋。并将立管预留口位置及首层卫生器具的排水预留管口,按室内地坪线、坐标及轴线找好尺寸,接至规定高度,将甩口装上临时丝堵。

(3)管道敷设时,调直、找正后,用麻絮将承插口缝隙找匀、找正。打麻时要分层打实。再用水灰比为 1:9 的水泥灰填打,也要分层填打密实。

(4)捻好后的灰口,应用湿麻布或湿麻绳缠好进行养护。

(5)安装以后管道及时进行灌水试验,隐检合格后,临时封堵各预留管口。

2. 立管安装

(1)核对预留洞位置和尺寸是否正确。若需要剔凿楼板时,画好位置后进行剔凿。

(2)安装立管支架用吊线锤及水平尺定出各支架位置尺寸,统一编号加工,按编号就位安装支架、固定安牢。

(3)安装立管需两人上下配合,上拉下托将立管预制段下端插口插入下层管承口内。将支管甩口和检查口等朝向找正后,临时用木楔在穿楼板处卡牢。

(4)按承插口接口要求,进行打麻、捻灰,复查立管垂直度,然后固定管卡或支架。

(5)配合土建施工用不低于楼板强度的豆石混凝土将穿楼板孔洞填实抹平。

(6)高度 50m 以上的高层建筑排水铸铁管,抗震设防 8 度地区,在立管上设置柔性接口,如图 8-28 所示。

(7)高层建筑管道立管应严格按设计要求设置补偿装置。

(8)在立管转弯处应安装固定装置,如图 8-29 所示。

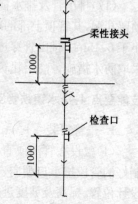

图 8-28　柔性铸铁管连接

（9）高层建筑采用辅助透气管,用辅助透气异形管件连接,如图 8-30 所示。

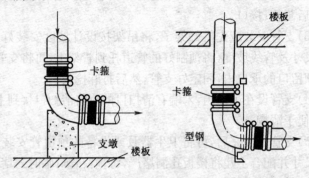

图 8-29　固定装置

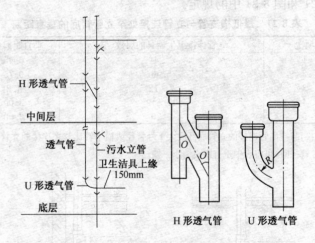

图 8-30　透气异形管件连接

3. 支管安装

（1）支管的预制及安装,应以所连接的卫生器具安装中心线至已安装好的排水立管斜三通及 45°弯头承口内侧为量尺基准,确定各组成管段的管段长度,用比量法下料,打灰口预制。

（2）比量下料时,除蹲式大便器采用 P 形存水弯连接时允许使用正三通外,排水横管上的三通均应采用斜三通并配45°弯头(或用顺水三通)进行比量。比量后画出各组成管段中间横管长度,然后割管、接口。

(3)支管安装应先搭好架子,将吊架按设计坡度安装好,复核吊杆尺寸及管线坡度,将预制好的管道托到管架上,再将支管插入立管预留口的承口内,固定好支管,然后打麻捻灰。

(4)支管设在吊顶内,末端有清扫口的应将清扫口接到上层地面上,便于清掏。

(5)支管安装完后,可将卫生器具或设备的预留管安装到位,找准尺寸并配合土建将楼板孔洞堵严,将预留管口临时封堵。

(6)最低横支管与立管连接处至立管管底的垂直距离应符合表 8-21 和图 8-31 中的规定。

表 8-21　最低横支管与立管连接处至立管管底的垂直距离

项次	立管连接卫生器具的层数(层)	垂直距离(m)
1	≤4	0.45
2	5~6	0.75
3	7~12	1.2
4	13~19	3.00
5	≥20	6.00

注:当与排出管连接的立管底部放大 1 号管径或横干管比与之连接的立管大 1 号管径时,可将表中垂直距离缩小一档。

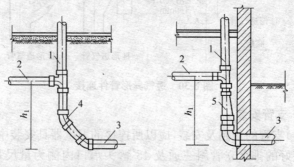

图 8-31　最低横支管与立管连接处至立管管底的垂直距离
1. 立管　2. 横支管　3. 排出管　4. 45°弯头　5. 偏心异径管

技能要点 5:硬聚氯乙烯排水管道安装

1. 安装要求

(1)为防止落入异物,排水管道系统的安装最好在墙面粉刷后连续完成,施工中断时,管口应临时封闭。

(2)埋地管道穿过基础时,管顶上部净空一般不小于1.50mm;穿过地下室墙壁时,要按设计要求采取防水措施。埋地管道公称外径最小为 50mm。

(3)当管材从库房运抵施工现场后,应在现场放置一段时间,待其温度接近环境温度后再进行安装。

(4)在配合土建施工过程中,应做好管道穿越墙壁和楼板的预留孔洞和打洞工作。当设计无规定时,孔洞尺寸可比管材外径大50～100mm。

(5)立管和横管均应按设计要求设置伸缩节和固定支架;必须按设计要求设置立管检查口;横管必须按设计要求设置清扫口。

(6)管道支承件的间距见表 8-22。

表 8-22　管道支承件间距

公称外径 (mm)	间　距(m)		公称外径 (mm)	间　距(m)	
	立　管	横　管		立　管	横　管
40	—	0.4	110	2.0	1.10
50	1.5	0.5	160	2.0	1.06
75	2.0	0.75			

(7)对于横管的坡度要求,设计规程和施工验收规范有不尽相同的叙述:设计规程对外径 50mm、75mm、110mm、160mm 的管道,最小坡度要求分别是 0.012、0.007、0.004、0.002,而施工验收规范要求的标准坡度为 0.026。其横管坡度可以小于排水铸铁管的横管坡度,这是由于硬聚氯乙烯管内壁光滑。

2. 管道承插连接

硬聚氯乙烯管承插口粘结的操作有如下要点：

(1)插口端用中号板锉锉出 15°～30°坡口,坡口长度可为管壁厚度的 1/3～1/2,一般不小于 3mm,残屑应清除干净。

(2)清洁粘结面,用棉纱或破布把承口内表面和插口外表面擦拭干净,保证无尘土、无水渍。应用丙酮或二氯乙烷、四氯化碳等清洁剂擦净有油污的表面。

(3)在进行承插粘结前,应将承插口试插一次,并在插口端划出应插入深度标记。插入深度应满足表 8-23 的规定。

表 8-23　承插粘结口插入深度　　（单位：mm）

公称外径	管端插入承口深度	公称外径	管端插入承口深度
40	20～25	110	43～48
50	20～25	125	45～51
75	35～40	160	50～58
90	40～45		

(4)用毛刷将胶粘剂在插口外表面及承口内表面轴向涂刷,涂刷的胶粘剂应适量、均匀,不能漏涂或涂抹过厚,动作要迅速。冬季施工时要先涂承口,后涂插口。

(5)承插口涂刷胶粘剂后,应立即按预定方位将管子插入承口,并应达到规定深度,保持要求直度,为保证接口粘结牢固,要持续 2～3min 施加挤压力。

(6)初步固化承插连接口后,用棉纱或破布蘸上清洁剂(如丙酮)把承口外挤出的胶粘剂擦拭干净,并在不受外力的条件下让承插连接口静置固化,低温条件下应适当延长固化时间。

3. 埋地管安装

(1)埋地管施工可分为两个阶段,第一阶段做±0.00 以下室内部分的管道,至排出管伸出外墙止;第二阶段,在土建施工结束后,再从外墙边将排出管接入检查井。当埋地管采用排水铸铁管时,塑料管在插入前应用砂纸将插口打毛,插入后用麻丝填嵌均匀,用石棉水泥捻口,不得用水泥砂浆抹口。

(2)应在坚实平整的基土上敷设埋地管,不得用砖头、木块支垫管道。当基土凹凸不平或有突出硬物时,应用100～150mm厚的砂垫层找平,敷设完成后应用细土回填100mm以上。

(3)底层横支管与排出管的最小垂直距离,不能小于表 8-24以及图 8-32 的规定,否则底层支管应单独排至室外。

表 8-24　底层横支管与排出管最小垂直距离

建筑物层数	垂直距离(mm)	建筑物层数	垂直距离(mm)
4 层及 4 层以下	450	6 层以上	底层单独排出
5～6 层	750		

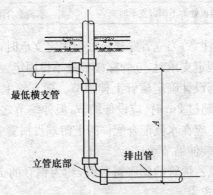

最低横支管

立管底部

排出管

A

图 8-32　底层支管与排出管的距离

(4)必须在埋地管安装完毕后进行灌水试验,灌水高度应不低于底层地面高度,合格标准为不漏、液面不下降。应在结束试验后办理隐蔽工程验收手续。

4. 立管和横管安装

(1)立管底部应设支墩或采取牢固的固定措施。立管承口与墙、柱饰面的净距应控制在 20～50mm。

(2)应按设计要求设置立管及横管上的伸缩节,当层高小于或者等于 4m 时,立管应每层设一个伸缩节,当层高大于 4m 时,应根据设计确定。

立管上伸缩节的位置一般应靠近水流汇合配件,并可按照表8-25所列情况设置。

表8-25　立管伸缩节的设置规定

序号	条件	伸缩节设置位置
1	立管穿楼板处为固定支承,且排水支管在楼板之下接入时	水流汇合配件之下
2	立管穿楼板处为固定支承,且排水支管在楼板之上接入时	水流汇合配件之上
3	立管上无排水支管接入时	按间距要求设于任何部位
4	立管穿楼板处为不固定支承时	水流汇合配件之上

安装时应注意,当立管穿楼板处为固定支承时,不得固定伸缩节;伸缩节为固定支承时,立管穿楼板处不得固定。

(3)应根据设计确定横管上伸缩节。横支管上合流配件至立管的直线管段超过2m时,应设伸缩节,但伸缩节之间的最大间距不得超过4m。应在水流汇合配件的上游端设横管上的伸缩节,应逆水流方向安装伸缩节承口。

(4)硬聚氯乙烯管的膨胀量较大,约为钢管的7倍,计算管道膨胀长度的公式为:

$$\Delta L = 0.08L\Delta t$$

式中　ΔL——温差引起的长度变化(mm);

　　　L——管段长度(m);

　　　Δt——温度差(℃)。

管段设计伸缩量不应大于表8-26的规定。

表8-26　伸缩节最大允许伸缩量　　(单位:mm)

外径	50	75	110	160
最大允许伸缩量	12	12	12	15

管端插入伸缩节时,应根据施工季节预留间隙:夏季为 5～10mm,冬季为 15～20mm。

以螺纹连接或胶圈密封连接的管道系统,可不设置伸缩节。

(5)安装立管时,先将管端吊正,再将管子插口平直插入伸缩节承口橡胶圈中,避免橡胶圈歪斜,伸缩节承口应为逆水流方向。

技能要点 6:室内排水管道附件安装

1. 存水弯安装

存水弯是设置在卫生器具排水管上和生产污废水受水器的泄水口下方的排水附件(坐便器除外),其构造如图 8-33 所示。在弯曲段内存有 60～70mm 深的水,称作水封,其作用是利用一定高度的静水压力来抵抗排水管内气压变化,隔绝和防止排水管道内所产生的难闻有害气体、可燃气体及小虫等通过卫生器具进入室内而污染环境。存水弯有两种,即带清通丝堵和不带清通丝堵的,按外形的不同,还可分为 P 形和 S 形。水封高度与管内气压变化、水蒸发率、水量损失、水中杂质的含量及比重有关,不能太大也不能太小。若水封高度太大,污水中固体杂质容易沉积在存水弯底部,堵塞管道;水封高度太小,管内气体容易克服水封的静水压力进入室内,污染环境。

2. 检查口安装

检查口是一个带盖板的开口短管(图 8-34),拆开盖板即可进行疏通工作。检查口设在排水立管上及较长的水平管段上,可双向清通。其设置规定为立管上除建筑最高层及最底层必须设置外,可每隔两层设置一个,平顶建筑可用伸顶通气管顶口代替最高层检查口。当立管上有乙字管时,在乙字管的上部应设检查口。若为两层建筑,可在底层设置。检查口的设置高度一般距地面 1m,并应高出该层卫生器具上边缘 0.15m,与墙面成 45°夹角。

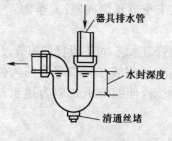

图 8-33　带清通丝堵的 P 形
　　　　　存水弯水封

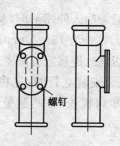

图 8-34　检查口

3. 清扫口安装

当悬吊在楼板下面的污水横管上有两个及两个以上的大便器或三个及三个以上的卫生器具时,应在横管的起端设清扫口(图8-35),清扫口顶面宜与地面相平,也可采用带螺栓盖板的弯头和带堵头的三通配件作清扫口。清扫口仅单向清通。为了便于拆装和清通操作,横管始端的清扫口与管道相垂直的墙面距离不得小于 0.15m;采用管堵代替清扫口时,与墙面的净距不得小于 0.4m。在水流转角小于 135°的污水横管上,应设清扫口或检查口。直线管段较长的污水横管,在一定长度内也应设置清扫口或检查口,其最大间距见表 8-27。排水管道上设置清扫口时,若管径小于

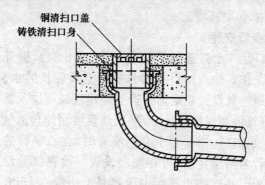

图 8-35　清扫口

100mm,其口径尺寸与管道同径;管径等于或大于 100mm 时,其口径尺寸应为 100mm。

表 8-27 污水横管的直线管段上检查口或
清扫口之间的最大距离 （单位:m）

管径 DN/mm	污水性质			清除装置的种类
	假定净水	生活粪便水和成分近似生活粪便水的污水	含大量悬浮物的污水	
50～75	15	12	10	检查口
50～75	10	8	6	清扫口
100～150	15	10	8	清扫口
100～150	20	15	12	检查口
200	25	20	15	检查口

4. 检查井安装

为了便于启用埋地横管上的检查口,在检查口处应设置检查井,其直径不得小于 0.7m。对于不散发有害气体或大量蒸汽的工业废水的排水管道,在管道转弯、变径、坡度改变和连接支管处,可在建筑物内设检查井。在直线管段上,排除生产废水时,检查井的距离不宜小于 30m;排除生产污水时,检查井的距离不宜大于 20m。对于生活污水排水管道,在室内不宜设检查井。

5. 地漏安装

地漏主要设置在厕所、浴室、盥洗室、卫生间及其他需要从地面排水的房间内,用以排除地面积水。地漏一般用铸铁或塑料制成,在排水口处盖有算子,用来阻止杂物进入排水管道,算子有带水封和不带水封两种,布置在不透水地面的最低处,算子顶面应比地面低 5～10mm,水封深度不得小于 50mm,其周围地面应有不小于 0.01 的坡度坡向地漏。

6. 通气管安装

通气管是指最高层卫生器具以上至伸出屋顶的一段立管。

通气管作用是使室内外排水管道中的各种有害气体排放到大气中,保证污水流动通畅,防止卫生器具的水封受到破坏。生活污水管道和散发有害气体的生产污水管道均应设通气管。

通气管必须伸出屋面,其高度不得小于 0.3m,且应大于最大积雪厚度。在通气管出口 4m 以内有门窗时,通气管应高出窗顶 0.6m 或引向无门窗的一侧。在经常有人停留的屋面上,通气管应高出屋面 2m。如果立管接纳卫生器具的数量不多时,可将几根通气管接入一根通气管上,并引出屋顶,以减少立管穿过屋面的数量。通气管穿过屋面的做法如图 8-36 所示。

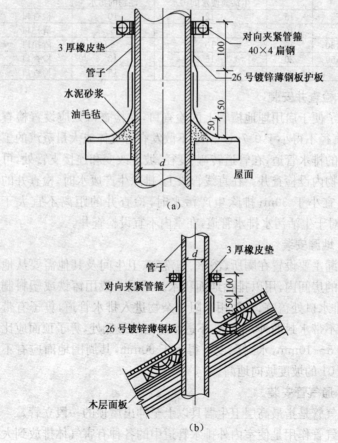

图 8-36   通气管穿过屋面的做法

(a)平屋顶   (b)坡屋面

在冬季室外温度高于−15℃的地区，可设钢丝球；低于−15℃的地区应设通气帽，避免结冰时堵塞通气管口。

对于低层建筑的生活污水系统，在卫生器具不多、横支管不长的情况下，可将排水立管向上延伸出屋面的部分作为通气管，如图8-37所示。

对于卫生器具在4个以上，且距立管大于12m或同一横支管连接6个及6个以上大便器时，应设辅助通气管，如图8-38所示。辅助通气管是为了平衡排水管内的空气压力而由排水横管上接出的管段。

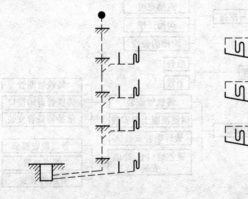

图 8-37　通气立管

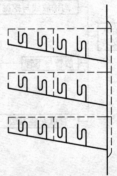

图 8-38　辅助通气管

辅助通气管的管径有如下规定：

(1)辅助通气管管径应根据污水支管管径确定，当污水支管管径为 50mm、75mm 和 100mm 时，可分别采用 25mm、32mm 和 40mm 的辅助通气管。

(2)辅助通气立管管径应采用表 8-28 中的规定。

(3)专用通气立管管径应比最底层污水立管管径小一号。

表 8-28　辅助通气立管管径　　　（单位：mm）

污水立管管径	50	75	100	125	150
辅助通气立管管径	40	50	75	75	100

第四节　室外给水管道安装

本节导读:

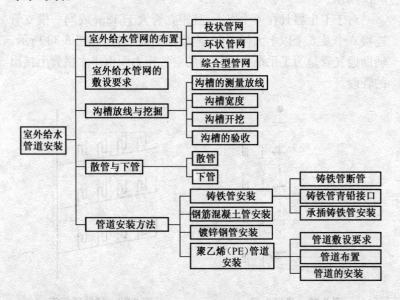

技能要点1:室外给水管网的布置

　　管网在给水系统中占有十分重要的地位,干管送来的水,由配水管网送到各用水地区和街道。室外给水管网的布置形式分为枝状管网、环状管网和综合型管网三种。

1. 枝状管网

　　如图 8-39a 所示为枝状配水管网,其管线如树枝一样,向用水区伸展。它的优点是管线总长度较短,初期投资较省。但供水安全可靠性差,当某一段管线发生故障时,其后面管线供水就会中断。

2. 环状管网

环状管网如图 8-39b 所示。因其管网布置纵横相互连通,形成环状,故称环状管网。它的优点是供水安全可靠。但管线总长度较枝状管网长,管网中阀门多,基建投资相应增加。

3. 综合型管网

实际工程中,通常将枝状管网和环状管网结合起来进行布置,如图 8-39c 所示。可根据具体情况,在主要给水区采用环状管网,在边远地区采用枝状管网。无论枝状管网还是环状管网,都应将管网中的主干管道布置在两侧用水量较大的地区,并以最短的距离向最大的用水户供水。

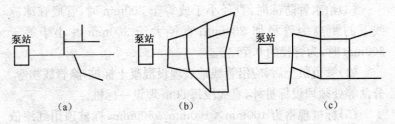

图 8-39　配水管网
(a)枝状管网　(b)环状管网　(c)综合型管网

技能要点 2:室外给水管网的敷设要求

1. 管道的固定要求

(1)管道敷设均应按规定设置支墩和基础,使管道落实在固定点和支撑点上,不得有空隙和接触不牢靠等问题的出现。

(2)管道穿过有密闭或抗震要求的墙壁时,要用柔性套管。套管周边应加密闭固定环,柔性套管的填料应符合要求。

2. 管道穿过铁路或公路时的要求

(1)管道与铁路(或公路)交叉时,一般应从路基下面垂直穿越。当路堑很深时,管道可架空穿越。

(2)穿越地段在给水管水流方向的上游地段设检查井(下游不

单独设检查井,可根据管网布置的需要设置),检查井内设闸阀及排水管。

3. 管道穿越河流、渠道时的要求

(1)采用架空管时,应尽量利用已有的桥梁敷设,当没有桥梁可利用时,通常采用倒虹管或单独建管桥过河。

(2)穿越管应建有不致被淹没的检查井,其中设有闸门及泄水装置,用作泄空及冲洗。

4. 室外给水管线埋深及敷土后的要求

(1)金属管防爆破及一般机械的破坏,管顶埋深不小于 1m。

(2)非金属管防动荷冲击,管顶埋深不小于 1~1.2m。

(3)给水管防冻时,直径小于或等于 300mm 时,管底在冰冻线下的距离为管径加 200mm;直径大于 300mm 并小于等于 600mm 时,为管径的 0.75 倍。

(4)管道敷土后,应沿管线地表埋设混凝土标桩,除管线拐弯、分岔等处须埋设标桩外,直线段每 50m 埋设一标桩。

(5)标桩规格为 100mm×100mm×500mm,标桩顶用红漆依次编号,在编号前加"上"为给水,加"下"则为排水。

(6)标桩埋设必须牢固,露出地表应不少于 100mm。

技能要点 3:沟槽放线与挖掘

1. 沟槽的测量放线

(1)测量之前先找好固定水准点,其精确度不应低于Ⅲ级,在居住区外的压力管道则不低于Ⅳ级。

(2)在测量过程中,沿管道线路应设临时水准点,并与固定水准点相连。

(3)测定出管道线路的中心线和转弯处的角度,使其与当地固定的建筑物(房屋、树木和构筑物等)相连。

(4)若管道线路与地下原有构筑物交叉,必须在地面上用特别标志表明其位置。

(5)定线测量过程应做好准确记录,并记明全部水准点和连接线。

(6)给水管道与污水管道在不同标高平行铺设,其垂直距离应在 500mm 以内。给水管道管径等于或小于 200mm 时,管壁间距不得小于 1.5m;管径大于 200mm 时,管壁间距不得小于 3m。

2. 沟槽宽度

沟槽底部的开挖宽度,应符合设计要求;设计无要求时,可按下式计算确定:

$$B = D_o + 2(b_1 + b_2 + b_3)$$

式中 B——管道沟槽底部的开挖宽度(mm);

D_o——管外径(mm);

b_1——管道一侧的工作面宽度(mm),可按表 8-29 进行选取;

b_2——有支撑要求时,管道一侧的支撑厚度,可取 150~200mm;

b_3——现场浇筑混凝土或钢筋混凝土管渠一侧模板的厚度(mm)。

表 8-29 管道一侧的工作面宽度

管道的外径 D_o(mm)	管道一侧的工作面宽度 b_1(mm)		金属类管道、化学建材管道
	混凝土类管道		
$D_o \leqslant 500$	刚性接口	400	300
	柔性接口	300	
$500 < D_o \leqslant 1000$	刚性接口	500	400
	柔性接口	400	
$1000 < D_o \leqslant 1500$	刚性接口	600	500
	柔性接口	500	
$1500 < D_o \leqslant 3000$	刚性接口	800~1000	700
	柔性接口	600	

注:1. 槽底需设排水沟时,b_1 应适当增加。

2. 管道有现场施工的外防水层时,b_1 宜取 800mm。

3. 采用机械回填管道侧面时,b_1 需满足机械作业的宽度要求。

3. 沟槽开挖

(1)按人数和最佳操作面划分段,沿灰线直边切出沟槽边轮廓线,按照从深到浅的顺序进行开挖。

1)一、二类土可按 30cm 分层逐层开挖,倒退踏步型挖掘;三、四类土先用镐翻松,再按 30cm 左右分层正向开挖。

2)每挖一层清底一次,挖深 1m 切坡成型一次,并同时抄平,在边坡上打好水平控制小木桩。

(2)为了防止塌方,沟槽开挖后应留有一定的边坡,边坡的大小和土质与沟深有关,当设计无规定时,深度在 5m 以内的沟槽,最陡边坡应符合表 8-30 规定。

表 8-30　深度在 5m 以内的沟槽边坡的最陡坡度

土的类别	边坡坡度(高:宽)		
	坡顶无荷载	坡顶有静载	坡顶有动载
中密的砂土	1:1.00	1:1.25	1:1.50
中密的碎石类土 (充填物为砂土)	1:0.75	1:1.00	1:1.25
硬塑的粉土	1:0.67	1:0.75	1:1.00
中密的碎石类土 (充填物为黏性土)	1:0.50	1:0.67	1:0.75
硬塑的粉质黏土、黏土	1:0.33	1:0.50	1:0.67
老黄土	1:0.10	1:0.25	1:0.33
软土(经井点降水后)	1:1.25	—	—

注:1. 如人工挖土不把土抛于沟槽上边而随时运走时,即可采用机械在沟底挖土的坡度。

　　2. 表中砂土不包括细砂和松砂。

　　3. 在个别情况下,如有足够依据或采用多种挖土机,均可不受本表的限制。

　　4. 距离沟边 0.8m 以内,不应堆积弃土和材料,弃土堆置高度不超过 1.5m。

(3)当遇有地下水时,排水或人工抽水应保证在下道工序进行前将水排除。

(4)挖掘管沟和检查井底槽时,沟底留出 15～20cm 暂时不挖。待下道工序进行前,按事前抄好的沟槽木桩挖平,如果个别地方因不慎破坏了天然土层,须先清除松动土壤,用砂或砾石填至标高。对于岩石类的管基,应填以厚度不小于 100mm 的砂层或砾石层。

(5)沟槽开挖时,如遇有管道、电缆、建筑物、构筑物或文物古迹,应予保护,并及时与有关单位和设计部门联系,严防事故发生,造成损失。

(6)机械挖槽应确保槽底土层结构不被扰动或破坏,用机械挖槽或开挖沟槽后,当天不能下管时,沟底应留出 0.2m 左右一层不挖,待铺管前用人工清挖。

(7)沟底要求是坚实的自然土层,如果是松散的回填土或沟底有不易清除的块石时,都要进行处理。对松土层应夯实,加固密实;对块石则应将其上部铲除,然后铺上一层大于 150mm 厚度的回填土整平夯实,或用黄沙铺平。

(8)为便于管段下沟,挖沟槽的土应堆放在沟的一侧,且土堆底边与沟边应保持一定的距离。

(9)为防止管子产生不均匀下沉,管道的支撑和支墩不允许直接铺设在冻土和未经处理的松土上。

4. 沟槽的验收

沟槽开挖应达到以下质量标准:

(1)沟槽开挖应不扰动天然地基,或地基处理应符合设计要求。

(2)槽壁平整,边坡坡度符合施工设计的规定。

(3)槽底不被水浸泡或受冻。

(4)沟槽中心线每侧的净距不小于管道沟槽底部的开挖宽度的一半。

(5)沟槽允许偏差应符合表 8-31 中的规定。

表 8-31　　沟槽开挖的允许偏差

序号	检查项目	允许偏差(mm)		检查数量		检查方法
				范围	点数	
1	槽底高程	土方	±20	两井之间	3	用水准仪测量
		石方	+20,-200			
2	槽底中线每侧宽度	不小于规定		两井之间	6	挂中线用钢尺测量,每侧计3点
3	沟槽边坡	不陡于规定		两井之间	6	用坡度测量,每侧计3点

技能要点 4:散管与下管

1. 散管

散管较为简单,也就是将检查并疏通好的管子沿沟散开摆好,但是,在散管过程中,应使管道承口对着水流方向,插口应顺着水流方向。

2. 下管

下管就是把管子从地面放入沟槽内。下管的方法可分人工下管和机械下管、集中下管和分散下管、单节下管或组合下管等几种。

(1)下管方法的选择可根据管径大小、管道长度和重量,管材和接口强度,沟槽和现场情况及拥有的机械设备等条件确定。

(2)当管径较小、重量较轻时,一般采用人工下管。当管径较大或重量较重时,一般采用机械下管。但在不具备下管机械的现场,或现场条件不允许时,也可采用人工下管。

(3)下管时应谨慎操作,保证人身安全。操作前,必须对沟壁情况、下管工具、绳索和安全措施等认真地检查。

(4)人工下管时,可将绳索的一端拴固在地锚(其他牢固的树木或建筑物上),拉住绕过管子的另一端,并在沟边斜放滑木至沟底,用撬杠将管子移至沟边,再慢慢地放绳,使管沿着滑木滚下,如

图 8-40 所示。

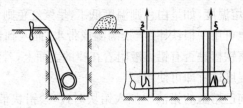

图 8-40　管子下沟操作图

　　如果管子过重,人力拉绳困难时,可把绳子的另一端在地锚上绕几圈,这样可依靠绳子与桩的摩擦力,从而达到省力的目的。

　　(5)人工下管时,拉绳应不少于两根,且沟底不能站人,保证操作安全。

　　(6)机械下管时,为避免损伤管子,一般应将绳索绕管起吊,如需用卡、钩吊装时,应采取相应的保护措施。机械吊管时,应注意上方高压线和地下电缆,以防事故发生。

技能要点 5:铸铁管安装

1. 铸铁管断管

　　(1)铸铁管采用大锤和剁子进行断管。

　　(2)断管量大时,可用手动液压钳铡管器铡断。该断管器液压系统的最高工作压力为 60MPa,使用不同规格的刀框,即可用于直径 100~300mm 的铸铁管切断。

　　(3)对于直径$>\phi560$mm 的铸铁管,手工切断相当费力,根据有关资料介绍,用黄色炸药(TNT)爆炸断管比较理想,而且还可以用于切断钢筋混凝土管,断口较整齐,无纵向裂纹。

2. 铸铁管青铅接口

　　铸铁管青铅接口时,必须由有经验的工人指导才能进行施工。

　　(1)铸铁管青铅接口多采用 6 号铅。施工前,首先应准备好化铅工具,如铅锅和铅勺等。

(2)熔化铅时,一定要掌握火候,一般可根据铅溶液的液面颜色判断其热熔温度,如呈白色则温度低了,呈紫红色则说明温度合适。此外,也可用一根铁棒(严禁潮湿或带水)插入到铅锅内迅速提起来,观察铁棒是否有铅熔液附着在棒的表面上,若没有熔铅附着,则说明温度适宜即可使用。

(3)在向已熔融的铅液中加入铅块时,严禁铅块带水或潮湿,避免发生爆炸事故。熬铅时严禁水滴入铅锅内。

(4)灌注铅口时,将管口内的水分及污物擦干净,必要时用喷灯烘干,挖好工作坑。

(5)将灌铅卡箍贴承口套好,开口位于上方,以便灌铅。卡箍应贴紧承口及管壁,可用黏泥将卡箍与管壁接缝部位抹严,防止漏铅,卡子口处围住黏泥。

(6)取铅熔液时,应用漏勺将铅锅中的浮游物质除去,将铅液舀到小铅桶内,每次取一个接口的用量。

(7)灌铅时,灌铅者应站在管顶上部,使铅桶的口朝外,铅桶距管顶约 20cm,使铅液慢慢地流入接口内,目的是为了便于排除空气。如果管径较大时,铅流也可大些,以防止溶液中途凝固。每个铅口应连续地一次灌满,但中途发生爆炸应立即停止灌铅。

(8)铅凝固后,即可取下卡箍,用剁子或扁铲将铅口毛刺铲去,然后用錾子贴插口捻打,直至铅口打实为止,最后用錾子将多余的铅打掉并錾平。

铅接口本身的刚性及抗震性能较好,施工完毕后不需要进行养护便可通水,因此在穿越铁路及振动性较大的部位使用或用于抢修管道,但青铅接口造价高,用量大,不适合全部采用青铅接口。

3. 承插铸铁管安装

(1)承插铸铁管安装之前,应对管材的外观进行检查,查看有无裂纹和毛刺等,不能使用不合格的管材。

(2)插口装入承口前,应将承口内部和插口外部清理干净,用气焊烤掉承口内及承口外的沥青。若采用橡胶圈接口时,应先将橡胶圈套在管子的插口上,插口插入承口后调整好管子的中心位置。

(3)铸铁管全部放稳后,先将接口间隙内填塞干净的麻绳等,防止泥土及杂物进入。

(4)接口前应挖好操作坑。

(5)如向口内填麻丝时,应将堵塞物拿掉,填麻的深度为承口总深的1/3,填麻应密实均匀,应保证接口环形间隙均匀。

(6)打麻时,应先打油麻,后打干麻。应把每圈麻拧成麻辫,麻辫直径等于承插口环形间隙的1.5倍,长度为周长的1.3倍左右为宜。打锤要用力,凿凿相压,一直到铁锤打击时发出金属声为止。

采用胶圈接口时,填打胶圈应逐渐滚入承口内,防止出现"闷鼻"现象。

(7)将配置好的石棉水泥填入口内(不能将拌好的石棉水泥用料超过半小时再打口),应分几次填入,每填一次应用力打实,应凿凿相压。第一遍贴里口打,第二遍贴外口打,第三遍朝中间打,打至呈油黑色为止,最后轻打找平。如果采用膨胀水泥接口时,也应分层填入,并捣实,最后捣实至表层面返浆,且比承口边缘凹进1~2mm为宜。

(8)接口完毕,应及时用湿泥或用湿草袋将接口处周围覆盖好,并用虚土埋好进行养护。天气炎热时,还应铺上湿麻袋等物进行保护,防止热胀冷缩损坏管口。在太阳暴晒时,应随时洒水养护。

技能要点 6:钢筋混凝土管安装

(1)钢筋混凝土管具有承受内压能力强和弹性差的性质,在搬运中易损坏(抗外压能力差)。

（2）预应力钢筋混凝土管或自应力钢筋混凝土管的承插接口，除设计有特殊要求外，一般均采用橡胶圈，即承插式柔性接口。在土质或地下水对橡胶圈有腐蚀的地段，回填土前，应用沥青胶泥、沥青麻丝或沥青锯末等材料封闭橡胶圈接口。

（3）预应力钢筋混凝土管安装的方法及顺序。当地基处理好后，为了使橡胶圈达到预定的工作位置，必须要有产生推力和拉力的安装工具，通常采用拉杆千斤顶，即预先于横跨在已安装好的1～2节管子的管沟两侧安装一截横木，作为锚点，横木上拴一钢丝绳扣，钢丝绳扣套入一根钢筋拉杆，每根拉杆长度等于一节管长，安装一根管，加接一根拉杆，拉杆与拉杆间用S形扣连接。这样一个固定点，可以安装数十根管后再移动到新的横木固定点。然后用一根钢丝绳兜扣住千斤顶头连接到钢筋拉杆上。为了使两边钢丝绳在顶装过程中拉力保持平衡，中间应连接一个滑轮，如图8-41所示。

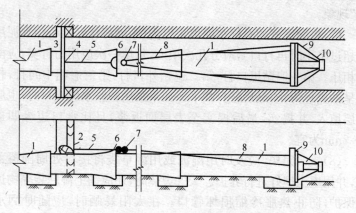

图8-41　拉杆千斤顶法安装钢筋混凝土管

1. 承插式预应力钢筋混凝土管　2、9. 方木　3. 背圆木　4. 钢丝绳扣
5. 钢筋拉杆　6. S形扣　7. 滑轮　8. 钢丝绳　10. 千斤顶

（4）拉杆千斤顶法的安装程序及操作要求：

1）套橡胶圈在清理干净管端承插口后，即可将橡胶圈从管端两侧同时由管下部向上套,套好后的橡胶圈应平直,不允许有扭曲现象。

2)初步对口。利用斜挂在跨沟架子横杆上的倒链把承口吊起,并使管段慢慢移到承口,然后用撬棍进行调整,若管位很低时,用倒链把管提起,下面填砂捣实;若管高时,沿管轴线左右晃动管子,使管下沉。为了使插口和橡胶圈能够均匀顺利地进入承口,达到预定位置,初步对口后,承插间的承插间隙和距离应均匀一致。否则,橡胶圈受压不均,进入速度不一致,将造成橡胶圈扭曲而大幅度回弹。

3)顶装初步对口正确后,即可装上千斤顶进行顶装。顶装过程中,要随时沿管四周观察橡胶圈和插口进入情况。当管下部进入较少时,可用倒链把承口端稍稍抬起;当管左部进入较少或较慢时,可用撬棍在承口右侧将管向左侧拨动。进行校正时则应停止顶进。

4)找正找平。把管子顶到设计位置时,经找正找平后才可松放千斤顶。相邻两管的高度偏差不超过±2cm。中心线左右偏差一般在3cm以内。

(5)利用钢筋混凝土套管连接。套管连接程序及砂浆配合比操作要求如下:

1)填充砂浆配合比:水泥∶砂=1∶1~1∶2,加水14%~17%。

2)接口步骤:先把管的一端插入套管,插入深度为套管长的一半,使管和套管之间的间隙均匀,再用砂浆充填密实,这就是上套管,做成承口。上套管做好后,放置两天左右再运到现场,把另一管插入这个承口内,再用砂浆填实,凝固后连接即告完毕。

(6)直线铺管要求预应力钢筋混凝土管沿直线铺设时,其对口间隙应符合表8-32中的规定。

表 8-32　预应力钢筋混凝土管对口间隙　（单位:mm）

接口形式	管　径	沿直线铺设时间隙
柔性接口	300～900	15～20
	1000～1400	20～25
刚性接口	300～900	6～8
	1000～1400	8～10

技能要点 7:镀锌钢管安装

(1)镀锌钢管安装要全部采用镀锌配件变径和变向,不能用加热的方法制成管件,加热会使镀锌层破坏而影响管道的防腐能力。也不能以黑铁管零件代替。

(2)铸铁管承口与镀锌钢管连接时,镀锌钢管插入的一端要翻边防止水压试验或运行时脱出,另一端要将螺纹套好。简单的翻边方法可将管端等分锯几个口,用钳子逐个将它翻成相同的角度即可。

(3)管道接口法兰应安装在检查井内,不得埋在土壤中,若必须将法兰埋在土壤中,应采取防腐蚀措施。

给水检查井内的管道安装,如设计无要求,井壁距法兰或承口的距离如下:

管径 $DN \leqslant 450mm$,应不小于 250mm。

管径 $DN > 450mm$,应不小于 350mm。

技能要点 8:聚乙烯(PE)管道安装

1. 管道敷设要求

(1)施工人员应经过培训且熟悉聚乙烯给水管材的性能,掌握管道连接技术及操作要点,并经考核合格后上岗。

(2)施工工具、施工场地及施工用水、用电和材料储放场地等临时设施应满足施工要求。

(3)管线位置应严格按设计文件定位、勘测放线,工程测量应符合管道施工过程中对管线坐标、高程进行控制测量的技术要求。

(4)在施工区域内,有碍施工的已有建构筑物、道路、沟渠、管线、电线杆和树木等,应在施工前,由建设单位与有关单位协商处理。

(5)在地下水位较高的地区或雨季施工时,应采取降低水位或排水措施,及时清除沟内积水,防止管道上浮。

(6)聚乙烯给水管道穿越工厂采用暗挖方法时,必须保证被穿越的建筑物和构筑物不发生沉陷、位移和破坏。

2. 管道布置

(1)聚乙烯给水管道埋设的最小管顶覆土厚度,在非机动车道下为 0.8m;在永久性冻土或季节性冻土地层,埋深应在冰冻线以下 0.2m。

(2)聚乙烯给水管道不应从建筑物下直接穿越。若需要穿越建筑物、铁路和公路等,应设置刚性套管进行防护,施工前应经有关部门的同意。

(3)聚乙烯给水管道与建筑物、铁路、电力电缆和其他管道的水平净距及垂直净距,应根据建筑物基础的结构、管道埋深、管径、施工条件、管内工作压力、管道上附属构筑物的大小、路面种类、卫生安全及有关规定等条件确定。一般不得小于表8-33、表8-34 中的规定。

表8-33 给水管道与构筑物、管线水平距离 (单位:m)

构筑物或管线名称	水平净距	
	DN≤200mm	DN>200mm
建筑物	1.00	3.00
热力管	1.50	
电力电缆	0.50	
通信电缆	1.00	
污水、雨水排水管	1.00	1.50

续表 8-33

构筑物或管线名称		水平净距	
		DN≤200mm	DN>200mm
燃气	PN≤0.4MPa	0.50	
	0.4MPa<PN≤0.8MPa	1.00	
	0.8MPa<PN≤1.6MPa	1.50	
通信及照明地上杆柱(<10kV)		0.50	
高压铁塔基础边		3.00	
道路侧或边坡		1.50	
铁路钢轨(或坡脚)		5.00	

表 8-34　给水管道与构筑物、管线垂直距离 （单位：m）

构筑物或管线名称		垂直净距
给水管		0.15
污水、雨水排水管		0.40
燃气管		0.15
热力管		0.15
电力电缆	直埋	0.15
	管埋	0.15
通信电缆	直埋	0.50
	管埋	0.15
沟渠(基础底)		0.50
涵洞(基础底)		0.50
电力(轨底)		1.00
铁路(轨底)		1.00

　（4）聚乙烯给水管道与供热管道之间的距离应根据供热管道土壤中温度场的分布情况确定，以保证聚乙烯给水管道的土壤温度。土壤温度应在 40℃ 以下。

（5）聚乙烯给水管道在其他管道上部跨越时，应按设计要求进行地基处理。当设计无要求时，可参照施工验收规程和相关规定进行处理。

3. 管道的安装

（1）管道应在沟底标高和管基质量检查合格后，才能进行安装。

（2）管材、管件及附属设备在安装前应按设计要求核对无误，并应对外观重新进行检查，其内、外表面应无过度划伤和其他明显缺陷，否则不得采用。

（3）安装前应将管材、管件及阀门等内部清理干净，不得存有杂物。

（4）管道安装时，沟槽内如有积水，应将积水排除后，才能进行管道安装。

（5）管道通常可在地面上连接，管材、管件连接好后，用可靠的软带吊具平衡放入沟槽内，应防止划伤、扭曲或承受过大的拉伸力。在沟槽允许情况下可在沟槽内连接。

（6）DN110 以下的埋地聚乙烯给水管道宜蜿蜒状敷设，DN110 以上的埋地聚乙烯给水管道应有充分的土壤阻力抵消温度变化应力，可直线敷设。利用柔性自然弯曲改变敷设走向时，其弯曲半径不应小于 25 倍的管材外径。

（7）管道安装每次收工时，各敞口管端应临时封堵，防止杂物或积水进入管内。

（8）聚乙烯管道与其他材质的管材、管件连接处应设置独立的混凝土支撑件，与金属阀门、消火栓连接处需设阀门井，且开启阀门等力矩不允许直接作用在管路系统上。

（9）聚乙烯给水管道敷设时，宜随着管道走向埋设金属示踪线；距管顶不小于 300mm 处应埋设警示带，警示带上应标出醒目的提示字样。

（10）管道安装与铺设完毕，隐蔽工程验收后，应及时回填；水压试验前,除接口外,管道两侧及管顶以上回填高度不应小于0.5m;水压试验合格后,应及时回填其余部分。回填土要填到足够高度,防止槽外积水回灌,造成管道漂浮。

第五节 室内供暖管道安装

本节导读:

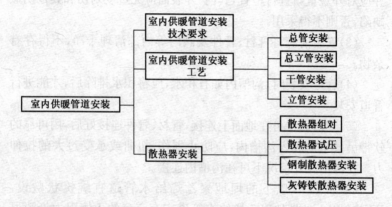

技能要点 1:室内供暖管道安装技术要求

(1)室内供暖系统中所用材料及设备的规格、型号均应符合设计要求,满足规范规定,对与规范要求有出入者,应及时与设计单位、建设单位协商解决,妥善处理。

(2)管道穿越基础、墙和楼板时,应配合土建预留孔洞。孔洞尺寸如设计无明确规定时,可参照表 8-35 进行预留。

(3)热水供暖管道及汽水同向流动的蒸汽和凝结水管道,坡度一般为 0.003,不得小于 0.002,汽水逆向流动的蒸汽管道,坡度不得小于 0.005。

(4)管道和设备安装前,必须清除内部杂物,安装中断或完毕后,敞口处应及时封闭,以免进入杂物堵塞管道。

表 8-35　预留孔洞尺寸表　　　　（单位：mm）

管道名称及规格		明管留孔尺寸长×宽	暗管墙槽尺寸宽×深	管外壁与墙面最小净距
供热立管	DN≤25	100×100	130×130	25~30
	32≤DN≤50	100×150	150×130	35~50
	65≤DN≤100	200×200	200×200	55
	125≤DN≤150	300×300	—	60
二根立管	DN≤32	150×150	200×130	—
散热器支管	DN≤25	100×100	60×60	15~25
	32≤DN≤40	150×130	150×100	30~40
供热干管	DN≤25	300×250	—	—
	100≤DN≤125	350×300	—	—

（5）管道穿墙和楼板时应加套管，套管应符合如下规定：

1）穿越一般房间的楼板套管应采用铁皮套管，套管底部与楼板面相平，套管上部应高出装饰面 20mm。

2）穿越卫生间、盥洗间、厕所间、厨房、楼梯间等易积水的房间楼板时，应加设钢套管，套管下端与楼板底面平齐，套管上端应高出装饰面 50mm。

3）穿墙套管两端与墙面平齐。

4）套管内径一般比被套管外径大 8~12mm，套管外壁一定要卡牢、塞紧，不允许随管道窜动。穿过楼板的套管与管道之间的缝隙应用阻燃密实材料和防水油膏填实，端面光滑。穿墙套管与管道之间缝隙也宜用阻燃密实材料填实，且端面应光滑。管道的接口不得设在套管内。

（6）管道安装过程中，多种管交叉时管道的避让原则见表 8-36。

表 8-36　管道避让原则

避让原则	避让理由
小管让大管	小管绕弯容易，且造价低
有压管让无压管	无压管改变坡度和流向，将影响排水系统正常运行

续表 8-36

避 让 原 则	避 让 理 由
冷水管让热水管	热水管绕弯要考虑排气和泄水等问题
给水管让排水管	排水管管径大,不易绕弯,排水管属于无压管,且杂质多
低压管让高压管	高压管造价高,且强度要求也高
气管让液管	液管流动的动力消耗大
金属管让非金属管	金属管易弯曲、易加工
常温管让高温或低温管	高温管、低温管造价高,强度高,加工难度大
辅助管让主物料管	主物料管造价高,强度大
一般管让易结晶、易沉淀管	易结晶、易沉淀介质一旦绕弯增加了介质结晶、沉淀的机会
一般管让通风管	通风管几何尺寸大,体积大,绕弯困难

(7)供暖管道的最高点应加放气阀,最低点加泄水阀。

(8)室内供暖管道应采用低压流体输送用非镀锌焊接钢管,$DN \leqslant 32mm$ 时,宜采用螺纹连接,$DN > 32mm$ 时,应采用焊接或法兰连接,若采用 PP-R(无规共聚聚丙烯)塑料管,应采用热熔焊。

(9)$DN \leqslant 32mm$ 不保温的供暖双立管应做到:

1)两管中心距应为 80mm,允许偏差为 5mm。

2)供热或供蒸汽的管道应置于其前进方向的右侧。

技能要点 2:室内供暖管道安装工艺

1. 总管安装

室内供暖管道以入口阀门为界。室内供暖总管由供水(汽)总管和回水(凝结水)总管组成,一般是并行穿越基础预留洞引入室内,从供水方向看,右侧是供水总管,左侧是回水总管,两条总管上均应设置总控制阀或入口装置(如减压、调压、疏水、测温、测压等装置),以利启闭和调节。

(1)总管在地沟内安装。如图 8-42 所示为热水供暖入口总管在地沟内安装的示意图。在总管入口处,供回水总管底部用三通接出室外,安装时可用比量法下料进行预测,连成整体。

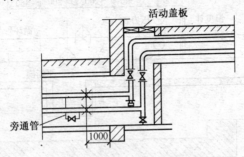

图 8-42　热水供暖入口总管安装

(2)低温热水供暖入口装置安装。低温热水供暖入口安装如图 8-43 所示,入口设平衡阀的安装如图 8-44 所示,入口设调节阀的安装如图 8-45 所示。

(3)蒸汽入口安装。

1)低压蒸汽入口安装如图 8-46 所示。

2)高压蒸汽入口安装如图 8-47 所示。

2. 总立管安装

总立管安装前,应检查楼板预留孔洞的位置和尺寸是否符合要求。其方法是由上至下穿过孔洞挂铅垂线,弹画出总管安装的垂直线,作为总立管定位与安装的基准线。

总立管应自下而上逐层安装,应尽可能使用长度较长的管子,以减少接口数量。为便于焊接,焊接接口应置于楼板以上 0.4～1.0m 处为宜。高层建筑的供暖总立管底部应设刚性支座支承,如图 8-48 所示。

总立管每安装一层,应用角钢、U 形管卡或立管卡固定,以保证管道的稳定及各层立管的垂直度。

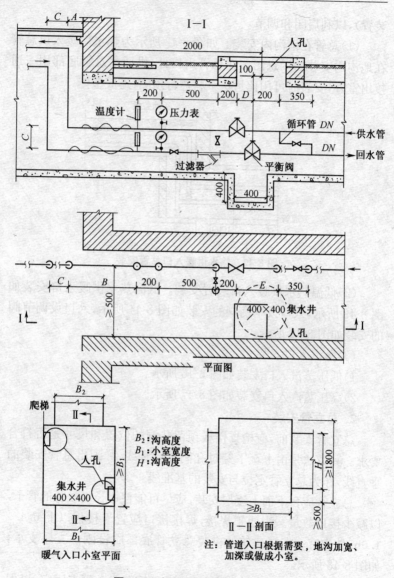

图 8-43 低温热水供暖入口安装

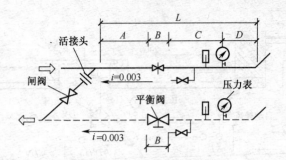

图 8-44　入口设平衡阀的安装

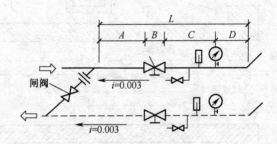

图 8-45　入口设调节阀的安装

总立管顶部分为两个水平分支干管时,应按图 8-49 所示的方法连接,不得采用 T 形三通分支,两侧分支干管上第一个支架应为滑动支架,距总立管 2m 以内,不得设置导向支架和固定支架。

3. 干管安装

室内供暖干管的安装程序是:定位、画线、安装支架、管道就位、对口连接、找好坡度、固定管道。

(1)确定干管位置、画线、安装支架。根据施工图所要求的干管走向、位置、标高和坡度,检查预留孔洞,挂线弹出管子安装位置线,再根据施工现场的实际情况,确定出支架的类型和数量,即可安装支架。

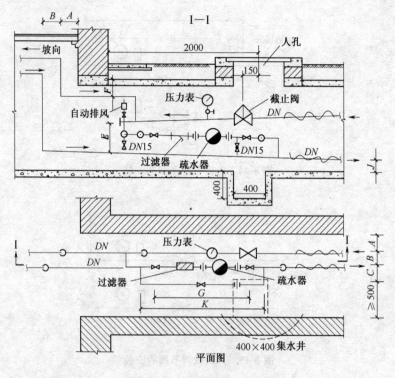

图 8-46 低压蒸汽入口安装

(2)管道就位前应进行检查,检查管子是否弯曲,表面是否有重皮、裂纹及严重的锈蚀等,对于有严重缺陷的管子不得使用,对于有弯曲、挤扁的管子应进行调直、整圆、除锈,然后管道就位。

(3)对口连接。管道就位后,应进行对口连接,管口应对齐、对正,并留有对口间隙(一般为 1~1.50mm),先定位焊,待校正坡度后再进行全部焊接,最后固定管道。

(4)干管安装的其他技术要求:

1)干管变径:干管变径如图 8-50 所示。蒸汽干管变径采用下偏心大小头(底平偏心大小头)便于凝结水的排除,热水管变径采

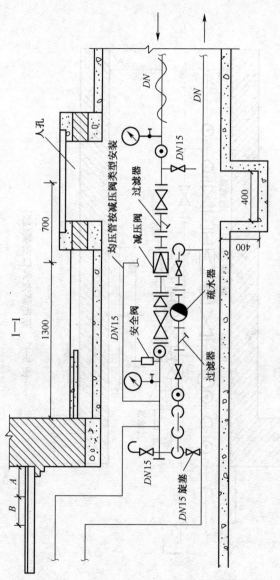

图 8-47 高压蒸汽入口安装

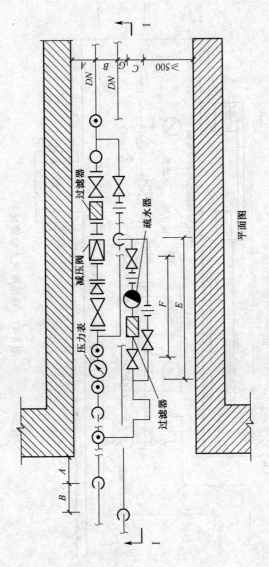

图 8-47 高压蒸汽入口安装(续)

平面图

压力表

减压阀

过滤器

疏水器

过滤器

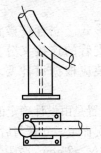

图 8-48 总立管底部刚性支座

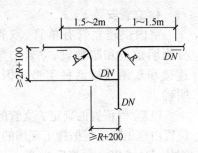

图 8-49 总立管与分支干管连接

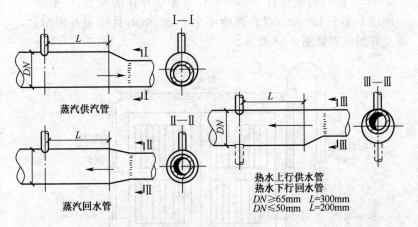

图 8-50 干管变径

用上偏心大小头（顶平偏心大小头）便于空气的排除。

2）干管分支：干管分支应做成如图 8-51 所示的连接形式。

3）回水干管过门：回水干管过门应做成如图 8-52 所示的形式。

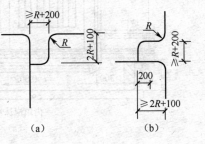

图 8-51 干管分支

（a）水平连接 （b）垂直连接

4. 立管安装

室内供暖立管有单管、双管两种形式。立管按敷设方式分为明敷设和暗敷设;立管与散热器支管的连接又分为单侧连接和双侧连接两种类型。因此,安装应根据设计要求予以明确。

(1)立管位置的确定。立管的安装位置是由设计确定的,具体位置由施工部门根据施工现场的实际情况而定。立管与后墙的净距是:$DN \leqslant 25mm$,净距为 $25 \sim 35mm$,$DN > 25mm$,净距为 $30 \sim 50mm$。同时应使立管一侧与墙保持便于操作的位置,一般对左侧墙不小于 150mm,对右侧墙不小于 300mm,且应避开窗帘盒,立管的位置如图 8-53 所示。

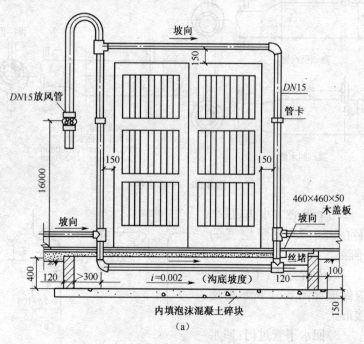

(a)

图 8-52 回水干管过门

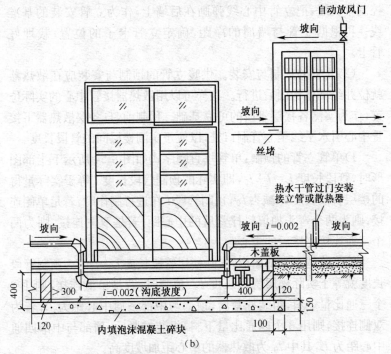

(b)

图 8-52　回水干管过门(续)

(a)蒸汽干管过门时的安装　(b)热水干管过门时的安装

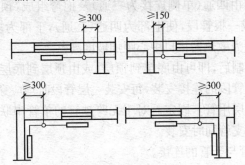

图 8-53　供暖立管安装位置的确定

立管的具体安装位置确定后,自顶层向底层吊通线坠,用线坠控制垂直度,把立管中心线弹画在后墙上,作为立管安装的基准线。再根据立管与墙面的净距,确定立管卡子的位置,栽埋好管卡。

(2)立管的预制与安装。供暖立管的预制与安装应在散热器就位并经调整稳固后进行。这样可以用散热器接管中心的实际位置,作为实测各楼层管段的可靠基础。预制前,自各层散热器下接管中心引水平线至立管洞口处,以便于实测楼层间的管段长度。

1)单管立管的预制:单管垂直顺序式如图 8-54 所示下半部图形时,管段长度 $L=l+l_0$,即实际的预制管段长度 l 等于实际量得的楼层管段长度 L 减去 l_0,预制管段 l 在进行制作时,若是单侧连接,则为两个弯头加填料拧紧后的中心距;若是双侧连接,则为两个三通连接完毕后的中心距。

单管跨越上半部图形,实际楼层管段长度 $L=l+l_0$,预制管段长度就等于实际楼层管段长度 l。预制时,若是单侧连接,则用 3 个三通比量下料,组装拧紧后,顶部与中部三通中心距为 L;若为双侧连接,则用 3 个四通比量下料,组装拧紧后,顶部与中部四通中心距为 L,其中 l_0 为散热器的中心距加坡度高。

2)双管立管的预制如图 8-55 所示:其楼层管段长度 $L=l+l_0$。其中 l_0 由四通(单侧连接为三通)及抱弯组成,预制时应把 l 和 l_0 加工成一根管段,使上部为四通(三通),下部为裸露的管螺纹。l_0 值应为散热器接口中心距加坡度高。

立管预制后,即可由底层到顶层(或由顶层到底层)逐层进行各楼层预制管段的连接安装,每安装一层管段时均应穿入套管,并在安装后逐层用管卡固定。对于无跨越管的单管串联式系统,则应和散热器支管同时安装。

(3)立管与干管的连接。

1)回水干管与立管的连接:当回水干管在地沟内与供暖立管连接时,一般由 2~3 个弯头连接,并在立管底部安装泄水阀(或丝堵),如图 8-56 所示。

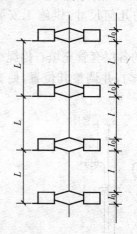

图 8-54　单管供暖立管预制

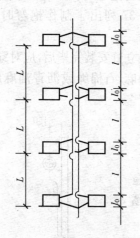

图 8-55　双管供暖立管预制

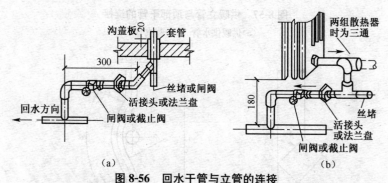

图 8-56　回水干管与立管的连接

(a)地沟内立、干管的连接　(b)明装(拖地)干管与立管的连接

2)供热干管在顶棚下接立管:供热干管在顶棚下接立管时,为保证立管与后墙的安装净距应用弯管连接,热水管可以从干管底部引出;对于蒸汽立管,应从干管的侧部(或顶部)引出,如图 8-57 所示。

供暖立管与干管连接所用的来回弯管以及立管跨越供暖支管

所用的抱弯均在安装前集中加工预制,弯管制作如图 8-58 所示。表 8-37 列出了制作抱弯时各部位的几何尺寸,供施工安装时参考。

立管安装完毕后,应对穿越楼板的各层套管充填石棉绳或沥青油麻,石棉绳或沥青油麻应充填均匀,并调整其位置,使套管固定。

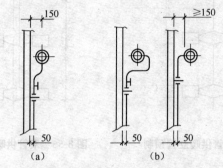

图 8-57　供暖立管与顶部干管的连接
(a)供暖供水管　(b)蒸汽管

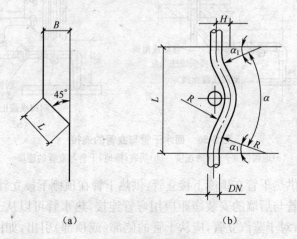

图 8-58　弯管制作
(a)来回弯管　(b)抱弯

表 8-37　抱弯尺寸表　　　　　　（单位：mm）

公称直径 DN	α	α_1	R	L	H
15	94	47	50	146	32
20	82	41	65	170	35
25	72	36	85	198	38
32	72	36	105	244	42

注：此表适用供暖、给水、生活热水管道，α 和 α_1 单位为度（°）。

技能要点 3：散热器安装

1. 散热器组对

（1）散热片上台。对柱形散热器应为足片（或中片）。将端片平放在工作台上，使散热器正螺纹面朝上，如图 8-59 所示。对于长翼型散热器，应使散热片平放，接口的反螺纹朝右侧。

（2）上对螺纹。将刷有白厚漆的垫片套到对螺纹上，用对螺纹正扣拧入散热片，如手拧入轻松，则可退回，使其仅拧入 2 扣即可。

（3）合片。将第二片的反螺纹面端正地放在上下接口对螺纹上，应注意散热片顶面、底面和边片一致。

（4）组对。将对口平面清理干净，从散热片接口上方插入钥匙，钥匙的方头正好卡住对螺纹的突缘处（图 8-60），这时一人扶稳

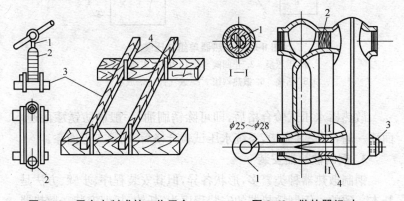

图 8-59　用方木制成的工作平台
1. 钥匙　2. 散热器　3. 木架　4. 地桩

图 8-60　散热器组对
1. 散热器钥匙　2. 垫片
3. 散热器补心　4. 散热器对螺纹

散热器,另一人先轻轻地按加力的反方向扭动钥匙,使对螺纹外退,当听到有"叭"的声响时,说明对螺纹正、反面方向已入扣,此时,改变加力方向继续扭动钥匙,使接口正反两方向对螺纹同时进扣,直至用手扭不动后,再插入加力杠(DN25 钢管,长为 0.8～1.0m)加力,直到垫圈压紧。

组对时,应特别注意使上下(左右)两接扣均匀进扣,不可在一个接扣上加力过快,否则除操作困难外,常常会扭碎对螺纹。

(5)上堵头及补心。当组对最后一边片后,应进行上堵头、上补心,堵头及补心应加垫片,再拧入散热器边片。

2. 散热器试压

散热器组对完毕后,应进行单组试压,以检验散热器组对的严密性,单组试压装置如图8-61所示,试验压力如设计无要求时应为工作压力的 1.5 倍,但不小于 0.6MPa,试验时应缓慢将压力升至试验压力,试验时间为 2～3min,压力不降且不渗不漏为合格。

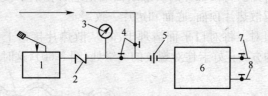

图 8-61 散热器单组试压装置
1. 手压泵 2. 止回阀 3. 压力表 4. 截止阀
5. 活接 6. 散热器组 7. 放气管 8. 放水管

散热器水压试验合格后,即可除锈刷油,一般刷防锈漆两遍,面漆一遍,待安装完毕,系统水压试验合格后,刷第二道面漆。

3. 钢制散热器安装

钢制散热器种类繁多,形状各异,但其安装程序、步骤、方法是基本一致的。钢制散热器的安装程序为:托钩、托架安装—散热器就位—散热器找平、找正—散热器固定。

(1)托钩、托架安装。

1)找出散热器的中心线：散热器的中心线与窗台中心线相吻合。用尺量出窗口的实际宽度，取其一半，在墙上作"V"符号标记，从标记点上用线坠吊垂线，用水平尺、角尺把垂线画到墙上。此垂线即为散热器安装中心线基线，也是托钩、托架定位的基准线之一。

2)在垂直中心线上，从地面向上量取 $150 \sim 250 \text{mm}$，得出 A 点，作一"十"字标记，再从 A 点沿着垂线向上量取 H_1 值(散热器进出口中心距)，在此垂直中心线上得出第二个交点 B，并作出"十"字标记，如图 8-62、图 8-63 所示。

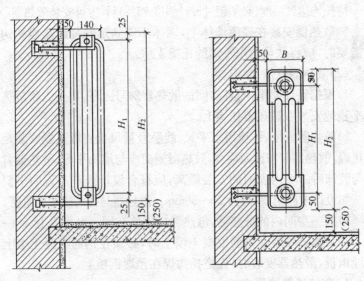

图 8-62 普通钢制柱形散热器安装   图 8-63 耐蚀钢制柱形散热器安装

3)用水平尺和拉线过 A 与 B 两个"十"字标记分别拉出上下两根水平平行线，并画在墙上。

4)根据散热器托钩、托架的位置和每组散热器托钩、托架的数量，在上下水平线上量出托钩、托架在墙上的实际位置，并画出"十"字标记。由于钢制柱形散热器种类、型号较多，因此，每组散热器所用托钩、托架数量不一。散热器托架、托钩数量应符合设计或产品说明书要求。

5) 用电钻对准墙上的托钩定位,钻孔打眼,孔洞深度不得小于130mm。钻孔时,应使孔洞里大外小。打完孔洞后应使用配套托钩试安装,如不符合要求,应将孔洞修凿至满足安装要求为止。

6) 托钩安装时,先用水将孔洞冲洗干净,把细石混凝土填入孔洞到洞深的1/2,将托钩垂直地栽入孔洞内,然后,检查托钩是否垂直于墙面、托钩是否平整、上托钩是否在上水平线上、下托钩是否在下水平线上。检查合格后,将孔洞填实、压平、挤严,最后将托钩固定。

待托钩达到强度(必须超过设计强度75%)后,方可安装散热器。

7) 散热器安装在轻质墙体上,墙体不能满足安装散热器托钩的需要时,应将散热器用专用的托架支承。

(2) 散热器就位、固定。

1) 根据设计要求,将各房间的散热器对号入座,用人力将散热器平稳地安放在散热器托钩上。

2) 散热器就位后,须用水平尺、线坠及量尺检查散热器安装是否正确,散热器应与地面垂直,散热器侧面应与墙面平行,散热器背面与装饰后的墙内表面的安装距离,应符合设计或产品说明书要求。如设计未注明,距离为30~50mm。散热器与托钩接触要紧密。

3) 同一房间内的散热器,散热器应安装在同一水平线上。

4) 散热器安装在钢筋混凝土墙上时,必须在钢筋混凝土墙上预埋钢板,散热器安装时,先把托钩焊在预埋钢板上。

4. 灰铸铁散热器安装

灰铸铁散热器的安装程序为:定位→画线→栽钩子→散热器安装就位→散热器固定。

(1) 定位画线。散热器中心安装在窗台中心。先用量尺量取窗口宽度的一半,找出窗台中心,作出标记,再在此点位置上吊线坠,找出垂直中心线,并画在墙上。

(2) 根据设计图中回水管的连接方法及施工规范的规定,确定散热器的安装高度。利用画线尺或画线架,画出托钩、卡子的安装位置。如果不利用画线架托钩定位,可根据设计图纸散热器距地面标高,从地面向上量出 150～250mm,作一"十"字标记,此标记为散热器回水口中心,从此中心向上量至散热器进水口中心作另一"十"字标记,通过上下两"十"字标记拉两根水平线,画在墙壁上,再在两根水平线上确定散热器的上下托钩位置和数量。

(3)打孔洞用电钻或电锤对准墙上的托钩定位,钻孔打眼,孔洞深度不得小于 130mm。钻孔时,应使孔洞里大外小。打完孔洞后应使用配套托钩试安装,如不符合要求,应将孔洞修凿至满足安装要求为止。

(4)栽托钩托钩安装时,先用水将孔洞冲洗干净,把细石混凝土填入孔洞到孔深的 1/2,将托钩垂直地栽入孔洞内,然后,检查托钩是否垂直于墙面、托钩是否平整、上托钩是否在上水平线上、下托钩是否在下水平线上。检查合格后,将孔洞填实、压平、挤严,最后将托钩固定。

(5)散热器安装。灰铸铁散热器安装固定具体要求同钢制散热器。

灰铸铁四柱形散热器安装如图 8-64 所示,灰铸铁柱翼型散热

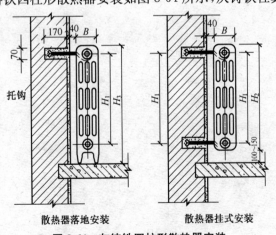

散热器落地安装　　　　　　　散热器挂式安装

图 8-64　灰铸铁四柱形散热器安装

器安装如图 8-65 所示。

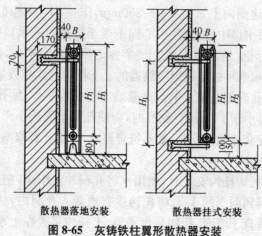

散热器落地安装　　　　　散热器挂式安装

图 8-65　灰铸铁柱翼形散热器安装

第九章 管道试压、吹扫与清洗

第一节 管道试压

本节导读：

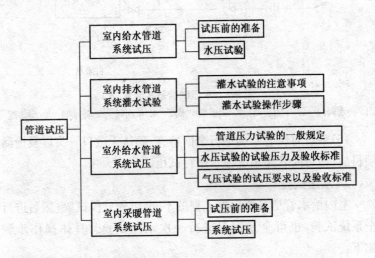

技能要点 1:室内给水管道系统试压

1. 试压前的准备

室内给水系统包括：室内生活用水、消防用水以及生活（生产）与消防合用水系统。

(1)试压前应将试压用的管材、管件、阀件、压力表以及试压泵等材料、机具准备好，并找好试压用的水源（自来水）。压力表必须经过校验，其精度不得低于 1.5 级，且应具有良好的铅封。

（2）试压前还应先将室内给水引入管外侧管端用堵板堵严，室内各配水设备一律不得安装，并将敞开管口堵严，在试压管道系统的最高点处设置排气阀，管路中各阀门均应打开。

（3）参加试压的人员应按照岗位分工，要明确其责任，熟悉试压分区或者分段的划分范围，掌握试验压力标准：各种材质的给水管道试压均为工作压力的 1.5 倍，但不得小于 0.6MPa。

（4）连接临时试压管路以及安装附件、试压泵，如图 9-1 所示。

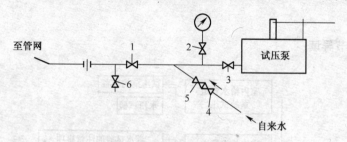

图 9-1　水压试验基本装置
1. 进水阀门　2. 压力表阀　3. 试压泵出水阀　4. 单向阀　5. 补水阀　6. 泄水阀

（5）最后对所有系统进行全面检查，确认无敞口管头以及遗漏项目后，即可向管路系统注水进行试压。

2. 水压试验

室内给水管道系统根据工程的不同，可先分段试验，然后进行全系统试验，也可全系统只进行一次水压试验。具体操作步骤如下：

（1）注水。打开如图 9-1 所示中的 1、2、5 阀门，自来水可不经过泵直接向系统进水，将管网中最高处配水点的阀门打开，方便排尽管中空气，等出水时关闭。待一段时间后，继续向系统内灌水，排气阀出水无气泡，则表明管道系统已注满水，可关闭排气阀。

（2）升压及强度试验。当管网中的压力表压力和自来水压力相同时，关闭阀门 5，开启阀门 3，起动试压泵使系统内的水压逐渐升高,先缓慢升至工作压力,停泵检查各类管道接口、管道与设备连接处,当阀门以及附件各部位无渗漏、无破裂时,可分 2~4 次将压力升至试验压力。待管道升至试验压力后,关闭阀门 3,停泵并稳压 10min,对金属管及复合管而言,压力下降不大于 0.02MPa,塑料管在试验压力下稳压 1h,压力下降不大于 0.05MPa,表明管道系统强度试验合格。

(3)降压及严密性试验。强度试验合格后,将压力降至工作压力,在稳压条件下进行严密性试验,此时全系统的各部位仍无渗漏、裂纹,则表明系统的严密性合格。

在检验过程中如果发现管道接口处渗漏,应及时做记号,并在泄压后进行修理,再重新试压,直至合格为止。只有强度试验和严密性试验均合格时,水压试验才算合格。

经建设单位、施工单位检查验收后将工作压力逐渐降至零。管道系统试压完毕。

(4)填写管道系统试压记录。试压合格后,如实填写"管道系统试验记录",见表 9-1,严禁弄虚作假,将试压记录存入工程档案。并及时将系统的水泄空,防止积水冻结损害管道。

技能要点 2:室内排水管道系统灌水试验

1. 灌水试验的注意事项

(1)灌水试验应严格控制灌水高度和灌水时间,灌水高度不得低于本层地面,灌水时间为 15min 后,进行二次补灌满水,待 5min 后液面不下降即为合格。

(2)灌水试验必须及时,严禁在管道全部暴露下进行。排水管道没有做灌水试验者不得隐蔽,并严禁进行下一道工序的操作。

(3)排水主立管以及水平干管管道均应做通球试验,通球半径不小于排水管道管径的2/3,通球率必须达到100%。

(4)灌水和通球试验合格并验收后,应立即对管道进行防腐、防露等处理,管道应及时隐蔽。

表 9-1　管道系统试验记录

单位工程名称＿＿＿＿＿＿＿＿＿＿＿　　　No.＿＿＿＿＿＿＿＿＿＿＿

分部分项工程名称＿＿＿＿＿＿＿＿＿＿＿　　　年　月　日

管线号	材质	设计参数			强度试验			严密性试验			其他试验	
		介质	压力	温度	介质	压力	鉴定	介质	压力	鉴定	名称	鉴定

施工单位：＿＿＿＿　部门负责人：＿＿＿＿　技术负责人：＿＿＿＿

质量检查员：＿＿＿＿　实验人员或班组长：＿＿＿＿＿＿＿＿＿

建设单位：＿＿＿＿　部门负责人：＿＿＿＿　质量检查员：＿＿＿＿

（5）参加检查的施工、质检、建设单位的有关人员中，如有一方缺员，不得进行灌水试验。灌水试验合格后，应由专人及时填写好灌水试验记录，并且技术部门应定期检查施工资料。

2. 灌水试验操作步骤

（1）试漏前准备。

1）封闭排出管口：通向检查井的排出管管口，应放入大于或者等于管径的橡胶胆堵充气堵严。地下管道及底层立管可从立管检查口放入橡胶胆堵，并将上部管道堵严。各层地面以下的排水管口，用短管临时接至地面以上。地下管道甩出和横管末端甩出的清扫口，应加盖封闭。

2）临时管路连接及胶囊封堵：将胶球、胶囊按照如图 9-2 所示组装后，对工具进行试漏检查，将胶囊放在盛满水的水盆中，用打气筒给胶囊充气，边充气边检查胶囊、胶管接口处是否漏气。

灌水高度应高于大便器上沿 5mm，观察 30min，无渗漏为合格。

打开检查口，先用钢卷尺在管外测量出从检查口至被检查水平管的距离再加上斜三通以下 50cm 左右的距离，记录这个尺寸，并量出从胶囊位置到胶管的长度，在胶管上作一个记号，方便控制胶囊进入管内的位置，将胶囊由检查口缓慢送至测出的总长度的位置。然后向胶囊充气，并观察压力表值上升至 0.07MPa 为止，压力最高不超过 0.12MPa。

(2)管道内灌水试验。

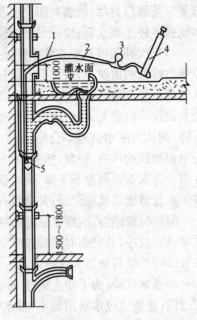

图9-2 室内排水管灌水试验

1. 检查口 2. 胶管 3. 压力表 4. 打气筒 5. 胶囊

1)用胶管从检查口向管道内灌水，边灌水边观察卫生器具的水位，直到符合要求的水位为止。

2)灌水高度以及水面位置控制：大小便冲洗池、水泥拖布池、水泥盥洗池，灌水量不得少于槽(池)深的 1/2；水泥洗涤池不得少于池深的 2/3；坐、蹲式大便器的水箱、大便槽冲洗水箱灌水量放水至控制水位；盥洗面盆类、洗涤盆、浴盆灌水量放水至溢水处；蹲式大便器灌水量放水至高于大便器边沿 5mm 处；地漏漏水至水面距地表面 5mm 以上；地漏边缘不得渗水。

3)灌水试漏时自始至终应设专人检查监视容易跑水的部位，如排出管口、地下扫除口等处。若发现封堵不严或者胶囊封堵不严造成管道漏水等现象时，应立即停止向管道内灌水，并及时进行修复。待管口封堵、胶囊封闭严实及管道修复后,再重新开始做灌水试验。停止灌水后,应记录水面位置和停灌时间。

4)二次补灌以及检查验收停灌15min后,在没有发现管道以及接口渗漏的情况下,应进行二次补灌,使管内水面上升至停止灌水时的位置,再次记录停灌时间。等15min后,施工人员、质检人员及建设单位有关人员,应共同检查管道内水位情况,若水面位置下降,则认为灌水试验不合格,施工人员应对管道及接口、堵口进行全面细致的检查、修复,重新按照上述方法进行灌水试验,直至合格。若水面位置没有下降,则可认为灌水试验合格,应立即填写好排水管道灌水试验记录,并交予有关检查人员签字盖章。

5)临时管路拆除:灌水试验合格后,将管道内的积水从室外排水口排空放净,并把临时试验接管全部拆除,各管口恢复标高。拆除管线时严禁污物落入管道内。

6)通球试验:为了防止钢丝、砂浆、钢筋、水泥及其他杂物卡在管道内,使管道过水断面缩小,排水管道灌水试验合格后,应做通球试验。

胶球按照管道直径配用,胶球直径的选用见表9-2。

表9-2 通球试验胶球直径的选择 (单位:mm)

管径	150	100	75
胶球直径	100	70	50

通球试验顺序自上而下进行,在管内注入一定水量,将胶球从排水立管顶部投入,若胶球能顺利流出即认为通球试验合格。若通球过程遇到堵塞,未能流出,则认为通球试验不合格,应检查堵塞位置,及时疏通,直至通球畅通无阻为止。通球完毕,填写通球试验记录。

技能要点3:室外给水管道系统试压

管道水压试验接管装置如图9-3所示。

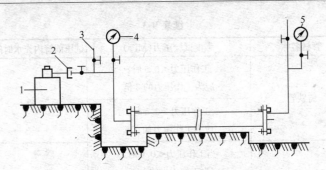

图 9-3　管道水压试验接管装置图

1. 试压泵　2. 活接头　3. 灌水管　4、5. 压力表

1. 管道压力试验的一般规定

(1)室外给水管道一般采用水进行压力试验。地下钢管或者铸铁管,在冬季或者缺水情况下,也可用空气进行压力试验,但均须有防护措施。

(2)架空管道、明装管道以及非隐蔽的管道,应在外观检查合格后进行压力试验。

(3)地下管道必须在管基检查合格、管身两侧及其上部回填不小于 0.5m(0.5m 以内和工作坑管底部分仔细回填夯实)以后进行压力试验。铺设后必须立即全部回填土的管道,在回填前应认真对接口作外观检查,仔细回填后可进行压力试验。组装的有焊接接口的钢管,必要时可在沟边做预先试验,但在下沟连接以后仍需进行压力试验。

(4)压力试验管段长度不宜大于 1000m,非金属压力管道的试验段长度宜更短些。

2. 水压试验的试验压力及验收标准

(1)室外给水管道水压试验压力见表 9-3。

表 9-3　室外给水管道水压试验压力

管材名称	强度试验压力(MPa)	试压前管内充水时间(h)
钢管	应为工作压力加 0.5,并且不少于 0.9	24

续表 9-3

管材名称	强度试验压力（MPa）	试压前管内充水时间(h)
铸铁管	工作压力<0.5时，应为工作压力的2倍	24
	工作压力>0.5时，应为工作压力加0.5	
石棉水泥管	当工作压力<0.6时，应为工作压力的1.5倍	24
	当工作压力>0.6时，应为工作压力加0.3	
预(自)应力钢筋混凝土管和钢筋混凝土管	当工作压力<0.6时，应为工作压力的1.5倍	D<1000mm 时为48
	当工作压力>0.6时，应为工作压力加0.3	D>1000mm 时为72
水下管道（为无规定时）	应为工作压力的2倍，且不少于1.2	—

（2）架空管道、明装管道以及隐蔽管道用水进行试验时，应先升至试验压力，观测10min，如压力下降不大于0.05MPa，且管道、管道配件和接口未发生破坏，则再将压力降至工作压力进行外观检查，如无渗漏现象，认为试验合格。

（3）地下管道用水进行试验时，应先升至试验压力，恒压不少于10min（为保持压力，允许向管内补水），检查接口以及管道配件，如未发生破坏以及较严重的渗水现象，即可进行渗水量试验，如图9-4所示。在进行渗水量试验时，管道未发生破坏，且渗水量不大于表9-4中的规定值，则认为试验合格（渗水较多的接口，必须修复）。

（4）当管径不大于400mm的地下埋设压力管道在进行水压试验时，如管道内空气排尽，试验压力在10min内的压力下降不大于0.05MPa，则可不测定渗水量，认为试验合格。

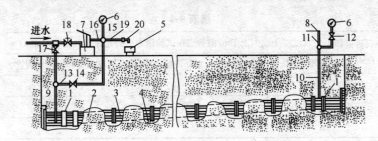

图 9-4　渗水量试验

1. 封闭端　2. 回填土　3. 试验管段　4. 工作坑　5. 水筒　6. 压力表　7. 手摇泵
8. 放气口　9. 进水管　10、13. 压力表连接管　11、12、14~19. 闸门　20. 水嘴

表 9-4　压力管道水压试验允许渗水量

公称通径	长度等于或大于1km的管道在试验压力下的允许渗水量 q(L/min)		
DN(mm)	钢管	铸铁管	预(自)应力钢筋混凝土管、钢筋混凝土管和石棉水泥管
100	0.28	0.70	1.40
125	0.35	0.90	1.56
150	0.42	1.05	1.72
200	0.56	1.40	1.98
250	0.70	1.55	2.22
300	0.85	1.70	2.42
350	0.90	1.80	2.62
400	1.00	1.95	2.80
450	1.05	2.10	2.96
500	1.10	2.20	3.14
600	1.20	2.40	3.44
700	1.30	2.55	3.70
800	1.35	2.70	3.96
900	1.45	2.90	4.20
1000	1.50	3.00	4.42
1100	1.55	3.10	4.60

续表 9-4

公称通径 DN(mm)	长度等于或大于 1km 的管道在试验压力下的允许渗水量 q(L/min)		
	钢管	铸铁管	预(自)应力钢筋混凝土管、钢筋混凝土管和石棉水泥管
1200	1.65	3.30	4.70
1300	1.70	—	4.90
1400	1.75	—	5.00

注:试验管段长度小于 1km 时,表中允许渗水量应按比例减少。

3. 气压试验的试压要求以及验收标准

室外给水管道采用气压试验时应进行两次,即回填前的预先试验和沟槽全部回填后的最后试验。其试压要求以及验收标准如下:

(1)气压试验压力见表 9-5。

表 9-5　压力管道气压试验压力　（单位:MPa）

管　材		强度试验压力	严密性试验压力
钢管	预先试验	工作压力<0.5 时,为 0.60	0.30
	最后试验	工作压力>0.5 时,为 1.15 倍工作压力	0.03
铸铁管	预先试验	0.15	0.10
	最后试验	0.60	0.03

(2)钢管管道和铸铁管管道以气压进行预先试验时,应将压力升至强度试验压力,恒压 30min(为保持试验压力,允许向管内补气),如管道、管道配件和接口未发生破坏,可将压力降至严密性试验压力,进行外观检查,如无渗漏则认为预先试验合格。

技能要点 4:室内采暖管道系统试压

1. 试压前的准备

(1)检查管路、设备、阀件、固定支架、套管,安装必须正确。系统每一连接处都不得漏检。

(2)校核试压用压力表的准确度。严禁使用失灵或不准确的压力表。

(3)在检查系统阀门的启闭状态时,应将水压试验系统中阀门全部关闭,待试压中需要时再打开。

(4)试验管段与非试验管段的连接处应用法兰盲板隔断。

(5)连接试压管路如前面图9-2所示。一般在系统进户入口供水管的甩头处与试压管路连接。在试压管路的试压泵端和系统的末端安装压力表及表弯管、旋塞。

2. 系统试压

(1)系统注水。开启试压管路中的阀门及排气阀,开始向采暖系统注水,待水灌满后,关闭排气阀和进水阀,停止注水。

(2)系统加压。开启试压泵的阀门,拧开压力表上的旋塞阀,通过试压泵向系统加压,并观察压力逐渐升高的情况,一般分2~3次升至试验压力。每加压一定数值时,应停下来对管道进行全面检查,无渗漏无变形等异常现象,方可继续加压。在试压过程中,如果发现管道系统出现破裂变形等异常情况,应立即停止试压,并迅速放尽管道内的水,采取补救措施。

(3)试压检查。待管道升至试验压力后,停压时间为10min,然后将压力降至工作压力,并进行全面检查。钢管或复合管在试验压力下稳压10min,压力下降不大于0.02MPa;降至工作压力检查,压力不降,且不渗不漏为合格。塑料管在试验压力下稳压1h,压力下降不超过0.05MPa,降至1.15倍工作压力下稳压2h,压力下降不超过0.03MPa,连接处不渗不漏为合格。对渗漏部分应及时作记号,待修复后按照上述方法重新进行试压。

(4)填写记录。试压合格后,由专人及时填写管道试压记录。

室内采暖管道系统水压试验合格后,应对系统进行冲洗并清扫过滤器以及除污器。系统冲洗完毕应充水、加热,进行试运行和调试(高级工要求),全部合格后才能使用。

第二节 管道吹扫与清洗

本节导读：

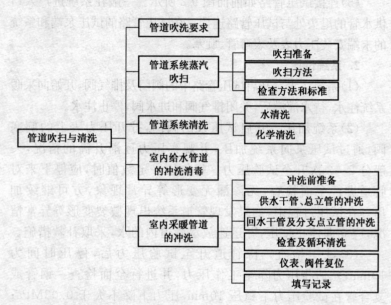

技能要点 1：管道吹洗要求

为使吹扫和清洗工作顺利进行，吹洗工作应遵守以下规定：

（1）管道系统强度试验合格后，或者在气压严密性试验前，应先分段进行吹洗。

（2）吹洗方法可以根据管道的使用要求、工作介质以及管道内的脏污程度确定。

（3）系统吹洗前应先绘制出完整的吹洗流程图，图上应详细地标注每一条系统的吹洗次序，吹洗介质引入口，吹出口，应拆、装的部件，临时盲板的加设位置等，吹洗以前必须组织吹洗人员熟悉整个吹洗流程。吹洗一般按照先主管、后支管、最后疏排管道的次序依次进行。

（4）吹洗前应对系统内的仪表加以保护，并拆除有碍吹洗工作的孔板、喷嘴、滤网、节流阀以及止回阀芯等部件，妥善保管，待吹洗后复位。

（5）对不允许吹洗的设备以及管道应用盲板吹洗系统加以隔离（若有阀门也不推荐用关阀门的办法隔离）。

（6）吹洗前应考虑管道支、吊架的牢固程度，尤其要注意临时装设的介质引入管和吹出管，一定要固定牢靠。

（7）吹洗时，管内应有足够的吹洗介质和流量，吹洗压力不得高于工作压力，吹洗流速也不得低于工作流速，当用气体吹洗时，流速一般不低于 20m/s。

（8）除有色金属管外，吹洗时应用锤（不锈钢管用木槌或纯铜小锤）敲打管子，对焊缝、死角和管底部应重点敲打。但不得使管道表面产生麻点和凹陷。

（9）吹洗后管子里还可能留存脏物，需用其他方法补充吹洗。

技能要点 2：管道系统蒸汽吹扫

管道蒸汽吹扫是以蒸汽为介质，对管道进行吹扫工作。蒸汽管道通常用蒸汽吹扫，对于非蒸汽管道，如果空气吹扫不能满足要求也可用蒸汽吹扫，但吹扫时应考虑管道结构能否承受高温和热膨胀因素的影响。

1. 吹扫准备

管道蒸汽吹扫工作除执行管道吹扫的一般规定外，还应做好以下工作，特别是高压管道更应认真执行。

（1）试压合格后，拆除一切临时支撑，若有弹簧支架应拆下临时卡板，并调整至冷态负荷值。

（2）管网上的阀门处于良好的使用状态。

（3）管线应保温的部分保温完毕，若没保温先吹扫，则应采取局部的防止人体烫伤的措施。

（4）准备好用于检测的铜靶或者铝靶，高压蒸汽检测用的铜靶片加工光洁度应达到▽6，靶片尺寸以及安装方法如图 9-5 及表 9-6 所示。铝靶片表面也应光洁，宽度为排气管内径的 5%～8%，并且长度等于管子内径。

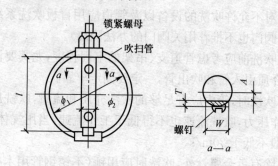

图 9-5　试片安装图

表 9-6　铜靶试片尺寸

管径 试片尺寸(mm)	12″以下	14″以上
长度 l	$\phi_1 - 20$	$\phi_1 - 20$
宽度 W	24	28
厚度 T	2	4
A	9	12
ϕ_2	38	54
ϕ_1	管内径	

2. 吹扫方法

管道吹扫的方法应根据对管道的使用要求、管道内输送介质的种类及管道内表面的脏污程度确定。吹扫的顺序一般应按照主管、支管、疏排管依次进行。

（1）吹扫前应缓慢用蒸汽升温暖管，当吹洗段末端与进气管端的温度接近时，且恒温 1h 后，才可进行吹扫；当管子自然降温至正常环境温度时，需要再升温暖管，恒温 1h 后再进行第二次吹扫，如此反复,至少三次。

(2)吹扫蒸汽总管时,用总蒸汽阀来控制蒸汽流量;吹扫支管时用管路中各分支处的阀门控制流量。在开启汽阀前,应将前面管道中的凝结水由起动疏水管排出。吹扫压力最好维持在设计工作压力 75% 左右,最低不得低于工作压力的 25%。吹扫流量为设计流量的 40%~60%。每个排汽口吹扫两次,每次吹扫 15~20min。蒸汽阀开启和关闭都应缓慢,不能过急,防止形成水锤,引起管子和阀件的破裂。

(3)蒸汽吹扫的排气管应引至室外,并加以明显的标志。管口距离人站立的地面或平台面不得少于 2.5m,并且向上倾斜,确保排放安全。排气管的直径不得小于被吹扫管的管径,长度应尽量短捷。

3. 检查方法和标准

蒸汽吹扫的检查方法和合格标准:

(1)对于一般蒸汽管道可用刨光木板置于排汽口处检查,木板上应无铁锈和脏物。

(2)对于中、高压的蒸汽管道,蒸汽透平入口管道的吹扫效果,应以检查装于排气管的铝靶为准。靶表面应光洁,并要连续两次更换靶板检查,如靶板上用肉眼可见的冲击斑痕不多于 10 点,每点不大于 1mm,即为合格。

(3)对于吹扫结果要求更高的蒸汽管道,可采用铜靶,并按照如图 9-6 所示的升降温曲线,反复多次升降温后进行检查;其合格

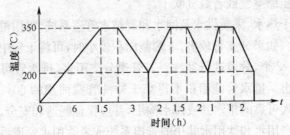

图 9-6　蒸汽吹扫升温曲线

标准除设计另有规定者外,可按照表 9-7 执行。

表 9-7　蒸汽吹扫判定标准(HITACH)

项　目	判　定　标　准
痕迹大小	φ0.3mm 以下
痕迹粒数	少于 5 个(100mm×100mm)
次数	连续两次吹扫,均应达到上述标准

技能要点 3:管道系统清洗

根据工作介质的不同,管道系统的清洗可分为两种,即水清洗和化学清洗。

1. 水清洗

以液体为工作介质的管道,一般采用水清洗,来清除焊渣等颗粒状杂质。如果不能用水冲洗或者水冲洗不能满足清洁要求时,可采用压缩空气或者其他适用的介质冲洗。

冲洗用水可根据工作介质以及管道材质选用饮用水、工业用水、澄清水或者蒸汽冷凝液;若使用海水,则需用清洁水再次冲洗。奥氏体不锈钢管道不得使用海水或氯离子含量超过 25mg/L 的水进行冲洗。

用水冲洗时,以系统内可能达到的最大流量或不小于 1.5m/s 的流速进行,当无明确的检验指标时则出口处的水色和透明度与入口处的水质目测一致为合格。管道冲洗合格后把水排净,必要时可用压缩空气或者氮气吹干。

对于热水、采暖供水及回水和凝结水管道系统,可用澄清水进行冲洗。如果分支管较多,末端截面积较小时,可将干管中的阀门拆掉 1~2 个,分段进行冲洗。若管道分支不多,排水管可从管道末端接出。排水管截面积不得小于冲洗管截面积的 60%。排水管应接入可靠的排水井或排水沟中,并应保证畅通和安全。

生产用水和饮用水共用的管道系统或者饮用水管道系统用水冲洗后,在投入运行前应用每升水中含 20~30mg 的游离氯的水进行消毒,含氯水在管中应灌满留置 24h 以上。消毒完后再次用饮用水冲洗置换,符合《生活饮用水卫生标准》(GB 5749—2006)要求后方可使用。通常是将漂白粉溶解后制得消毒用氯水。氯离子含量也不能过高,因为过高会加剧管材腐蚀,还会剥脱铸铁管内的沥青涂层,造成"红水"。

2. 化学清洗

化学清洗又称酸清洗,对清洁度要求高的管道系统一般采用此清洗工艺。管道系统在化学清洗前应根据系统大小、设备结构以及内部腐蚀程度来制定清洗方案和清洗措施。

化学清洗工作一般采用槽浸法或者系统循环法。当管道内壁有明显的油斑时,无论采用何种酸洗方法,均应先进行管道脱脂。管道内壁的清洗工作必须保证不损坏金属的未锈蚀表面。酸洗时,应保持酸液的浓度和温度。当酸洗要求的清洁度高时,可采用表 9-8 的程序和配方。

表 9-8 化学清洗程序表

化学清洗步骤		使用药品浓度(%)	清洗条件	备 注
水冲洗		清水	流速>0.5m/s 至出水清洁为止	
碱洗		$0.2\%Na_3PO_4$ $0.1\%Na_2HPO_4$ 0.5%洗涤剂	>80℃循环 8~10h	
水冲洗		净水	pH<8.2 无异形物	
酸洗	盐酸	$2.5\%~5\%HCl$ 0.2%~0.3%抑制剂	50~60℃循环至铁离子变化不大	对主要阀门要进行保护,奥氏体钢不能采用
	柠檬酸	$2.5\%~3\%H_3C_6H_5O_7$ 0.2%~0.3%抑制剂	氨调 pH=3.5~4.0,90℃左右循环至铁饱和	适应于任何材料的设备
	氢氟酸	1%~1.2%HF 0.2%~0.3%抑制剂	常温~70℃,1~2h 开路,过铁离子高峰	废液排放时进行除氟离子处理

续表 9-8

化学清洗步骤		使用药品浓度(%)	清洗条件	备　注
水冲洗及漂洗		净水冲洗加 0.1%～0.2%$H_3C_6H_5O_7$,氨调 pH	至 pH＞6 氨调 pH＝3.5 循环 1h 后再用 氨调 pH＝9.5～10	用开路法酸洗可先用 pH＝3 的水置换后再用 pH＝9 的加氨的水置换
钝化	亚硝酸钠法	1.5%～2%$NaNO_2$ 加氨调 pH	pH＝10～10.5,60℃循环 钝化 3～4h	
	联胺法	(300～500)×10^{-6} N_2H_4,0.05%～0.1%NH_3	90℃循环 12h	
	磷酸盐法	1%Na_3PO_4	＞90℃循环 12h	
水冲洗		加氨水	冲至出水清洁,出入口电导率差小于 10～20μΩ/cm,无异形物为止	热放时可先不冲洗
保存		100×$10^{-6}N_2H_4$ 10×$10^{-6}NH_3$	满水保存	

　　管道酸洗后,用日视检查,内壁呈金属光泽为合格。合格后的管道系统应采取有效的保护措施,防止生锈。

　　酸洗后的废水、废液,排放前应经处理,符合排放标准后才能排放,防止污染环境。

技能要点 4:室内给水管道的冲洗消毒

　　室内给水管道系统在交付使用前,必须用合格的饮用水加压冲洗,饮用水管道应用含氯水进行消毒,并经过有关部门取样检验水质符合饮用水标准,方可使用。作为给水管道施工人员必须严肃认真地进行给水管道水压试验、冲洗以及消毒。具体操作步骤如下:

（1）冲洗前将管道系统内孔板、滤网、水表等全部拆除，待冲洗后复位。用法兰短管临时接通管路。

（2）从引入管控制阀前接上临时水源，关闭支立管上的阀门，并且只开启底层主干管上的阀门。

（3）起动增压泵临时供给冲洗水，由专人观察出水口处水色的变色情况，出口水色和透明度与入口处目测水色一致为合格。

（4）底层主干管冲洗合格后，再依次吹洗干、立、支管，直至全系统冲洗完毕为止。

（5）如实填写冲洗记录存入技术档案，并将拆下的仪表部件复位。

（6）在冲洗完毕使用前，应用每升水中含 $20\sim30mg$ 的游离氯的氯水灌满管道进行消毒，含氯水在管中应留置 24h。消毒以后再用饮用水冲洗，并经有关部门取样化验合格，方可交付验收使用。

技能要点 5：室内采暖管道的冲洗

1. 冲洗前准备

管道冲洗应按系统分段进行。首先应拆除不允许吹洗的管件，用临时短管代替，并将拆下的管件妥善保管，待吹洗合格重新安装。其次对不允许吹洗的设备以及管道应用法兰盲板隔开。

2. 供水干管、总立管的冲洗

先从供水干管的末端引入自来水，再将供水总立管入口处接往排水管道。打开排水口的闸阀和自来水管进口的闸阀，开始进行反复冲洗，冲洗水的排放管应接至可靠的排水井或者排水沟里，用来保证排泄畅通和安全。冲洗结束后，先关闭自来水进口闸阀，后关闭排水口闸阀。

3. 回水干管及分支点立管的冲洗

将上述排水出口连通管改接至回水管总出口外，自来水连通管则不变。将供水总立管上各个分环路的阀门一律关闭。先打开排水口的总阀门,再打开靠近供水总立管边的第一个立支管上的全部阀门,最后打开自来水入口处阀门,进行第一分支管的冲洗。冲洗结束时,先关闭进水口阀门,再关闭第一分支管上的阀门。按此顺序分别对第二、第三、……各环路上各根立支管以及回水管进行冲洗。

4. 检查及循环清洗

当排入下水道的冲洗水,其水色和透明度与入口处相同,且无籽状物时,可认为冲洗合格。然后再以流速 $1\sim1.5\text{m/s}$ 进行全系统循环清洗,连续循环 20h 以上,待排出口的循环水色透明即为合格。

5. 仪表、阀件复位

冲洗合格后,将临时短管拆除归库,并妥善保管,以备再用。把拆除的仪表、阀件按照相应工艺标准安装复位。

6. 填写记录

最后由专业人员及时填写管道冲洗记录。

第十章　管道绝热与防腐

第一节　管道绝热

本节导读：

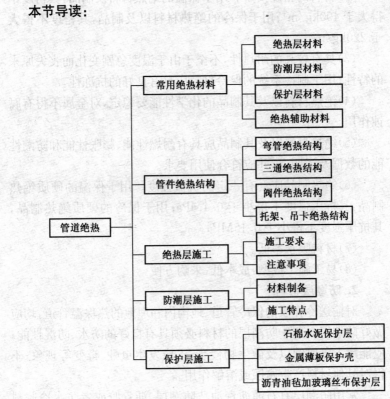

技能要点 1:常用绝热材料

1. 绝热层材料

管道绝热层常用的材料,按照材质可分为十大类:珍珠岩类、蛭石类、硅藻土类、泡沫混凝土类、软木类、石棉类、玻璃纤维类、泡沫塑料类、矿渣棉类、岩棉类。

(1)材料的热导率要小。用于起保温作用的绝热材料以及制品,其热导率不得大于 $0.12W/(m·K)$;用于起保冷作用的绝热材料以及制品,其热导率不得大于 $0.064W/(m·K)$。

(2)材料的密度要小。用于保温的绝热材料及制品,其密度不得大于 $400kg/m^3$;用于保冷的绝热材料以及制品,其密度不得大于 $220kg/m^3$。

(3)具有较高的耐热性,不至于由于温度急剧变化而丧失原来的特性;用于制冷系统的保冷材料应具有良好的抗冻性。

(4)绝热材料以及其制品的化学性能要稳定,对金属不得有腐蚀作用。

(5)绝热材料以及其制品应具有耐燃性能、膨胀性能和防潮性能的数据及说明书,并应符合使用要求。

(6)绝热制品应具有一定的机械强度。用于保温的硬质绝热制品,其抗压强度不得小于 $0.4MPa$;用于保冷的硬质绝热制品,其抗压强度不得小于 $0.15MPa$。

(7)材料吸水率低。

(8)易于施工成型,成本低,采购方便。

2. 防潮层材料

对输送冷介质的保冷管道、地沟内和埋地的热保温管道,均应做好防潮层。用于防潮层的材料必须具有良好的防水、防湿性能;应能耐大气腐蚀以及微生物侵袭,不应发生虫蛀、霉变等现象;不得对其他材料产生腐蚀或溶解作用。

常用防潮层有石油沥青油毡防潮层、沥青胶或者防水冷胶料玻璃布防潮层、沥青玛琋脂玻璃布防潮层。常用的防潮层材料有以下几种：

(1)石油沥青油毡防潮层所用的材料为石油沥青油毡和沥青玛琋脂。沥青玛琋脂的配合比(质量比)为：沥青：高岭土＝3：1，或沥青：橡胶粉＝95：5。

(2)沥青胶或防水冷胶料玻璃布防潮层所用的材料是沥青胶或防水冷胶料及中碱粗格平纹玻璃布。沥青胶质量比为10号石油沥青50％，轻柴油25％～27％，油酸1％，熟石灰粉14％～15％，6～7级石棉7％～10％。

(3)沥青玛琋脂玻璃布防潮层所用的材料是中碱粗格平纹玻璃布以及沥青玛琋脂。

3. 保护层材料

保护层应具有保护保温层和防水的性能，而且要求其容重轻、耐压强度高、化学稳定性好、不易燃烧、外形美观，并方便施工和检修。保护层表面涂料的防火性能，应符合现行国家有关标准、规范的规定。

保护层材料的质量，除应符合防潮层材料的要求外，还应采用不燃性或者阻燃性材料。工程中，常用的保护层主要有以下三种：

(1)金属保护层。金属保护层属轻型结构，适用于室外或室内绝热，常用材料及适用范围见表10-1。

表 10-1　常用金属保护层

材料名称	适用范围
镀锌薄钢板	选用 $\delta=0.3\sim0.5\text{mm}$ 薄板（$DN200$ 以下管道宜采用 0.3mm 薄板）
铝合金板	选用 $\delta=0.4\sim0.7\text{mm}$ 薄板（$DN200$ 以下管道宜采用 0.4mm 薄板）
不锈钢板	选用 $\delta=0.3\sim0.5\text{mm}$ 薄板（$DN200$ 以下管道宜采用 0.3mm 薄板）

(2)包扎式复合保护层。包扎式复合保护层也属轻型结构，适

用于室内、室外及地沟内绝热。常用材料及适用范围详见表 10-2。

表 10-2   常用包扎式复合保护层

材料名称	特性和应用
玻璃布	$\delta=0.1\sim0.16$mm 中碱平纹布,价廉、质轻、材料来源广,外涂料易变脆、松动、脱落,日晒易老化,防水性差
改性沥青油毡	用于地沟或室外架空管作防潮层。质轻价廉,材料来源广,防水性好,防火性能差,易燃,易撕裂
玻璃布铝箔或阻燃牛皮纸夹筋铝箔	用于室外温度较高的架空管道,外形不挺括,易损坏
沥青玻璃布油毡	用于铺设地下防水、防腐层,并用于金属管道(热管道除外)的防腐保护层,易燃
玻璃钢	以玻璃布为基材,外涂不饱和聚酯树脂涂层
玻璃钢薄板	具有阻燃性能,$\delta=0.4\sim0.8$mm
铝箔玻璃钢薄板	采用玻璃钢薄板为基材与铝箔复合而成,玻璃钢本身应具有阻燃性能,$\delta=0.4\sim0.8$mm
玻璃布乳化沥青涂层	乳化沥青采用各种阴、阳离子型水乳沥青冷涂料(如 JG 型沥青防火涂料)
玻璃布 CPU 涂层	CPU 涂胶分 A、B 二个组分,使用时按 1:3 质量比混合,随用随配
CPU 卷材	由密纹玻璃布经处理作基布,然后用 $\delta=0.2\sim0.3$mm 的 CPU 涂料在卷用涂抹设备上生产的卷制成品

(3)涂抹式保护层。涂抹式保护层适用于室内以及地沟内保温,不得在室外架空热力管道上使用。常用材料有沥青胶泥和石棉水泥。抹面层厚度:当保温层外径 $D_w \leqslant 200$mm 时为 15mm,外径 $D_w > 200$mm 时为 20mm,平壁保温时厚度为 25mm。

4. 绝热辅助材料

绝热结构除主保温层(保冷层)、防潮层、保护层材料外,还需要大量的绑扎、紧固用辅助材料,如镀锌钢丝、钢带、镀锌钢丝网、支撑圈、抱箍、销钉、自锁垫圈、托环、活动环和胶粘剂等。

(1)镀锌钢丝:俗称镀锌铁丝(热镀),用于小于 $DN450$ 管道保温捆扎。当管径小于 $DN100$ 时,采用 20 号($\phi0.9mm$)或 18 号($\phi1.2mm$)钢丝;管径大于 $DN100$ 时,采用 16 号($\phi1.6mm$)或 14 号($\phi2.0mm$)钢丝。

(2)塑料绳:用于管道保冷捆扎防潮层,可代替镀锌钢丝。

(3)钢带:用于大于 $DN450$ 的管道以及设备保温捆扎,如采用打包箍紧固时,选用厚 0.15mm、宽 15～20mm 钢带;采用搭扣紧固时,选用厚 0.3～0.4mm、宽 15～20mm 钢带。

(4)镀锌钢丝网:采用六角网孔,孔径 20～25mm,线径 22mm。

(5)铆钉:又叫销钉,用于固定保温结构,采用 $\phi6～\phi8mm$ 圆钢制作。

(6)抱箍:用∠25×4 或者∠30×4 角钢制作。

(7)自攻螺钉:一般采用 M4×15mm。

(8)抽芯铆钉:采用 $\phi4mm$,$L=6mm$。

(9)支撑圈:用于管道和圆筒设备保温结构的金属外保护层的支撑。

(10)托环:固定在垂直管道上,支托保温结构。固定托环焊接在管道上,当管道不允许焊接时,可用活动托环,若采用金属保护层,可用环形挂板。

(11)自锁垫圈:与固定主保温层的销钉配合使用。

(12)活动环:与钢带和抱箍配合,用于固定不可施焊圆筒设备封头保温结构。活动环用 $\phi6～\phi8mm$ 圆钢制作,并用钢带(—20mm×0.5mm)或 14 号镀锌钢丝($\phi2～\phi2.2mm$)拉紧。

(13)胶粘剂:用于粘合保温材料和保护层,一般由供货厂家根据其保温材料和保护层的特性,配合供给或推荐选用。目前,铝箔胶粘带也大量用于空调、制冷管道中,其规格为(长×宽)50m×(40、50、60、80)mm,如需特殊规格,可向生产厂家预订,单独制作。

技能要点2:管件绝热结构

1.弯管绝热结构

(1)当采用预制管壳绑扎式绝热结构时,对于公称直径小于80mm的管道,如果使用弯曲半径较小的压制弯头,可以采用如图10-1所示的简单绝热结构形式。

(2)对于公称直径等于或大于80mm或管径较小但弯曲半径在3.5～4倍管径以上时,须将保温管壳切割成虾米腰状,拼装到弯管上,外面再按照设计要求做防潮层或者保护层,如图10-2～图10-4所示。

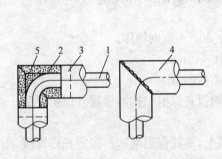

图10-1　弯管绝热结构

1.管道　2.管壳　3.镀锌钢丝
4.薄钢板保护层　5.填充保温材料

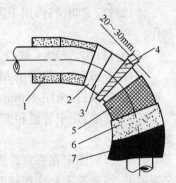

图10-2　弯管保温结构(一)

1.保温瓦　2.梯形保温块
3.镀锌钢丝　4.填充石棉绳
5.镀锌钢丝网　6.石棉水泥保护层
7.色漆或冷底子油

(3)对于直径大于300mm的弯管保温层,应留2～3个伸缩缝,如图10-5所示。

2.三通绝热结构

三通的绝热结构如图10-6所示,施工时,应注意在适当部位留伸缩缝,并用软质可压缩性材料填充。

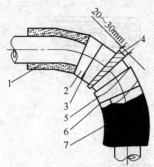

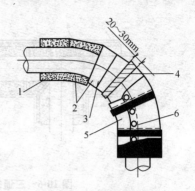

图 10-3　弯管保温结构(二)

1. 保温瓦　2. 梯形保温块

3. 镀锌钢丝　4. 填充石棉绳

5. 玻璃布保护层　6. 镀锌钢

丝网或钢带　7. 色漆或冷底子油

图 10-4　弯管保温结构(三)

1. 保温瓦　2. 梯形保温块

3. 镀锌钢丝　4. 填充石棉绳

5. 镀锌薄钢板保护层

6. M4×12 自攻螺钉

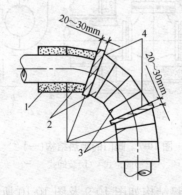

图 10-5　大直径弯管绝热层的膨胀缝

1. 保温瓦　2. 梯形保温块　3. 镀锌钢丝　4. 填充石棉绳

3. 阀件绝热结构

(1)阀门的绝热结构如图 10-7 及图 10-8 所示。

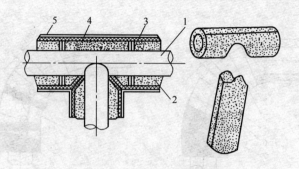

图 10-6　三通的绝热结构

1. 管道　2. 保温层　3. 镀锌钢丝　4. 镀锌钢丝网　5. 保护层

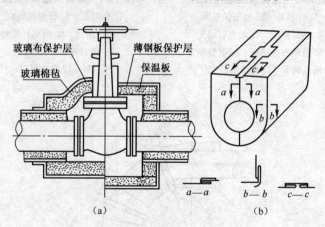

图 10-7　阀门的绝热结构(一)

(a)固定式　(b)装卸式

(2)法兰的绝热结构如图 10-9 及图 10-10 所示,其做法与阀体绝热结构相似。

4. 托架、吊卡绝热结构

管道的托架、吊卡与管道可以直接接触,但保温结构与保冷结构的要求不同,保冷结构必须在托吊架与管道之间放置垫木,防止冷桥现象。

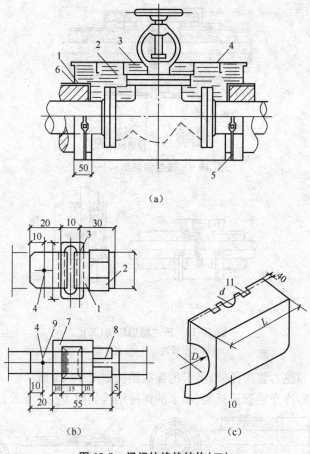

图 10-8 阀门的绝热结构(二)

(a)绝热结构 (b)扎带连接形式 (c)金属活套

d. 由阀门决定 *D.* 绝热后外径 *L.* 由阀门结构长度确定

1. 绝热层 2. 填充玻璃棉 3. 0.5mm 薄钢板外壳 4. 0.5mm 薄钢板铆钉,用 $\phi 2$ 铆钉紧固于 薄钢板上 5. 0.5mm×20mm 薄钢板扎带 6. 沥青玛琋脂封口 7. 0.5mm×20mm 薄钢板套螺纹 8. 8 号钢丝制成环 9. 冲孔铆合 10. 1.0mm 厚薄钢板套螺纹 11. 阀筋缺口

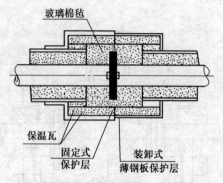

图 10-9 法兰绝热结构(一)

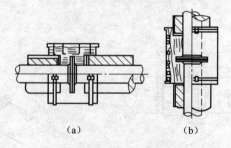

（a） （b）

图 10-10 法兰绝热结构(二)

(a)水平管道 (b)垂直管道

(1)热力管道托架、吊卡的保温结构如图 10-11 所示。

(2)冷介质管道托架、吊卡的保冷结构如图 10-12 所示。

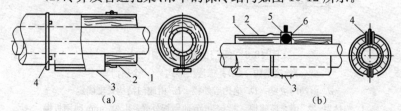

（a） （b）

图 10-11 托架、吊卡保温结构

(a)T 形托架 (b)吊卡

1. 保温层 2. 薄钢板保护层 3. 管托 4. 半圆头自攻螺钉

5. 吊卡 6. 涂抹沥青胶密封

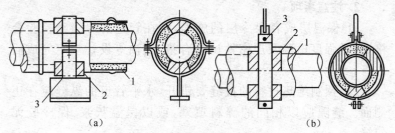

图 10-12　托架、吊卡保冷结构

(a)托架　(b)吊卡

1. 保冷层及保护层　2. 垫木　3. 管卡

技能要点 3:绝热层施工

1. 施工要求

(1)当采用一种绝热制品,保温层厚度大于 100mm,保冷层厚度大于 80mm 时,应分为两层或者多层逐层施工,各层的厚度宜接近。

(2)绝热制品的拼缝宽度,当作为保温层时不得大于 5mm;当作为保冷层时不得大于 2mm。

(3)当方形设备或者方形管道四角的绝热层采用绝热制品敷设时,其四角角缝应做成封盖式搭缝,不得形成垂直通缝。

(4)干拼缝应采用性能相近的矿物棉填塞严密。填缝前,必须清除缝内杂物,湿砌带浆缝应采用同于砌体材质的灰浆拼砌,灰缝应饱满。

(5)保温设备或管道上的裙座、支座、吊耳、仪表管座、支架、吊架等附件,在设计没有规定时,可不必保温。保冷设备或管道的上述附件,必须进行保冷,其保冷层长度不得小于保冷层厚度的 4 倍或敷设至垫木处。

(6)施工中可将铭牌周围的绝热层切割成喇叭形开口,开口处应密封规整,防止覆盖设备铭牌。

2. 注意事项

(1)保温层或者保冷层的施工,须在管道的焊缝经检验合格、管道强度试验及严密性试验合格、刷油等设计规定完成后进行。

(2)预制绝热材料的接缝要错开,水平管道的纵缝应在正侧面。缝隙应以相同的碎料填塞,或以保温灰浆、保冷胶泥勾缝。

(3)管道绝热层要按照规定留伸缩缝:

1)两固定支架间的水平管道,至少应留1～2个伸缩缝。采用硬质绝热材料时,应每隔10m左右留一条伸缩缝。

2)立管上的伸缩缝,须留在绝热层支承环的下面。

3)在弯头两端的直管上,可各留一条伸缩缝,或按照如图10-12和图10-13所示,在弯头中部留伸缩缝。

4)伸缩缝的宽度应为15～20mm。伸缩缝内不可有杂物或者硬块。保温层的伸缩缝内,应采用矿物纤维材料(如石棉绳)填塞严密;保冷层的伸缩缝内,可用软质泡沫塑料填塞严密,或挤入发泡型粘结剂,外面用50mm宽的不干胶带密封。

(4)立管和倾斜管道绝热层所用的支承板的间距,须根据绝热材料表观密度确定,当表观密度小于$200kg/m^3$时,可取8m左右;当表观密度大于$200kg/m^3$时,可取4m左右。

(5)法兰两侧应留出一定空间,方便拆换螺栓;滑动支座、支架应留出一定间隙,防止管道伸缩时损坏绝热结构。

(6)保温层或保冷层无论使用何种材料,都应与管道表面密切接触。当采用硬质绝热管壳时,缝隙用石棉硅藻土泥或者其他适宜的胶结材料填补,使之严密,不留空隙;当采用岩棉或超细玻璃棉管壳等软质材料时,绑扎间距应使绝热管壳与管道外表面全面接触;当采用充填式绝热,使用可压缩的松散材料时,如果材料成品的表观密度小于设计表观密度,须计算出压缩比,使施工达到设计要求。

技能要点 4:防潮层施工

1. 材料制备

管道防潮层使用的沥青胶泥配方见表 10-3 及表 10-4,煤油沥青膏配方见表 10-5。

表 10-3　自熄性沥青胶泥配方

材料名称	质量(kg)	质量百分比(%)	材料名称	质量(kg)	质量百分比(%)
建筑沥青(10 号)	1.5	26.3	四氯乙烯	1.5	26.3
橡胶粉(32 目)	0.2	3.5	氯化石蜡	0.5	8.8
中质石棉泥	0.2	35.1			

表 10-4　可燃性沥青胶泥

材料名称	质量(kg)	质量百分比(%)	材料名称	质量(kg)	质量百分比(%)
建筑沥青(10 号)	1	29.4	工业汽油	1	29.4
橡胶粉(32 目)	0.15	4.4	氯化石蜡	0.25	7.4
中质石棉泥	1	29.4			

表 10-5　煤油沥青膏配方

材料名称	质量(kg)	质量百分比(%)
建筑沥青(10 号)	200	40.8
石棉绒(机选 3~4 级)	192	27.8
水泥(32.5 级)	3.2	13
煤油	4.5	18.4

2. 施工特点

防潮层的施工,应注意以下几方面:

(1)管道保冷层及有可能浸入雨水、地下水或者地沟水的管道保温层,均应在其绝热层外表面做防潮层。

（2）设置防潮层的绝热层外表面，要保持干净、干燥、平整。

（3）当采用沥青胶或防水冷胶料玻璃布做防潮层时，第一层石油沥青胶或者防水冷胶料的厚度，应为 3mm；第二层中碱粗格玻璃布的厚度，应为 0.1～0.2mm；第三层石油沥青胶料或者防水冷胶料的厚度也应为 3mm。

（4）在涂抹沥青胶料或防水冷胶料时，应满涂至规定的厚度。施工时玻璃布应随沥青层用螺旋缠绕方式边涂边敷，其环向搭接视管径大小须不小于 30～50mm，且必须粘结严密。在立管上的缠绕方式为上搭下。水平管道上如有纵向接缝，应使缝口朝下。

在特别不利的情况下，防潮层应该采用埋地管道的防腐做法。

技能要点 5：保护层施工

1. 石棉水泥保护层

石棉水泥保护层在施工中应用较多，其优点是容易调制，使用方便，缺点是日久容易开裂，失去防水作用。用于室内管道以及设备的保护层配方见表 10-6，表中材料加水调制后的表观密度为 700kg/m³ 左右；室外以及地沟内管道及设备的保护层配方见表 10-7，表中材料加水调制后的表观密度为 900kg/m³ 左右。

表 10-6　室内石棉水泥保护层配方

材料名称	规格	质量（kg）	质量百分比（%）
水泥	32.5 级	200	35.6
膨胀珍珠岩	—	192	34.1
石棉	5 级	70	12.5
碳酸钙	—	100	17.8

表 10-7　室外石棉水泥保护层配方

材料名称	规格	质量（kg）	质量百分比（%）
水泥	32.5 级	400	52.5
膨胀珍珠岩	—	192	25.2

续表 10-7

材料名称	规格	质量(kg)	质量百分比(%)
石棉绒	5级	70	9.2
碳酸钙	—	100	13.1

2. 金属薄板保护壳

采用薄钢板做保护层时,须优先考虑用镀锌薄钢板,也可以采用黑薄钢板,但内外层应刷红丹防锈漆各两遍,外层再按照设计规定颜色刷面漆。近年来也常采用薄铝板作保护层,厚度为 0.5～1.0mm。

采用薄钢板时的厚度可为 0.3～0.5mm,但常采用 0.5mm。材料下料后用压边机压边,滚圆机滚圆。成型后的薄钢板应紧贴绝热层,不留空隙,纵向搭口在下侧面,搭接 30～50mm;横向搭接应有半圆形凸缘啮合,搭接约 30mm,如图 10-13 所示。主管包覆薄钢板由下至上施工,水平管道须由低处向高处施工,防止雨水自上而下以及顺管道坡度流入横向接缝内。薄钢板搭接用 M4×12 的自攻螺钉紧固,间距为 150mm,其底孔直径应为 3.2mm。

 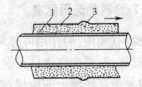

图 10-13　金属保护壳的安装
1. 绝热层　2. 金属外壳　3. 自攻螺钉

3. 沥青油毡加玻璃丝布保护层

沥青油毡加玻璃丝布保护层适用于室外敷设的管道。一般采用包裹或缠包的方法施工,施工时应保证沥青油毡接缝有不小于50mm 的搭接宽度,并且接缝处应用沥青或沥青玛瑞脂封口,用镀锌钢丝绑扎牢固。然后用玻璃丝布条带以螺旋状缠包到油毡的外面。缠包时应保证接缝搭接宽度为条带的1/3～1/2,并用镀锌钢丝绑扎牢固。缠包后玻璃丝布应平整无皱纹、气泡,松紧适当。玻璃丝布表面应根据需要涂刷一层耐气候变化的涂料或管道识别标志。

第二节　管　道　防　腐

本节导读：

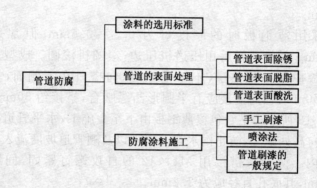

技能要点 1:涂料的选用标准

按照涂料(油漆)的作用可分为底漆和面漆。底漆直接涂在金属表面做打底用,要求底漆具有附着力强、防水和防锈性能良好的特点;面漆是涂在底漆上的涂层,要求面漆具有耐光性、耐候性和覆盖性能特点,从而延长管道的使用寿命。

为了使面漆层更具有耐蚀性,往往在面漆上再涂 1～2 道清漆。清漆是不加入颜料和填料的液体涂料,呈浅黄褐色透明液状,既可单独涂刷,也是配制各种颜色涂料的基本液体漆料。常用的清漆有脂酸清漆、酚醛清漆和醇酸清漆三种。

涂料的品种繁多,性能和特点也各不相同,根据使用条件的不同正确选择涂料,对保证防腐层的质量是十分重要的。选用时应考虑如下因素：

（1）管道的使用条件（如腐蚀性介质的种类、温度和浓度等）应与涂料的适用范围一致。

（2）根据不同的管材选用不同的涂料。

（3）考虑施工条件的可能性。

（4）考虑经济效益，选择涂料时应选择成本低而质量好的涂料。

（5）各种涂料应正确配用，这样既可发挥某些涂料的优点，又可弥补另一些涂料的缺点。在配合中应注意底漆与面漆之间有一定的附着力且无不良作用，涂层与涂层之间应有相合性。

（6）考虑美观性的装饰作用。涂漆在管道工程中除了具有防腐的作用外，还具有装饰作用，并可作为标志。根据管内流动的介质不同，可选择不同颜色、不同质量的面漆。

技能要点 2：管道的表面处理

管道表面处理（也称为表面准备）就是消除或者减少管材表面缺陷和污染物，为涂漆提供良好的基面。

管道表面处理主要有三种，即除锈、脱脂和酸洗。

1. 管道表面除锈

在管道工程中，表面除锈主要有手工除锈、机械除锈和喷砂除锈三种方式。

（1）手工除锈。目前，手工除锈依然是施工现场管道除锈的常用方法之一，主要使用钢丝刷、砂布、扁铲等工具，靠手工方法敲、铲、刷、磨，用以去除污物、尘土、锈垢。对管子表面的浮锈和油污，也可用有机溶剂如汽油、丙酮擦洗。

采用手工除锈时，应注意清理焊缝的焊皮以及飞溅的熔渣，因为它们更具有腐蚀性。应杜绝施焊后不清理药皮就进行涂漆的错误做法。

（2）机械除锈。在管子运到现场安装以前，采用机械方法集中除锈并涂刷一层底漆是比较好的施工方法。常用的小型除锈机具主要有风动刷、电动刷、除锈枪、电动砂轮及针束除锈器等,它们以冲击摩擦的方式,可以很好地除去污物和锈蚀。

1)使用风动或电动钢丝刷是为了除去浮锈和非紧附的氧化皮,不可以为了除去紧附的氧化皮而对管子表面过度磨刷。

2)电动砂轮只用在需要修磨锐边、焊瘤、毛刺等表面缺陷时,而不能用于一般除锈。

3)针束除锈器是一种小型风动工具,它可随不同曲面而自行调节30~40个针束,适用于弯曲、狭窄、凹凸不平以及角缝处,用来清除锈层、氧化皮、旧涂层以及焊渣,其具有效果较好、工作效率高的优点。针束除锈器在工厂中使用较多,而施工现场较少使用。

(3)喷砂除锈。喷砂除锈是一种运用广泛的除锈方法,能彻底清除物体表面的锈蚀、氧化皮及各种污物,使金属形成粗糙而均匀的表面,用来增加涂料的附着力。喷砂除锈又可分为干喷砂和湿喷砂两种。

1)干喷砂:是一种常用的除锈方法,其最大的缺点就是作业时砂尘飞扬,污染空气,影响周围环境和操作人员的健康。因此,必须加强劳动保护,操作人员应当戴防尘口罩、防尘眼镜或者特殊呼吸面具。

①喷嘴规格。喷砂用内径为6~8mm的喷嘴,一般用45钢制成,可经渗碳淬火处理来增加硬度。为了减少喷嘴的磨损以及消耗,可以使用硬质陶瓷内套,其使用寿命为工具钢内套的20倍。

②材料要求。选用的材料应符合下列要求:

a. 喷砂使用的压缩空气应干燥清洁,不允许含有水分和油污,可用白漆靶板放在排气口1min,表面应无污点、水珠。

b. 砂料应选用质地坚硬有棱角的硅砂、金刚砂或硅质河砂及海砂,砂料必须干净,使用前应经过筛选,且要干燥,含水量应不大于1%。干喷砂通常使用粒径为1~2mm的硅砂或干净的河砂。当钢板厚度为4~8mm时,砂的粒径约为1.5mm,压缩空气压力为 0.5MPa，喷射角度为 45°～60°，喷嘴与工作面的距离为 100～200mm。当钢板厚度为 1mm 时，应采用已用过 4～5 次、粒径为 0.15～0.5mm 的细河砂。

③施工工艺。根据施工场所的不同，干喷砂的工艺流程有如下两种：

a. 施工现场最简单的干喷砂除锈工艺流程如图 10-14 所示。操作时一人持喷嘴，另一人将输砂胶管的末端插入砂堆，压缩空气通过喷嘴时形成的真空连续地把砂吸入喷嘴，砂与压缩空气充分混合后以高速喷射到工作面上。

b. 在固定的喷砂场所，也可采用结构比较简单的单室喷砂工艺，如图 10-15 所示。通过进砂阀 2 将砂装入砂罐 1，然后通入压缩空气使砂罐 1 的内部压力与压缩空气的压力相平衡，打开阀门 3 与出砂旋塞 4，压缩空气即可夹带砂粒进入喷枪，进行喷砂除锈作业。

图 10-14　简易喷砂工艺流程　　　　图 10-15　单室喷砂工艺流程
1. 空压机　2. 油水分离器　3. 贮气罐　　　　1. 砂罐　2. 进砂阀
4. 砂堆　5. 喷枪　6. 胶管　　　　　　3. 阀门　4. 出砂阀塞

④工艺指标。干喷砂作业的工艺指标见表 10-8。

2)湿喷砂：是将干砂与装有防锈剂的水溶液分装在两个罐里，通过压缩空气使其混合喷出，水砂混合比可根据需要调节。砂罐的工作压力为 0.5MPa，使用粒径为 0.1～1.5mm 的建筑用中粗砂；水罐的工作压力为 0.1～0.35MPa，水中加入碳酸钠（质量为水的 1‰)和少量肥皂粉,防止除锈后再次生锈。

　　湿喷砂尽管具有防止干喷砂砂尘飞扬危害工人健康的优点,但因其效率及质量较低,水、砂难以回收,成本较高,而且不能在气温较低的情况下施工,因而在施工现场应用较少。

　　湿喷砂的工艺流程如图 10-16 所示。

表 10-8　干喷砂工艺指标

喷砂材料	砂子粒径标准筛孔 (mm)	压缩空气压力(MPa)	喷嘴最小直径(mm)	喷射角	喷距(mm)
硅砂	全部通过 3.2 筛孔,不通过 0.63 筛孔,0.8 筛孔筛余量不少于 40%	≥0.5	6～8	30°～75°	80～200
硅质河砂或海砂	全部通过 3.2 筛孔,不通过 0.63 筛孔,0.8 筛孔筛余量不少于 40%	≥0.5	6～8	30°～75°	800～200
金刚砂	全部通过 3.2 筛孔,不通过 0.63 筛孔,0.8 筛孔筛余量不少于 40%	≥0.35	5	30°～75°	80～200

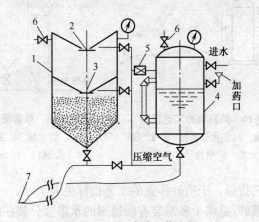

图 10-16　湿喷砂工艺流程
1. 双室砂罐　2. 进砂阀　3. 自动进砂阀　4. 水罐
5. 减压阀　6. 放空阀　7. 喷枪

2. 管道表面脱脂

管道输送的介质如果遇到油脂等有机物时,可能会发生燃烧、爆炸;且与有机物相混合,可能会影响其品质和使用特性。因此在管道安装过程中,必须对使用的管材、管件、阀门以及连接用密封材料进行脱脂处理。氧气管道脱脂就是管道安装工程中脱脂处理的典型实例。

(1)脱脂剂的性能。在管道表面脱脂处理中,常用的脱脂剂有二氯乙烷、四氯化碳、三氯乙烯、酒精等。其中,四氯化碳最为常用,它不仅毒性小,对金属的腐蚀轻微,而且脱脂率较高。表 10-9 为常用脱脂剂的性能。

脱脂剂虽能迅速地溶解油脂,但都有一定限度,故在使用过程中应作阶段性检测。用于脱脂的有机溶剂含油量不应超过 $50mg/L$,当使用过程中脱脂剂的含油量达到 $250\sim300mg/L$ 时,只可用于粗脱脂,经粗脱脂后再次在含油量低于 $250mg/L$ 的脱脂剂中再次脱脂。含油量超过 $500mg/L$ 的脱脂溶剂,必须经过再生处理,并经检验合格后,才能作为脱脂剂使用。

表 10-9　常用脱脂剂的性能

脱脂剂名称	适用范围	附注
工业二氯乙烷($C_2H_2Cl_2$)	金属件	可水解生成微量盐酸
工业四氯化碳(CCl_4)	黑色金属、铜和非金属	在水和金属共同存在时可发生水解生成微量盐酸,与某些灼热轻金属能起强烈的分解反应,甚至爆炸
工业三氯乙烯(C_2HCl_3)（产品必须含稳定剂）	金属件	含稳定剂的纯三氯乙烯对一般金属无腐蚀作用
工业酒精(C_2H_5OH)（浓度不低于 95.6%）	脱脂要求不高的设备和零部件	脱脂能力较弱

此外,浓硝酸(HNO_3,浓度 98%)作为强氧化剂,适用于浓硝酸装置的耐酸管件和瓷环的脱脂。

(2)施工环境要求。二氯乙烷、四氯化碳和三氯乙烯均有毒、易挥发,能通过呼吸侵害人的内脏及神经系统。二氯乙烷和四氯化碳还能透过完好的皮肤让人吸收中毒。因此,脱脂工作应在空气流通或者通风良好的场所进行,操作人员应穿戴工作服、口罩、防护眼镜、橡胶手套、长筒防护鞋,必要时应佩戴防毒面具。

用浓硝酸脱脂时,操作人员应穿毛料、丝绸或者胶质工作服,戴耐酸橡胶手套、防护眼镜和夹有小苏打的双层口罩,必要时应戴防毒面具。

脱脂场所空气中的有害物质最高容许浓度见表10-10。

(3)管材脱脂工艺。氧气管道或者其他忌油管道一般应在安装前对管材、管件、阀门进行脱脂,并在整个施工过程中保持不被油脂污染。在某些情况下,也可采用二次安装方法,即先进行管道的预装配,然后拆卸成管段进行脱脂,再进行第二次安装。需要脱脂的工件若有明显油污,应先用煤油洗涤,以免污染脱脂剂,使其品质迅速恶化。

表 10-10　脱脂工作地点空气中有害物质的最高容许浓度

名　　称	最高容许浓度(mg/m³)	备　　注
二氯乙烷	25	能通过皮肤、呼吸道吸收中毒
四氯化碳	25	能通过皮肤、呼吸道吸收中毒
二氯乙烯	30	—
溶剂汽油	350	—
浓硝酸(换算成 NO_3)	5	易灼伤皮肤

1)有明显锈蚀的管材,应先用喷砂或者钢丝刷等机械方法清除铁锈,然后进行脱脂处理。

2)大口径管子的脱脂可用擦拭法;小口径管子可以整根放入溶剂内浸泡 1h,其间转动数次,盛装脱脂剂的槽子应有密封盖,用来减缓脱脂剂的挥发。

3)只进行管子内表面脱脂时,可在管内灌入一定数量的脱脂剂,将管子两端封闭后水平放置 1~1.5h,其间大约每隔 15min 转动数圈,使管子内表面能均匀地受到浸泡和洗涤。此种脱脂方法的脱脂剂用量见表 10-11。

表 10-11　管子内表面脱脂剂用量

管径 DN(mm)	15	20	25	32	40	50	70	80	100	125	150	200	250	300
溶剂用量(L/m)	0.15	0.20	0.30	0.40	0.50	0.60	0.70	0.80	1.00	1.25	1.50	2.00	2.50	3.00
溶剂浸没圆弧	251°	205°	200°	179°	161°	143°	116°	110°	102°	93°	87°	79°	73°	68°

4)管子脱脂完毕后,要把脱脂剂倒干净,用风机或者不含油的压缩空气或者氮气吹干,也可以自然通风 24h,使脱脂剂挥发干净。

(4)管件和阀门脱脂工艺。

1)阀门在脱脂前应研磨经试压合格,然后拆成零件清除污垢后浸入脱脂剂,浸泡 1~1.5h 后,取出风干。管件、金属垫片、螺栓、螺母等均可用同样的方法脱脂。不便浸泡的阀门壳体,则用擦拭法脱脂。

2)对非金属垫片进行脱脂,应使用四氯化碳溶剂。垫片浸入溶剂 1~1.5h,然后取出悬挂于空气流通处,各个分开风干,直至无溶剂气味。纯铜垫片经退火后,如未被油脂污染,可不再进行脱脂处理。

3)接触氧、浓硝酸等强氧化剂介质的石棉填料的脱脂,应在 300℃左右的温度下,用无烟火焰烧 2~3min,然后浸渍于不含油脂的涂料(如石墨粉等)中。

4)接触浓硝酸的阀门、管件、瓷环等零部件,可用 98% 的浓硝酸洗涤或浸泡,然后取出用清水冲洗,并且用蒸汽吹洗,直至蒸汽的凝结水无酸度为止。

(5)脱脂效果的检验。

直接与氧或富氧介质接触的设备、管材、管件、阀门等的脱脂效果,可采用下述方法之一进行检验:

1)用清洁干燥的白色滤纸擦拭脱脂件表面,以纸上无油脂痕迹为合格。

2)用无油蒸汽吹洗脱脂件,在其冷凝水中放入一粒直径小于1mm 的纯樟脑,以樟脑粒不停旋转为合格。

3)用波长为$(3200\sim3800)\times10^{-10}$ m 的紫外光检查脱脂件表面,以无油脂荧光为合格。

4)当不允许用以上方法检验时,可取样检查脱脂后的溶剂,如果油脂含量不超过 350mg/L,则说明脱脂件合格。

5)耐酸管件和瓷环等设备用浓硝酸清洗后,有关人员应对使用后的酸液中的有机物总量取样检查,如不超过 0.03%,则清洗件合格。

3. 管道表面酸洗

酸洗主要是针对金属腐蚀物而言。金属腐蚀物是指金属表面的金属氧化物,对黑色金属来说,主要是指 Fe_3O_4、Fe_2O_3 及 FeO。酸洗除锈就是使这些氧化物与酸液发生化学反应,并溶解在酸液中,从而达到除锈的目的。

如果管道有油迹,要先脱脂,然后酸洗。对忌油管道(如氧气管道)则必须先进行脱脂。

(1)碳素钢及低合金钢管道。对碳素钢及低合金钢管道进行酸洗除锈时,常采用的酸液有盐酸和硫酸两种。有时,为了减少酸洗液对金属的腐蚀,常加入 1%~2% 的缓蚀剂,如乌洛托品或苦丁。

在管道由酸洗转入中和或由中和转入钝化时,要用清水把前一道工序的残液冲洗干净。钝化处理后,也要用清水冲去残液,尽快把管道晾干或用干燥无油的压缩空气吹干,及时涂刷底漆,防止久置再次生锈。

1)盐酸酸洗:当采用盐酸对管道进行酸洗除锈时,碳素钢及低合金钢管道的酸洗、中和、钝化液配方见表 10-12。

2)硫酸酸洗:碳素钢及低合金钢管道也可用浓度(按照质量计)为 10% 的工业硫酸进行酸洗除锈,其除锈效果与溶液的温度有关,当把酸洗液加热到 60～80℃时,除锈速度明显加快。硫酸的相对密度为 1.84。配制硫酸溶液时,应把硫酸徐徐倒入水中,严禁把水倒入硫酸中。

硫酸对金属的腐蚀作用比盐酸大,它们的除锈原理也不大相同,硫酸能从氧化铁的鳞皮缝隙渗入内层,与铁反应,生成具有一定压力的氢气,能剥离鳞皮;而盐酸(相对密度为 1.18)除锈主要靠溶解作用,酸洗温度为常温,若超过 50℃会析出较多的酸雾。

表 10-12 碳素钢及低合金钢管道酸洗、中和、钝化液配方

溶液	循 环 法					槽式浸泡法				
	名称	浓度(%)	温度(℃)	时间(min)	pH 值	名称	浓度(%)	温度(℃)	时间(min)	pH 值
酸洗液	盐酸	9～10	常温	45	—	盐酸	12	常温	120	—
	乌洛托品	1				乌洛托品	1			
中和液	氨水	0.1～1	60	15	＞9	氨水	1	常温	5	—
钝化液	亚硝酸钠	12～14	常温	25	10～11	亚硝酸钠	5～6	常温	15	10～11
	氨水									

(2)不锈钢管。不锈钢管通常不必酸洗,只在设计中有特殊要求时才进行酸洗。不锈钢管的焊缝及焊接污染区,应按照表 10-13 配方进行酸洗、钝化。

表 10-13 不锈钢管酸洗、钝化液配方

名称	配方(体积分数)(%)				温度(℃)	处理时间(min)
	硝酸(HNO_3)	氢氟酸(HF)	重铬酸钾($K_2Cr_2O_7$)	水(H_2O)		
酸洗液	20	5	—	余量	室温	15～20
钝化液	5	—	2	余量		

(3)铝及铝合金管道。如需对铝及铝合金管道表面进行酸洗,其配方见表 10-14。铝及铝合金表面经酸洗后,应先用冷水冲洗,再用热水冲洗。

表 10-14 铝及铝合金管道的酸洗配方

配　方	溶液成分	温度(℃)	时间(min)
配方一	铬酸酐　80g 磷酸　200cm³ 水 1L	15～30	5～10
配方二	硝酸　5% 水　95%	15～30	3～5

(4)铜及铜合金管道。如果需要清除铜及铜合金管道表面的氧化物,应按照表 10-15 的配方进行酸洗。

表 10-15 铜及铜合金管道的酸洗配方

配　方	溶剂成分	温度(℃)	时间(min)
配方一	硫酸 10% 水 90%	15～30	3～5
配方二	磷酸 4% 硅酸钠 0.5% 水 95.5%	15～30	10～15

表 10-15 中配方一不适于处理青铜部件。经上述配方处理过的铜及铜合金材料,必须先用冷水冲洗,再用热水冲洗,并最好钝化处理。铜及铜合金管道钝化液的配方见表 10-16。

表 10-16 铜及铜合金管道钝化液的配方

溶液组成	温度(℃)	时间(min)
硫酸 5.5g 铬酸酐 90g 氯化钠 1g 水 1L	15～30	2～3

技能要点 3:防腐涂料施工

防腐涂料施工在管道或钢板除锈完毕后进行。

1. 手工刷漆

手工刷漆是用漆刷蘸漆涂刷于钢管或者钢板表面。手工刷漆灵活,不受条件限制,但涂刷均匀程度和厚薄不好掌握。目前,对于一般管道工程仍以手工涂刷为主,特别是室外管接头的涂漆,采用手工刷漆方便,工效快。

2. 喷涂法

喷涂法是利用压缩空气为动力,用喷枪将涂料喷成雾状均匀地散布于金属表面上。喷涂法使用的压缩空气压力为 78~147kPa,尤以压力为 117kPa 的压缩空气喷出的效果为最好。

用喷涂法得到的涂料层,表面均匀光亮,质量好,耗料少,效率高,适用于大面积的涂料施工。喷涂时,操作环境应洁净,无风沙、灰尘,温度在 15~30℃为宜,涂层厚度为 0.3~0.4mm,喷涂后,不得有流挂和滑涂现象。

多层漆的刷涂或喷涂,前后间隔的时间,应保证前一层漆膜干燥后,用砂布磨掉涂层上的粒状物,使涂料层平整,再涂下一层漆,同时也可增加和下一层涂料间的附着力。为了防止遗漏,刷涂或喷涂前后两次涂料的颜色配比时可略有区别。

涂料质量应使漆膜附着牢固、均匀,颜色一致;无剥落、皱纹、气泡、针孔等缺陷;涂层应完整,无损坏,无漏涂现象。

3. 管道刷漆的一般规定

钢管、钢板容器因工作介质温度不同,选用的涂料不一样,所处的空间环境不同,要求涂料层也不一样,根据其所起的作用不同,所需的要求也不同。下面介绍各种环境下的刷漆要求及规定。

(1)架空常温钢管。刷一道红丹防锈漆,两道面漆。

(2)地沟内敷设的常温钢管。刷两道红丹防锈漆,两道面漆。

(3)保温管。冷介质管道刷两道红丹防锈漆,热介质管道刷两道铁红防锈漆。

(4)室内管道的刷漆。

1)室内明装白铁管:不刷漆或刷一道银粉漆。

2)室内明装黑铁管:常温管刷一道红丹防锈漆,两道银粉漆。

3)室内暗装黑铁管:刷两道红丹防锈漆。

4)潮湿房间(如浴室、蒸煮间)的黑铁管、散热器:刷两遍红丹防锈漆,两遍银粉漆。

5)明装各种常温水箱、设备:刷两道红丹防锈漆,两道面漆,热水箱刷两道铁红防锈漆。

6)室内明装铸铁管:刷沥青漆一道,银粉漆 1～2 道或刷沥青漆一道,调和漆一道或刷两道沥青漆。

7)室内暗装铸铁管:刷沥青漆 1～2 道。

8)所有管支架与支承的管子刷漆一致。

9)埋地铸铁管:刷 1～2 道沥青漆。若管内介质带腐蚀性,则管内外刷热沥青各一道。

第十一章　管道工程质量控制

第一节　质量验收标准

本节导读：

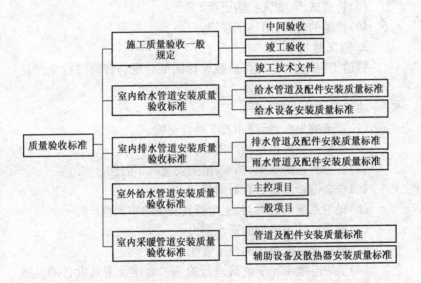

技能要点 1：施工质量验收一般规定

1. 中间验收

中间验收是管道工程施工中不可缺少的重要环节。中间验收时，施工中发现的问题要及时处理，防止造成后患，为保证工程质量打下良好的基础。

为了保证管道工程施工的质量,在施工过程中,除了施工人员自检、互检外,在一些重要环节,还应要求质量管理人员及建设单位参加验收。例如,锅炉胀管后的水压试验、隐蔽工程隐蔽前的验收等都必须组织专人验收,并及时填写记录。

中间验收的内容包括:

(1)管子和阀门的检验记录。

(2)阀门的试压、研磨记录,高压管子、管件的加工记录及管子、阀门的合格证和紧固件的校验报告。

(3)伸缩器的预拉伸安装记录。

(4)隐蔽工程施工检查记录。

(5)管道试压、吹洗脱脂记录。

(6)管道的防腐、绝热记录等。

2. 竣工验收

管道工程施工完毕后,应按设计图纸对现场管道进行全面复查验收。

竣工验收的内容包括:

(1)管道的坐标、标高和坡度是否正确。

(2)连接点或接口是否严密。

(3)各类管道的支架、挡墩、吊架安装的牢固性。

(4)合金钢管道是否有材质标记。

(5)暖卫系统的散热器、卫生器具安装的牢固性。

(6)给排水管道系统的通水能力。

(7)供热和采暖系统的热工效能。

(8)锅炉连续 48h 全负荷运行的热工效能及附属设备的机械性能。

(9)制冷系统除了检查压力试验记录、吹洗试验记录外,还应检查真空试验记录和充液记录及系统的制冷效能。

(10)各种管道防腐层的种类和保温层的结构情况。

(11)各种仪表的灵敏度和阀类启闭的灵活性及安全阀、防爆阀等安全设施是否符合规范要求。

3. 竣工技术文件

管道工程竣工验收时,施工单位应提交下列技术文件:

(1)中间验收的全部记录和隐蔽工程记录。

(2)施工图、设计修改文件及材料代用记录。

(3)不锈钢、合金钢、有色金属的管子及管件(包括焊接材料)材质合格证,合金钢管子、管件的光谱分析复查记录。

(4)Ⅰ、Ⅱ类焊缝的焊接工作记录,Ⅰ类焊缝位置单线图。

(5)管道焊缝热处理以及着色检查记录。

(6)管道绝热工程记录。

(7)设备试运转记录。

(8)工程质量事故处理记录。

(9)竣工图。工程变化不大时,由施工单位在原图上加以注明;变更大时,由建设单位会同设计单位和施工单位绘制竣工图。

(10)签订竣工验收证明书。经过全面检查验收,当整个工程符合设计要求和质量标准后,应签订工程竣工验收证明书,作为施工质量的法律保证的依据。

技能要点 2:室内给水管道安装质量验收标准

1. 给水管道及配件安装质量标准

(1)主控项目。给水管道及配件安装主控项目质量标准及检验方法应符合表 11-1 的规定。

表 11-1 给水管道及配件安装主控项目

项 目	质 量 标 准	检 查 方 法
管道的水压试验	室内给水管道的水压试验必须符合设计要求。当设计未注明时,各种材质的给水管道系统试验压力均为工作压力的 1.5 倍,但不得小于 0.6MPa	金属管及复合管给水管道在试验压力下观测 10min,压力降不应大于 0.02MPa,然后降到工作压力进行检查,应不渗不漏;塑料管给水系统应在试验压力下稳压 1h,压力降不得超过 0.05MPa,然后在工作压力的 1.15 倍状态下稳压 2h,压力降不得超过 0.03MPa,同时检查各连接处不得渗漏

续表 11-1

项　目	质　量　标　准	检　查　方　法
通水试验	给水系统交付使用前必须进行通水试验并做好记录	观察和开启阀门、水嘴等放水
冲洗和消毒	生产给水系统管道在交付使用前必须冲洗和消毒，并经有关部门取样检验，符合国家标准《生活饮用卫生水标准》(GB 5749—2006)方可使用	检查有关部门提供的检测报告
防腐处理	室内直埋给水管道(塑料管道和复合管道除外)应做防腐处理。埋地管道防腐层标材质和结构应符合设计要求	观察或局部解剖检查

（2）一般项目。给水管道及配件安装一般项目质量标准及检验方法应符合表 11-2 的规定。

表 11-2　给水管道及配件安装一般项目

项　目	质　量　标　准	检查方法
给水管的水平间距	给水引入管与排水排出管的水平净距不得小于 1m。室内给水与排水管道平行敷设时，两管间的最小水平净距不得小于 0.5m；交叉铺设时，垂直净距不得小于 0.15m。给水管应铺在排水管上面，若给水管必须铺在排水管下面时，给水管应加套管，其长度不得小于排水管管径的 3 倍	尺量检查
管道及管件焊缝	管道及管件焊接的焊缝表面质量应符合下列要求： 1)焊缝外形尺寸应符合图纸和工艺文件的规定，焊缝高度不得低于母材表面，焊缝与母材应圆滑过渡 2)焊缝及热影响区表面应无裂纹、未熔合、未焊透、夹渣、弧坑和气孔等缺陷	观察检查
泄水装置	给水水平管道应有 0.2%～0.5%的坡度坡向泄水装置	水平尺和尺量检查
给水管和阀门	给水管和阀门安装的允许偏差应符合表 11-3 的规定	—
支、吊架安装间距	钢管水平安装的支、吊架间距不应大于表 11-4 的规定；塑料管及复合管垂直或水平安装的支架间距应符合表 11-5 的规定；铜管垂直、水平安装的支架间距应符合表 11-6 的规定	观察尺量及手扳检查

续表 11-2

项　目	质　量　标　准	检查方法
水表安装	水表应安装在便于检修、不受曝晒、污染和冻结的地方。安装螺翼式水表，表前与阀应有不小于 8 倍水表接口直径的直线管段。表外壳距墙表面净距为 10～30mm；水表进水口中心标高按设计要求，允许偏差为±10mm	观察和尺量检查

注：1. 给水管与排水管上、下交叉铺设，规定给水管应铺设在排水管上面，主要是为防止给水水质不受污染。如因条件限制，给水管必须铺设在排水管下面时，给水管应加套管，为安全起见，规定套管长度不得小于排水管管径的 3 倍。

2. 给水水平管道设置坡度坡向泄水装置是为了在试压冲洗及维修时能及时排空管道的积水，尤其在北方寒冷地区，在冬季未正式采暖时管道内如有残存积水易冻结。

3. 为保护水表不受损坏，兼顾南北方气候差异限定水表安装位置。对螺翼式水表，为保证水表测量精度，规定了表前与阀门间应有不小于 8 倍水表接口直径的直线管段。水表外壳距墙面净距应保持安装距离。至于水表安装标高各地区有差异，不好作统一规定，应以设计为准，仅规定了允许偏差。

表 11-3　管道和阀门安装的允许偏差和检验方法

项次	项　目			允许偏差(mm)	检验方法
1	水平管道纵横方向弯曲	钢管	每米	1	用水平尺、直尺、拉线和尺量检查
			全长 25m 以上	≤25	
		塑料复合管	每米	1.5	
			全长 25m 以上	≤25	
		铸铁管	每米	2	
			全长 25m 以上	≤25	
2	立管垂直度	钢管	每米	3	吊线和尺量检查
			5m 以上	≤8	
		塑料复合管	每米	2	
			5m 以上	≤8	
		铸铁管	每米	3	
			5m 以上	≤10	
3	成排管段和成排阀门	在同一平面上间距		3	尺量检查

表 11-4　钢管管道支架的最大间距

公称直径(mm)		15	20	25	32	40	50	70	80	100	125	150	200	250	300
支架最大间距(m)	保温管	2	2.5	2.5	2.5	3	3	4	4	4.5	6	7	7	8	8.5
	不保温管	2.5	3	3.5	4	4.5	5	6	6	6.5	7	8	9.5	11	12

表 11-5　塑料管及复合管管道支架的最大间距

公称直径(mm)			12	14	16	18	20	25	32	40	50	63	75	90	110
支架最大间距(m)	立管		0.5	0.6	0.7	0.8	0.9	1.0	1.1	1.3	1.6	1.8	2.0	2.2	2.4
	水平管	冷水管	0.4	0.4	0.5	0.5	0.6	0.7	0.8	0.9	1.0	1.1	1.2	1.35	1.55
		热水管	0.2	0.20	0.25	0.3	0.3	0.35	0.4	0.5	0.6	0.7	0.8	—	—

表 11-6　铜管垂直或水平安装支架的最大间距

公称直径(mm)		15	20	25	32	40	50	65	80	100	125	150	200
支架最大间距(m)	垂直管	1.8	2.4	2.4	3.0	3.0	3.0	3.5	3.5	3.5	3.5	4.0	4.0
	水平管	1.2	1.8	1.8	2.4	2.4	2.4	3.0	3.0	3.0	3.0	3.5	3.5

2. 给水设备安装质量标准

(1)主控项目。给水设备安装主控项目质量标准及检验方法应符合表 11-7 的规定。

(2)一般项目。给水设备安装一般项目质量标准及检验方法应符合表 11-8 的规定。

表 11-7　给水设备安装主控项目

项　目	质　量　标　准	检　查　方　法
混凝土基础	水泵就位前的基础混凝土强度、坐标、标高、尺寸和螺栓孔位置必须符合设计规定	对照图纸用仪器和尺量检查
水泵轴承温升	水泵试运转的轴承温升必须符合设备说明书的规定	温度计实测检查
满水、水压试验	敞口水箱的满水试验和密闭水箱(罐)的水压试验必须符合设计与规范的规定	满水试验静置 24h 观察,不渗不漏;水压试验在试验压力下 10min 压力不降,不渗不漏

表 11-8 给水设备安装一般项目

项 目	质 量 标 准	检 查 方 法
水箱支架或底座	水箱支架或底座安装,其尺寸及位置应符合设计规定,埋设平整牢固	对照图纸,尺量检查
水箱溢流管和泄放管	水箱溢流管和泄放管应设置在排水地点附近但不得与排水管直接连接	观察检查
水泵减振装置	立式水泵的减振装置不应采用弹簧减振器	观察检查
允许偏差	室内给水设备安装的允许偏差应符合表 11-9 的规定	—
保温层厚度和平整度	管道及设备保温层的厚度和平整度的允许偏差应符合表 11-10 的规定	—

表 11-9 室内给水设备安装的允许偏差和检验方法

项次	项 目		允许偏差(mm)	检 验 方 法
1	静置设备	坐标	15	经纬仪或拉线、尺量
		标高	+5	用水准仪、拉线和尺量检查
		垂直度(每米)	5	吊线和尺量检查

表 11-10 管道及设备保温的允许偏差和检验方法

项次	项 目		允许偏差(mm)	检验方法
1	厚度		$+0.1\delta$ -0.05δ	用钢针刺入
2	表面平整度	卷材	5	用 2m 靠尺和楔形塞尺检查
		涂抹	10	

注:δ 为保温层厚度。

技能要点 3:室内排水管道安装质量验收标准

1. 排水管道及配件安装质量标准

(1)主控项目。排水管道及配件安装主控项目质量标准及检验方法应符合表 11-11 的规定。

表 11-11　排水管道及配件安装主控项目

项目	质量标准	检查方法
灌水试验	隐蔽或埋地的排水管道在隐蔽前必须做灌水试验,其灌水高度应不低于底层卫生器具的上边缘或底层地面高度	满水 15min 水面下降后,再灌满观察 5min,液面不降,管道及接口无渗漏为合格
铸铁管道坡度	生活污水铸铁管道的坡度必须符合设计或表11-12的规定	水平尺、拉线尺量检查
塑料管道坡度	生活污水塑料管道的坡度必须符合设计或表11-13的规定	水平尺、拉线尺量检查
伸缩节	排水塑料管必须按设计要求及位置装设伸缩节。如设计无要求时,伸缩节间距不得大于 4m	观察检查
通球试验	排水主立管及水平干管管道均应做通球试验,通球球径不小于排水管道管径的2/3,通球率必须达到100%	通球检查

注:高层建筑中明设排水塑料管道应按设计要求设置阻火圈或防火套管。

表 11-12　生活污水铸铁管道的坡度

项次	管径(mm)	标准坡度(%)	最小坡度(%)
1	50	3.5	2.5
2	75	2.5	1.5
3	100	2.0	1.2
4	125	1.5	1.0
5	150	1.0	0.7
6	200	0.8	0.5

表 11-13　生活污水塑料管道的坡度

项次	管径(mm)	标准坡度(%)	最小坡度(%)
1	50	2.5	1.2
2	75	1.5	0.8
3	110	1.2	0.6
4	125	1.0	0.5
5	160	0.7	0.4

（2）一般项目。排水管道及配件安装一般项目质量标准及检验方法应符合表 11-14 的规定。

表 11-14　排水管道及配件安装一般项目

项　目	质　量　标　准	检查方法
生活污水管道上的检查口或清扫口	在生活污水管道上设置的检查口或清扫口,当设计无要求时应符合下列规定: 1)在立管上应每隔一层设置一个检查口,但在最底层和有卫生器具的最高层必须设置。如为两层建筑时,可仅在底层设置立管检查口;如有乙字弯管时,则在该层乙字弯管的上部设置检查口。检查口中心高度距操作地面一般为 1m,允许偏差±20mm;检查口的朝向应便于检修。暗装立管,在检查口处应安装检修门。 2)在连接 2 个及 2 个以上大便器或 3 个及 3 个以上卫生器具的污水横管上应设置清扫口。当污水管在楼板下悬吊敷设时,可将清扫口设在上一层楼地面上,污水管起点的清扫口与管道相垂直的墙面距离不得小于 200mm;若污水管起点设置堵头代替清扫口时,与墙面距离不得小于 400mm。 3)在转角小于 135° 的污水横管上,应设置检查口或清扫口。 4)污水横管的直线管段,应按设计要求的距离设置检查口或清扫口	观察和尺量检查
埋在地下或地板下检查口	埋在地下或地板下的排水管道的检查口,应设在检查井内。井底表面标高与检查口的法兰相平,井底表面应有 5% 坡度,坡向检查口	尺量检查
固定件间距	金属排水管道上的吊钩或卡箍应固定在承重结构上。固定件间距:横管不大于 2m;立管不大于 3m。楼层高度小于或等于 4m,立管可安装 1 个固定件。立管底部的弯管处应设支墩或采取固定措施	观察和尺量检查
支、吊架间距	排水塑料管道支、吊架间距应符合表 11-15 的规定	尺量检查

续表 11-14

项 目	质 量 标 准	检查方法
排水通气管	排水通气管不得与风道或烟道连接，且应符合下列规定： 1）通气管应高出屋面 300mm，但必须大于最大积雪厚度。 2）在通气管出口 4m 以内有门、窗时，通气管应高出门、窗顶 600mm 或引向无门、窗一侧。 3）在经常有人停留的平屋顶上，通气管应高出屋面 2m，并应根据防雷要求设置防雷装置。 4）屋顶有隔热层从隔热层板面算起	观察和尺量检查
通向室外的排水管	通向室外的排水管，穿过墙壁或基础必须下返时，应采用 45°三通和 45°弯头连接，并应在垂直管段顶部设置清扫口	观察和尺量检查
由室内通向室外排水检查井的排水管	由室内通向室外排水检查井的排水管，井内引入管应高于排出管或两管顶相平，并不小于 90°的水流转角，如跌落差大于 300mm 可不受角度限制	观察和尺量检查
室内管道、水平管道与立管的连接	用于室内排水的室内管道、水平管道与立管的连接，应采用 45°三通或 45°四通和 90°斜三通或 90°斜四通。立管与排出管端部的连接，应采用两个 45°弯头或曲率半径不小于 4 倍管径的 90°弯头	观察和尺量检查
允许偏差	室内排水管道安装的允许偏差应符合表 11-16 的相关规定	—

表 11-15　排水塑料管道支吊架最大间距　（单位：m）

管径(mm)	50	75	110	125	160
立管	1.2	1.5	2.0	2.0	2.0
横管	0.5	0.75	1.10	1.30	1.6

表 11-16　室内排水和雨水管道安装的允许偏差和检验方法

项次	项　目				允许偏差(mm)	检验方法
1	坐标				15	
2	标高				±15	
3	横管纵横方向弯曲	铸铁管	每1m		≤1	用水准仪(水平尺)、直尺、拉线和尺量检查
			全长(25m以上)		≤25	
		钢管	每1m	管径小于或等于100mm	1	
				管径大于100mm	1.5	
			全长(25m以上)	管径小于或等于100mm	≤25	
				管径大于100mm	≤308	
		塑料管	每1m		1.5	
			全长(25m以上)		≤38	
		钢筋混凝土管、混凝土管	每1m		3	
			全长(25m以上)		≤75	
4	立管垂直度	铸铁管	每1m		3	吊线和尺量检查
			全长(25m以上)		≤15	
		钢管	每1m		3	
			全长(25m以上)		≤10	
		塑料管	每1m		3	
			全长(25m以上)		≤15	

2. 雨水管道及配件安装质量标准

(1)主控项目。雨水管道及配件安装主控项目质量标准及检验方法应符合表 11-17 的规定。

表 11-17　雨水管道及配件安装主控项目

项目	质　量　标　准	检　查　方　法
灌水试验	安装在室内的雨水管道安装后应做灌水试验,灌水高度必须到每根立管上部的雨水斗	灌水试验持续1h,不渗不漏

续表 11-17

项目	质 量 标 准	检 查 方 法
伸缩节	雨水管道如采用塑料管,其伸缩节安装应符合设计要求	对照图纸检查
敷设坡度	悬吊式雨水管道的敷设坡度不得小于0.5%;埋地雨水管道的最小坡度,应符合表11-18的规定	水平尺、拉线尺量检查

表 11-18 地下埋设雨水排水管道的最小坡度

项次	管径(mm)	最小坡度(%)
1	50	2.0
2	75	1.5
3	100	0.8
4	125	0.6
5	150	0.5
6	200~400	0.4

（2）一般项目。雨水管道及配件安装一般项目质量标准及检验方法应符合表 11-19 的规定。

表 11-19 雨水管道及配件安装一般项目

项目	质 量 标 准	检 查 方 法
雨水管道	雨水管道不得与生活污水管道相连接	观察检查
雨水斗管	雨水斗管的连接应固定在屋面承重结构上。雨水斗边屋面连接处应严密不漏。连接管管径当设计无要求时,不得小于100mm	观察和尺量检查
悬吊式雨水管道	悬吊式雨水管道的检查口或带法兰堵口的三通的间距不得大于表11-20的规定	拉线、尺量检查
管道安装允许偏差	雨水管道安装的允许偏差应符合表11-16的规定	—
管道焊口允许偏差	雨水钢管管道焊口允许偏差应符合表11-21的规定	—

表 11-20　悬吊管检查口间距

项次	悬吊管直径(mm)	检查口间距(mm)
1	≤150	≤15
2	≥200	≤20

表 11-21　钢管管道焊口允许偏差和检验方法

项次	项　　目		允　许　偏　差	检验方法
1	焊口平直度	管壁厚 10mm 以内	管壁厚的 1/4	焊接检验尺和游标卡尺检查
2	焊缝加强面	高度	+1mm	
		宽度		
3	咬边	深度	小于 0.5mm	直尺检查
		长度　连续长度	25mm	
		总长度(两侧)	小于焊缝长度的 10%	

技能要点 4:室外给水管道安装质量验收标准

(1)主控项目。室外给水管道安装主控项目质量标准及检验方法应符合表 11-22 的规定。

表 11-22　室外给水管道安装主控项目

项目	质　量　标　准	检查方法
给水管道埋地敷设	给水管道在埋地敷设时,应在当地的冰冻线以下,如必须在冰冻线以上铺设时,应做可靠的保温防潮措施。在无冰冻地区,埋地敷设时,管顶的覆土埋深不得小于 500mm,穿越道路部位的埋深不得小于 700mm	现场观察检查
给水管道	给水管道不得直接穿越污水、化粪池、公共厕所等污染源	观察检查
管道接口法兰、卡扣、卡箍	管道接口法兰、卡扣、卡箍等应安装在检查井或地沟内,不应埋在土壤中	观察检查

续表 11-22

项 目	质 量 标 准	检 查 方 法
井室内的管道	给水系统各种井室内的管道安装,如设计无要求,井壁距法兰或承口的距离:管径小于或等于450mm时,不得小于250mm;管径大于450mm时,不得小于350mm	尺量检查
水压试验	管网必须进行水压试验,试验压力为工作压力的 1.5 倍,但不得小于 0.6MPa	管材为钢管、铸铁管时,试验压力下 10min 内压力降不应大于 0.05MPa,然后降至工作压力进行检查,压力应保持不变,不渗不漏;管材为塑料管时,试验压力下,稳压1h压力降不大于 0.05MPa,然后降至工作压力进行检查,压力应保持不变,不渗不漏
埋地防腐	镀锌钢管、钢管的埋地防腐必须符合设计要求,如设计无规定时,可按表 11-23 的规定执行。卷材与管材间应粘贴牢固,无空鼓、滑移、接口不严等	观察和切开防腐层检查
冲洗与消毒	给水管道在竣工后,必须对管道进行冲洗,饮用水管道还要在冲洗后进行消毒,满足饮用水卫生要求	观察冲洗水的浊度,查看有关部门提供的检验报告

表 11-23　管道防腐层种类

防腐层层次（从金属表面起）	正常防腐层	加强防腐层	特加强防腐层
1	冷底子油	冷底子油	冷底子油
2	沥青涂层	沥青涂层	沥青涂层
3	外包保护层	加强包扎层（封闭层）	加强保护层（封闭层）
4		沥青涂层	沥青涂层

续表 11-23

防腐层层次	正常防腐层	加强防腐层	特加强防腐层
5		外保护层	加强包扎层(封闭层)
6			沥青涂层
7			外包保护层
防腐层厚度不小于(mm)	3	6	9

(2)一般项目。室外给水管道安装一般项目质量标准及检验方法应符合表 11-24 的规定。

表 11-24 室外给水管道安装一般项目

项 目	质 量 标 准	检查方法
管道的坐标、标高、坡度	管道的坐标、标高、坡度应符合设计要求,管道安装的允许偏差应符合表 11-25 的规定	
管道和金属支架的涂漆	管道和金属支架的涂漆应附着良好,无脱皮、起泡、流淌和漏涂等缺陷	现场观察检查
管道连接	管道连接应符合工艺要求,阀门、水表等安装位置应正确。塑料给水管道上的水表、阀门等设施其重量或启闭装置扭矩不得作用于管道上,当管径≥50mm 时必须设独立的支承装置	现场观察检查
给水管道敷设	给水管道与污水管道在不同标高平行敷设,其垂直间距在 500mm 以内时,给水管管径小于或等于 200mm 的,管壁水平间距不得小于 1.5m;管径大于 200mm 的,不得小于 3m	观察和尺量检查
铸铁管承插捻口连接	铸铁管承插捻口连接的对口间隙应不小于 3mm,最大间隙不得大于表 11-26 的规定	尺量检查
铸铁管敷设	铸铁管沿直线敷设,承插捻口连接的环形间隙应符合表 11-27 的规定;沿曲线敷设,每个接口允许有 2°转角	尺量检查
捻口用油麻	捻口用的油麻填料必须清洁,填塞后应捻实,其深度应占整个环型间隙深度的 1/3	观察和尺量检查
捻口用水泥	捻口用水泥强度应不低于 32.5MPa,接口水泥应密实饱满,其接口水泥面凹入承口边缘的深度不得大于 2mm	观察和尺量检查

续表 11-24

项 目	质 量 标 准	检查方法
水泥捻口给水铸铁管	采用水泥捻口的给水铸铁管,在安装地点侵蚀性的地下水时,应在接口处涂抹沥青防腐层	观察检查
橡胶圈接口埋地给水管道	采用橡胶圈接口的埋地给水管道,在土壤或地下水对橡胶圈有腐蚀的地段,在回填土前应用沥青胶泥、沥青麻丝或沥青锯末等材封闭橡胶圈接口。橡胶圈接口的管道,每个接口的最大偏转角不得超过表 11-28 的规定	观察和尺量检查

表 11-25 室外给水管道的允许偏差和检验方法

项次	项 目			允许偏差(mm)	检验方法
1	坐标	铸铁管	埋地	100	拉线和尺量检查
			敷设在沟槽内	50	
		钢管、塑料管、复合管	埋地	100	
			敷设在沟槽内	40	
2	标高	铸铁管	埋地	+50	拉线和尺量检查
			敷设在沟槽内	+30	
		钢管、塑料管、复合管	埋地	+50	
			敷设在沟槽内	+30	
3	水平管纵横向弯曲	铸铁管	直段(25m以上)起点~终点	40	拉线和尺量检查
		钢管、塑料管、复合管	直段(25m以上)起点~终点	30	

表 11-26 铸铁管承插捻口的对口最大间隙

管径(mm)	沿直线敷设(mm)	沿曲线敷设(mm)
75	4	5
100~250	5	7~13
300~500	6	14~22

表 11-27 铸铁管承插捻口的环形间隙

管径(mm)	标准环形间隙(mm)	允许偏差(mm)
75~200	10	+3 -2
250~450	11	+4 -2
500	12	+4 -2

表 11-28 橡胶圈接口最大允许偏转角

公称直径(mm)	100	125	150	200	250	300	350	400
允许偏转角度	5°	5°	5°	5°	4°	4°	4°	3°

技能要点 5：室内采暖管道安装质量验收标准

1. 管道及配件安装

(1)主控项目。室内采暖管道安装主控项目质量标准及检验方法应符合表 11-29 的规定。

表 11-29 室内采暖管道安装主控项目

项目	质量标准	检查方法
管道安装坡度	管道安装坡度，当设计未注明时，应符合下列规定： 1)汽、水同向流动的热水采暖管道和汽、水不同向流动的蒸汽管道及凝结水管道，坡度应为 0.3%，不得小于 0.2%。 2)汽、水逆向流动的热水采暖管道和汽、水逆向流动的蒸汽管道，坡度不应小于 0.5%。 3)散热器支管的坡度应为 1%，坡向应利于排气和泄水	观察，水平尺、拉线、尺量检查
补偿器	补偿器的型号、安装位置及预拉伸和固定支架的构造及安装位置应符合要求	对照图纸，现场观察，并查验预拉伸记录
平衡阀及调节阀	平衡阀及调节阀型号、规格、公称压力及安装位置应符合设计要求。安装完后应根据系统平衡要求进行调试并作出标志	对照图纸查验产品合格证，并现场查看

续表 11-29

项目	质 量 标 准	检 查 方 法
蒸汽减压阀和安全阀	蒸汽减压阀和管道及设备上安全阀的型号、规格、公称压力及安装位置应符合设计要求。安装完毕后应根据系统工作压力进行调试,并作出标志	对照图纸查验产品合格证及调试结果证明书
方形补偿器	方形补偿器制作时,应用整根无缝钢管揻制,如需要接口,其接口应设在垂直臂的中间位置,且接口必须焊接	观察检查

(2)一般项目。室内采暖管道安装一般项目质量标准及检验方法应符合表 11-30 的规定。

表 11-30   室内采暖管道安装一般项目

项 目	质 量 标 准	检 查 方 法
热量表、疏水器、除污器、过滤器及阀门	热量表、疏水器、除污器、过滤器及阀门的型号、规格、公称压力及安装位置应符合设计要求	对照图纸查验产品合格证
钢管管道焊口尺寸允许偏差	钢管管道焊口尺寸的允许偏差应符合表 11-21 的规定	—
入口装置及入户装置	采暖系统入口装置及分户热计量系统入户装置,应符合设计要求。安装位置应便于检修、维护和观察	现场观察
散热器支管	散热器支管长度超过 1.5m 时,应在支管上安装管卡	尺量和观察检查
干管变径	上供下回式系统的热水干管变径应顶平偏心连接,蒸汽干管变径应底平偏心连接	观察检查
焊接垂直或水平分支管道	在管道干管上焊接垂直或水平分支管道时,干管开孔所产生的钢渣及管壁等废弃物不得残留管内,且分支管道在焊接时不得插入干管内	观察检查

续表 11-30

项 目	质 量 标 准	检 查 方 法
膨胀水箱	膨胀水箱的膨胀管及循环管上不得安装阀门	观察检查
管道可拆卸件	当采暖热媒为 110～130℃ 的高温水时,管道可拆卸件应使用法兰,不得使用长丝和接头。法兰垫料应使用耐热橡胶板	观察和查验进料单
焊接钢管	焊接钢管管径大于 32mm 的管道转弯,在作为自然补偿时应使用摅弯。塑料管及复合管除必须使用直角弯头的场合外应使用管道直接弯曲转弯	观察检查
管道、金属支架和设备的防腐和涂漆	管道、金属支架和设备的防腐和涂漆应附着良好,无脱皮、起泡、流淌和漏涂缺陷	现场观察检查
管道和设备保温允许偏差	管道和设备保温的允许偏差应符合表 11-10 的规定	—
采暖管道安装允许偏差	采暖管道安装的允许偏差应符合表 11-31 的规定	—

表 11-31 采暖管道安装的允许偏差和检验方法

项次	项 目			允许偏差	检验方法
1	横管道纵、横方向弯曲(mm)	每 1m	管径≤100mm	1	用水平尺、直尺、拉线和尺量检查
			管径＞100mm	1.5	
		全长(25m 以上)	管径≤100mm	≤13	
			管径＞100mm	≤25	
2	立管垂直度(mm)	每 1m		2	吊线和尺量检查
		全长(5m 以上)		≤10	
3	弯管	椭圆率 $\dfrac{D_{max}-D_{min}}{D_{max}}$	管径≤100mm	10%	用外卡钳和尺量检查
			管径＞100mm	8%	
		折皱不平度(mm)	管径≤100mm	4	
			管径＞100mm	5	

注:D_{max},D_{min} 分别为管子最大外径及最小外径。

2. 辅助设备及散热器安装

(1)主控项目。辅助设备及散热器安装主控项目质量标准及检验方法应符合表 11-32 的规定。

表 11-32   辅助设备及散热器安装主控项目

项 目	质 量 标 准	检 查 方 法
水压试验	散热器组对后,以及整组出厂的散热器在安装之前应作水压试验。试验压力如设计无要求时应为工作压力的 1.5 倍,但不小于 0.6MPa	试验时间为 2 ~ 3min,压力不降且不渗不漏
辅助设备安装的质量检验	水泵、水箱、热交换器等辅助设备安装的质量检验与验收应按《建筑给水排水及采暖工程施工质量验收规范》(GB 50242—2002)的相关规定执行	—

(2)一般项目。辅助设备及散热器安装一般项目质量标准及检验方法应符合表 11-33 的规定。

表 11-33   辅助设备及散热器安装一般项目

项目	质 量 标 准	检 查 方 法
散热器组对平直度	散热器组对应平直紧密,组对后的平直度应符合表 11-34 规定	拉线和尺量
组对散热器的垫片	组对散热器的垫片应符合下列规定: 1)组对散热器垫片应使用成品,组对后垫片外露不应大于 1mm 2)散热器垫片材质当设计无要求时,应采用耐热橡胶	观察和尺量检查
散热器支架、托架安装	散热器支架、托架安装,位置应准确,埋设牢固。散热器支架、托架数量,应符合设计或产品说明书要求。如设计未注明时,则应符合表11-35 的规定	现场清点检查
散热器安装距离	散热器背面与装饰后的墙内表面安装距离,应符合设计或产品说明书要求。如设计未注明,应为 30mm	尺量检查
散热器安装允许偏差	散热器安装允许偏差应符合表 11-36 的规定	现场观察

表 11-34　组对后的散热器平直度允许偏差

项次	散热器类型	片　　数	允许偏差（mm）
1	长翼型	2～4	4
		5～7	6
2	铸铁片式	3～15	4
	钢制片式	16～25	6

表 11-35　散热器支架、托架数量

项次	散热器类型	安装方式	每组片数	上部托钩或卡架数	下部托钩或卡架数	合计
1	长翼型	挂墙	2～4	1	2	3
			5	2	2	4
			6	2	3	5
			7	2	4	6
2	柱形柱翼型	挂墙	3～8	1	2	3
			9～12	1	3	4
			13～16	2	4	6
			17～20	2	5	7
			21～25	2	6	8
		带足落地	3～8	1	—	1
			8～12	1	—	1
			13～16	2	—	2
			17～20	2	—	2
			21～25	2	—	2

表 11-36　散热器安装允许偏差和检验方法

项次	项　　目	允许偏差（mm）	检验方法
1	散热器背面与墙内表面距离	3	尺量
2	与窗中心线或设计定位尺寸	20	
3	散热器垂直度	3	吊线和尺量

第二节　施工质量通病与防治

本节导读：

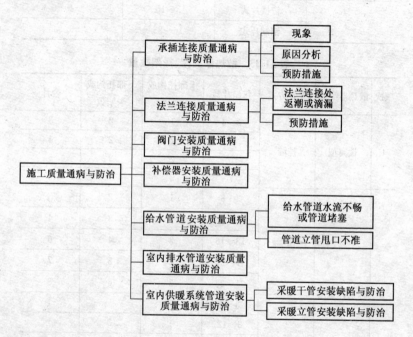

技能要点 1：承插连接质量通病与防治

1. 现象

管道通入介质后，在管道接口处若有返潮、渗漏现象，将严重影响使用效果。

2. 原因分析

（1）承插连接多用于铸铁管安装，用于给水、排水或者煤气管道工程中。它是在承口内表面与插口处表面之间充以填料，填充密实是达到连接的一种方法。出现返潮、渗漏的首要原因是由于管道承插口处有裂纹,造成渗漏。

(2)操作时接口清理不干净,填料与管壁间连接不紧密,造成渗漏。

(3)对口不符合规定,致使连接不牢,造成渗漏。

(4)填料不合格或者配比不准,造成接口渗漏。

(5)接口操作不当,造成接口不密实而渗漏。

(6)接口连接后养护不认真或者冬季施工保温不好,接口受冻,造成渗漏。

(7)地下管支墩位置不合适或回填土夯实方法不当,造成管道受力不均而损伤管道或者零件,造成渗漏。

(8)未认真进行水压(或充水)试验,零件或者管道有砂眼、裂纹等缺陷,接口不严未被发现,从而造成使用时渗漏。

3. 预防措施

(1)承插铸铁管在对口前,每根管子都应用锤子轻轻敲打,听其声音来辨别是否有裂纹,特别是管子的承插接头部分,更要仔细检查。如有裂纹应更换或截去裂纹部分。

(2)对口前应认真清理管口,特别是有的承插铸铁管,出厂时已涂上的沥青,必须用火烧掉,然后用成束的毛刷或破麻袋片勾在钢丝上,穿进管内来回拉动,清除接口处及管内杂物。保证管内清洁及接口处填料的粘附力。

(3)在对口时,应将管子的插口顺着介质的流动方向,承口逆向水流方向。插口插入承口后,四周间隙应一致。

(4)接口材料应按照设计要求配制,常用的接口材料及配比如下所述。

1)油麻填料是用丝麻经5%的3号或者4号石油沥青和95%的2号汽油的混合液浸泡晾干而成。

2)纯水泥接口填料应采用42.5级以上通用硅酸盐水泥加水制成。水泥与水的质量比为9∶1。

3)石棉水泥接口填料,常用四级石棉绒和42.5级以上通用硅酸盐水泥调匀后加水制成。石棉、水泥和水的质量比为 27.3∶63.6∶9.1。

4)膨胀水泥接口填料常用膨胀水泥和干砂调匀后加水制成。膨胀水泥、干砂与水的质量比为 1∶4∶1。

5)青铅接口填料为青铅。

(5)用纯水泥或石棉水泥接口的操作方法基本相同。首先在承口内打油麻,将油麻拧成麻股均匀打入,打实的油麻深度以不超过承口深度的 1/3 为宜。随后,将制备好的水泥或石棉水泥填料分层填打结实。平口后表面要平整,而且能发出暗色亮光。打完后即可进行养护。

(6)接口养护是一项重要工作,操作得再好,养护不好,也会使接口渗漏。一般养护方法是用湿泥抹在接口外面,在春秋季每天浇水至少两次。夏季要将湿草袋盖在接口上,每天浇水四次。冬季要注意冰冻。

(7)管道支墩要牢靠,位置也要合适。管沟到回填土时,要分层夯实,并防止直接撞压管道。

(8)严格按照施工验收规范要求进行闭水试验,认真检查是否有渗漏现象。发现管子及零件有问题应及时处理。

技能要点 2:法兰连接质量通病与防治

1. 法兰连接处返潮或滴漏

在管道通入介质后,法兰连接处若有返潮、滴漏现象,将会严重影响法兰的使用效果,其原因,主要有下列几点:

(1)管子端头和法兰焊接时,法兰端面和管子中心线不垂直,导致两处法兰面不平行,无法拧紧,从而造成接口处渗漏。

(2)垫片质量不符合规定,造成渗漏。

(3)垫片在法兰面间垫放的厚度不均匀,造成渗漏。

(4)法兰螺栓处安装不合理或者紧固不严密,造成渗漏。

(5)法兰与管端焊接质量不好,造成焊口渗漏。

2. 预防措施

(1)在安装法兰时首先要注意平眼(螺栓孔平行),无论是几个眼的法兰,安装在水平管道线上的最上面的两个眼必须呈水平状,安装在垂直管道上靠近墙的两个眼的连线必须与墙平行;其次要注意法兰对平改正,即两片法兰的对接面要互相平行,两片法兰的个个孔眼要对正。若不对平找正,则会出现盘面倾斜状态,会影响外形美观,还会使垫片受力不均匀造成泄漏。找平法兰可用法兰尺进行检查(图11-1)。将法兰尺一端紧靠管皮,另

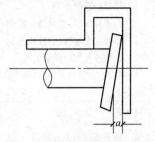

图 11-1　法兰端面和管子中心线不垂直用法兰尺进行检查

一端紧贴法兰面,然后分三点焊住。再用塞尺从两个 90°方向来测量法兰尺和法兰端面之间的间隙,其垂直偏差 a 不得超过±(1～2)mm(由介质与工作压力而定)为合格。

(2)法兰间垫片的材质和厚度应符合设计和验收规范的要求。一般蒸汽管道使用石棉橡胶垫;给水管道使用橡胶垫;热水管道使用耐热橡胶垫。

(3)石棉橡胶垫在使用前应放到机油中浸泡,并涂以铅油或铅粉,以增加其严密性。安装时垫片不准加两层,位置不得倾斜。垫片表面不得有沟纹、断裂等缺陷。法兰密封面要清理干净,不能有任何杂物。如果是旧法兰,要清理出金属本色。

(4)法兰使用的螺栓要符合设计规定,拧紧螺栓时要对称成十字交叉式进行。每个螺母要分 2～3 次拧紧。用于高温管道时,螺栓要涂上铅粉。

(5)属于法兰与管端焊口处渗漏,可查看有关管道焊接方面内容的处理。

若管道连接处不严密时,应及时找出原因并进行处理。常见的法兰连接不严的原因和消除方法见表 11-37。

表 11-37 法兰连接处不严的原因和消除方法

序号	主 要 原 因	消 除 方 法
1	垫片失效 1)材料选择不当 2)垫片过厚,被高压介质刺穿 3)垫片有皱纹、裂纹或断折 4)垫片长期使用后失效 5)法兰张开后未换垫片又重合上	1)更换新垫片,垫片材料应按介质种类和工作参数选用 2)改装厚度符合规定的垫片 3)改装质量合格的垫片 4)定期更换新垫片 5)安装新垫片
2	法兰密封面上有缺陷	1)深度不超过 1mm 的凹坑、径向刮伤等,在车床上旋平 2)深度超过 1mm 的缺陷,在清理缺陷表面后用电焊焊补,经手锉清理再磨平或旋平
3	相连接的两个法兰密封面不平行	热弯法兰一侧的管子在需要进行弯曲的一侧上,用氧乙炔焰管嘴将长度等于3倍直径、宽度不大于半径的带形面加热,然后弯曲管子使两个法兰密封面平行
4	管道投入运行后,未适当再拧紧法兰螺栓	在管道投入运行时,当温度和压力升高到一定值,要适当再拧紧螺栓。在运行的最初几天应进行经常检查并继续拧紧

技能要点 3:阀门安装质量通病与防治

管道工程施工过程中,阀门安装常见质量通病与防治见表 11-38。

表 11-38 阀门安装质量通病与防治

项 目	现 象	原 因 分 析	预 防 措 施
阀门选型不合理	在管路中,由于阀门选型不合理,而影响管道的正常使用	在阀门采购或者安装时,没有严格按照图纸或规范规定的规格、型号来进行选用,从而造成安装的阀门不符合管路使用要求	阀门的种类很多,结构、材质、性能各不相同。首先根据图纸要求或规范规定,按照介质性质、工作参数以及安装和使用条件进行正确选用。另外,采购的阀门在仓库内要分类存放,挂好标牌,用来防止领用安装时出错

续表 11-38

项　目	现　　象	原因分析	预　防　措　施
阀门安装不合理或不符合规定	阀门安装不合理指不便于检修和操作,甚至不起作用	缺乏安装常识或对规范要求掌握不够,有时由于操作不当、用力不均,造成阀门安装后不能使用	1)安装前,应根据要求仔细核对型号、规格,鉴定有无损伤,清除通口封盖和阀内杂物 2)根据施工质量验收规范规定,凡出厂后没有强度和严密性试验单的阀门,在安装前都须补做强度和严密性试验。属于安装在主干道上起切断作用的闭路阀门,应逐个做强度和严密性试验 3)一般阀门的阀体上印有流向箭头,箭头所指即介质流动的方向,不得装反 4)在安装位置上要从使用操作和维修方便着眼,尽可能便于操作维修,同时还要考虑到组装外形的美观。阀门手轮不得朝下,落地阀门手轮朝上,不能倾斜 5)安装法兰阀门时,法兰间的端面要平行,不得使用双垫,紧螺栓时要对称进行,用力要均匀
阀门填料函处泄漏	阀门安装后,阀门填料函处由于密封不好而造成泄漏	1)装填料的方法不对或压盖压得不紧 2)阀杆弯曲变形或腐蚀生锈,造成填料与阀杆接触不良导致泄漏 3)填料老化 4)操作不当,用力过猛	1)阀门填料装入填料函的方法有两种:小型阀门填料只需将绳状填料按顺时针方向绕阀杆填装,然后拧紧压盖螺母即可;大型阀门填料可采用方形或圆形断面 压入前应先切成填料圈,如图 11-2 所示。增加或更换填料时,应将填料圈分层压入。各层填料圈的接合缝要相互错开 180°。在压紧填料时,应同时转动阀杆,以便检查填料紧贴阀杆的程度。填料除要保证密封良好外,还需保证阀杆在转动灵活 2)属于阀杆弯曲变形或生锈而泄漏时,应拆下修理调直阀杆或更换;有腐蚀生锈时,要将锈除净 3)属于填料老化失去弹性而造成泄漏必须更换填料 4)在进行阀门开启或关闭时,须注意操作平稳,缓开缓关

续表 11-38

项　目	现　象	原因分析	预防措施
阀门关闭不严或阀体泄漏	阀门安装后,经试验或投入运行后,阀门关闭不严,有时阀体有泄漏,影响使用操作	1)密封面损伤或轻度腐蚀 2)操作时关闭不当,致使密封面接触不好 3)阀杆弯曲,上下密封面不对中心线 4)杂质堵住阀芯 5)阀体或压盖有裂纹	1)密封面磨损造成关闭不严时,应进行修理,一般需拆下进行研磨。密封面的缺陷(撞痕、刀痕、压伤、不平、凹痕等)深度低于0.05mm时,可用研磨消除;深度超过0.05mm时,应先在车床上加工,然后再研磨,不允许用锉刀或砂纸打磨等方法修理 2)属于操作关闭不当原因泄漏时,可以缓缓反复启闭几次,直至关严为止 3)属于阀杆原因而造成泄漏时,应拆下进行调直修整或更换 4)杂质堵住阀芯时,首先应将阀门开启,排出杂物,再缓缓关闭。有时可以轻轻敲打直至排出杂质 5)属于阀体有裂纹或压盖开裂而造成泄漏时,首先在安装前,应仔细检查阀体或压盖是否有裂纹,其次安装时应用力均匀,正确操作
安全阀不起作用	安全阀安装后由于接管或部件本身有缺陷,因而不能保证安全阀正常的使用	1)接管不符合规定 2)安装后法兰密封面泄漏 3)超过工作压力仍不开启 4)开启后不能自动关闭	1)排入大气的气体安全阀放空管,出口应高出操作面2.5m以上,并引出室外。排入大气的可燃气体或有毒气体,安全阀在放出管出口时应高出周围最高建筑物或设备2m 2)如果发现密封面泄漏,可能是阀芯与阀座密封面间存在污物或磨损,再者就是阀杆中心线不正 3)安全阀超过工作压力而不开启的原因是:杠杆被卡住或销子生锈;杠杆式安全阀的重锤被移动;弹簧式安全阀的弹簧受热变形或失效;阀芯和阀座被粘住 4)安全阀不到工作压力就开启的原因是:杠杆式安全阀的重锤被向杆内移动;弹簧式安全阀的弹簧弹力不够 5)开启后阀芯不能自动关闭的原因是:杠杆式安全阀的杠杆偏斜或卡住;弹簧式安全阀的弹簧弯曲;阀芯或阀杆不正

续表 11-38

项　目	现　　象	原 因 分 析	预 防 措 施
疏水阀排水不畅	在疏水阀安装投入使用后,工作不正常,影响使用。有时排水不畅反而漏气过多	1)安装方法不当或管路杂质过多,从而使疏水器堵塞,致使疏水器不起作用 2)不排水的原因很多,主要表现在系统蒸汽压力太低,蒸汽和冷凝水未进入疏水器;浮桶式疏水器浮桶太轻或阀杆与套管卡住;阀孔或通道堵塞;恒温式的阀芯断裂堵住阀孔 3)漏气过多的原因主要是:阀芯和阀座磨损而造成漏气;排水孔不能自行关闭;浮桶式浮桶体积小不能浮起等	1)疏水器安装前须仔细检查,然后进行组装。疏水器应直立安装在低于管线的部位,阀盖处于垂直位置,进出口要处于同一水平。而不可倾料,以便于阻气排水动作。安装时应注意介质的流动方向与阀体的一致。常用的疏水器安装形式如图11-3所示 2)疏水器不排水时可从下述几处检查处理:调整系统蒸汽压力;检调蒸汽管道阀门是否关闭或堵塞;适当加重或更换浮桶式疏水器浮桶;阀杆与套管卡住则要进行检修或更换;清除堵塞杂物并在阀前装置过滤器;更换阀芯 3)疏水器漏气太多时,要处理以下几处:如果是阀芯和阀座磨损而漏气,则要重钢砂使阀芯与阀座互相研磨,使密封面达到密封;如果排水孔不能自行关闭时,可检查是否有污物堵塞;如果属于浮桶体积过小而不能浮起时,可适当加大浮桶体积
减压阀作用不正常	减压阀由于安装不合理或阀体缺陷,投入使用后不能正常工作	1)安装不合理,接管不当 2)阀门不通畅或不工作 3)阀门不起减压作用或直通	1)在减压阀安装前要仔细检查,特别是存放时间较长的减压阀,安装前应拆卸清洗;安装时要注意箭头所指的方向,该方向是介质的流动方向,切勿装反;减压阀应直立安装在水平管路中,两侧装有控制阀门;减压阀两侧的高低压管道上都应设置压力表,以便于运行中调节和观察阀前和阀后的压力变化;均压管要连接在低压管道端,没有均压管的要设置安全阀,以保证减压阀运行的可靠性 2)投入运行后,如减压阀不通,一种原因是通道被杂物堵塞,二是活塞生锈被卡住,处在最高位置不能下移。此时应清除杂物,拆下阀盖检修活塞,使其能灵活移动。必要时,在阀前可装置过滤器 3)减压阀投入使用后,不起减压作用的主要原因有:活塞卡在某一位置;主阀阀瓣下面弹簧断裂不起作用;脉冲式减压阀阀柄在闭合位置处被卡住;阀座密封面有污物或严重磨损;薄膜式减压阀阀片失效等。这些缺陷在通过检查后,应进行修理或更换部分失效零件

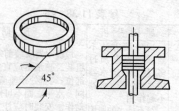

图 11-2 填料圈安装

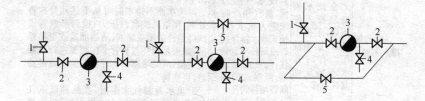

图 11-3 疏水器安装

1. 冲洗阀　2. 截止阀　3. 疏水器　4. 检查阀　5. 旁通器

技能要点 4:补偿器安装质量通病与防治

管道工程施工过程中,补偿器安装常见质量通病与防治见表11-39。

表 11-39　补偿器安装质量通病与防治

项　目	现　象	原因分析	预 防 措 施
∩形补偿器安装缺陷	∩形补偿器投入运行时,出现管道变形、支座偏斜、接口开裂等,严重影响使用	(1)补偿器安装位置不当 (2)未按要求作预拉伸 (3)制作不符合要求	(1)在预制∩形补偿器时,几何尺寸要符合设计要求;由于顶部受力最大,因而要求用一根管子撮成,不准有接口;四角管弯在组对时要在同一个平面上 (2)补偿器安装的位置要符合设计规定,并处在两个固定支架之间 (3)安装时在冷状态下可按规定的补偿量进行预拉伸,拉伸的方法如图 11-4 所示。拉伸前应将两端固定的支架焊好,补偿器两端的直管与连接末端之间应预留一定的间隙,其间隙值应等于设计补偿量的 1/4,然后用拉管器进行拉伸,再进行焊接

续表 11-39

项　目	现　象	原因分析	预 防 措 施
波形补偿器安装缺陷	安装时由于没有严格预拉或预压，不能保证管道在运行中的正常伸缩	(1)未在常温下进行预拉或预压 (2)预拉或预压方法不当，致使各节受力不均匀 (3)波形补偿器安装的方向不对	(1)波形补偿器安装时应根据补偿零点温度定位，补偿零点温度就是管道设计考虑达到最高温度和最低温度的中点。在环境温度等于补偿零点温度时，补偿器可不进行预拉或预压。如果安装时环境温度高于零点温度，应进行预压缩。如果安装时环境温度低于补偿零点温度，则应进行预压缩。拉伸量或压缩量应按设计规定 (2)波形补偿器安装是有方向性的，即波形补偿器内套有焊缝的一端，水平管道应迎介质流动方向，垂直管道应置于上部 (3)波形补偿器进行预拉或预压时，施加作用力应分2～3次进行，作用力应逐渐增加，尽量保证各节的圆周面受力均匀
填料式补偿器安装缺陷	补偿器安装后不能正常工作，有渗漏现象	(1)补偿器外壳与导管卡住，不能伸缩 (2)运行中偏离管线的中心线 (3)填料函内填料时填放不当造成渗漏	(1)安装填料式补偿器时须严格按管道中心线安装，不得偏斜 (2)填料式补偿器运行时若偏离管道中心线，在靠近补偿器两侧的管线上面，并设导向支座 (3)为防止补偿器在运行中渗漏，须在补偿器的滑动摩擦部位涂上机油，填绕的石棉绳填料须涂敷石墨粉，并逐圈压入、压紧，并保持各圈接口互相错开。填绕石棉绳的厚度应不小于补偿器外壳与插管之间的间隙

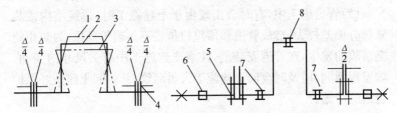

图 11-4　补偿器安装

1. 安装状态　2. 自由状态　3. 工作状态　4. 总补偿量

5. 拉管器　6、7. 活动管托　8. 吊架

技能要点5：给水管道安装质量通病与防治

1. 给水管道水流不畅或管道堵塞

室内给水管道安装通水后，如果出现水流不畅、水质浑浊或者管道堵塞时，应采取以下防治措施：

(1)管子安装前，应认真清理内部，特别是安装旧的管道，必须用钢丝扎布反复拉拽几次，用来清除管内锈蚀或杂物。

(2)使用管子割刀切断管子时，管口容易产生缩口现象，此时应用管铣进行扩口，以保证断面不缩小。

(3)管道在安装过程中，应随时把管口堵封严密，防止交叉施工时异物落入；给水系统中安装的贮水箱，应及时加盖，防止杂物掉入。

(4)水箱的上水溢流管不可通入排水管道，应隔开一定距离。

(5)管道安装完毕，必须按照设计或者施工验收规范规定的要求进行水压试验。在系统投入使用前用水对系统进行反复冲洗。

2. 管道立管甩口不准

室内给水管道安装施工中，常出现因干管甩口不准，致使无法满足安装对坐标和标高的要求，此时可采取以下预防措施：

(1)管道应按设计的坐标或标高进行安装，为防止安装后，由于固定不牢，在其他工种施工(如回填土)时受碰撞或挤压而移位，所以安装时，必须将管道固定牢靠(如支墩或托架)，防止移位。

(2)管道施工中，有时会出现由于土建施工时，建筑结构或装修部分偏差较大，造成管道预留甩口位置不正确等现象，为防止此类事故的发生，在管道安装前，注意土建施工中有关尺寸的变动。如发现问题，应及时会同土建施工人员商议，并协同土建做好保护管道的措施。

(3)在管道设计或施工中，如对管道系统的整体布局考虑不全，将会导致预留甩口位置不当。因此，在管道安装前，应仔细查阅图纸，并会同土建工种，共同编制交叉施工方案；对于管道的安装位置,要周密考虑,详细计算,准确定位。

(4)对于干管上甩口的管件,如果其制作偏差(如零件螺纹偏差)过大,应预先进行选择试装,防止安装后,造成甩口位置不准。

技能要点6:室内排水管道安装质量通病与防治

管道工程施工过程中,室内排水管道安装常见质量通病与防治见表11-40。

表11-40 室内排水管道安装质量通病与防治

项 目	现 象	原因分析	预 防 措 施
管件使用不当,影响污物或臭气的正常排放	(1)干线管道垂直相交连接使用T形三通 (2)立管与排出管连接使用弯曲半径较小的90°弯头 (3)检查口或清扫口数量设置不够,位置不正确,朝向不对	对验收规范的掌握和执行不严;有时因材料供应品种不齐,产生凑合思想	(1)严格按验收规范要求选料施工。即排水管道的横管与横管、横管与立管的连接,应采用45°三通或45°四通及90°斜三通或90°斜四通。立管与排出管端部的连接,宜采用两个45°弯头或弯曲半径不小于4倍管径的90°弯头 (2)应按规范要求在立管上每两个楼层设置一个检查口,并且在最底层和有卫生器具的最高层必须设置检查口。检查口的高度由地面至检查口中心一般为1m,朝向应便于检修 (3)在连接2个及2个以上大便器或3个及3个以上卫生器具的污水横管上应设置清扫口。当污水管在楼板下悬吊敷设,可将清扫口设在上一层地面上。污水管起点的清扫口与管道相垂直的墙面距离,不得小于200mm;若污水管起点设置堵头代替清扫口,与墙面距离不得小于400mm

续表 11-40

项　目	现　象	原 因 分 析	预 防 措 施
排水不畅、堵塞	排水系统投入使用后,排水管道及卫生器具排水不畅,甚至发生堵塞	(1)使用的排水管及零件安装前没有进行清膛,特别是铸铁件没有彻底清除内壁残附的砂子 (2)施工中甩口不及时,封堵或保护不当,土建施工时的杂物,特别是水磨石的泥浆进入管内,沉淀后堵塞管道 (3)管道安装时坡度不均匀,甚至局部倒坡 (4)支架间距偏大,过墙不规矩,管子存在"塌腰"现象 (5)管道接口零件选用不当,造成管道局部阻力偏大 (6)没按规定进行通水试验或试验不符合要求	(1)排水管道使用的管材和管件,在安装前应认真清理内部,尤其是铸铁件,必须清除内部残留的砂子,以免堵塞管道 (2)施工中及时堵死封严管道甩口,防止杂物落入 (3)安装排水管道,一定要掌握好坡度,严防倒坡,这是防堵防漏的关键一环 (4)支、吊架间距要准确,安装要牢固,防止管子发生"塌腰"现象(塌腰处易积存杂物,造成管道堵塞或流水不畅)。排水管道固定件间距,横管不得大于 2m,立管不得大于 3m。层高小于或等于 4m,立管间安装一个固定件 (5)使用的管件应符合规范要求
排水管道甩口不准	由于在施工主管时甩口不准,造成继续接管时,管道坐标或标高产生变化	(1)在管道层或在地下埋设管道时,管道固定不牢 (2)在施工时对整体安装考虑不周,或对卫生器具的尺寸了解不足 (3)土建施工时碰撞,造成位移 (4)墙体与地面施工偏差过大,造成安装时与原甩口尺寸偏差也大	(1)管道安装后,底部要垫实,固定要牢靠 (2)在编制施工方案时,要全面掌握管道的安装位置,及时详细了解卫生器具的尺寸 (3)密切加强与土建施工的联系,共同协商保护措施,以防造成管道位移 (4)对土建施工提出质量要求,并了解土建工程情况,发现问题,共同协商解决

续表 11-40

项 目	现 象	原 因 分 析	预 防 措 施
地漏集水效果不好	由于施工坡度不符合要求,导致地面经常积水	(1)地漏安装高度偏差较大,致使土建抹地面时无法找坡度 (2)土建在抹地面时,对做好地漏四周坡度重视不够,致使地面出现倒坡	(1)要严格掌握地漏安装标高,使之不超过允许偏差 (2)地面要严格按照基准线施工,地漏周围要有适当的坡度,严禁倒坡
蹲式大便器与上、下水管道连接处漏水	大便器使用后,地面积水,墙壁潮湿,甚至在下层顶板和墙壁出现潮湿和滴水现象	(1)大便器上水接口的胶皮碗破裂,安装时没发现;绑扎胶皮碗所用的钢丝,容易锈蚀断裂,从而使胶皮碗松动,绑扎方法不对 (2)施工过程中,大便器上水接口处被砸坏 (3)排水管甩口高度不足,大便器出口插入排水管的深度不够 (4)大便器出口与排水管连接处没有认真填抹严实 (5)土建施工时厕所地面防水处理不好或遭到破坏,使上层渗水顺管道四周和砖墙缝流到下层房间	(1)大便器接上水管时要仔细检查接口的胶皮碗是否破裂,如有破裂就不得使用;在绑扎胶皮碗与大便器和上水管连接处,必须使用14号铜丝,两道要错开,并拧紧;冲洗管插入胶皮碗的角度应合适,严禁使用钢丝 (2)在施工过程中,特别是土建最后砌抹蹲台时要注意保护大便器和接口处,防止砸坏漏水 (3)安装大便器排水管时,甩口高度必须合适,且高出地面10mm;同时排水管甩口要选择内径较大、内口平整的承口或套袖,以保证大便器出口有足够的插入深度 (4)大便器出口与排水管连接处的缝隙,须用油灰或1:5白灰水泥混合膏填实抹平,以防止污水外漏 (5)做好厕所地面防水,保证油毡完好无损。油毡搭接处与管道相交处均需用热沥青浇灌;在楼板预留管口处必须用豆石混凝土浇灌密实,防止漏水

技能要点7：室内供暖系统管道安装质量通病与防治

1. 采暖干管安装缺陷与防治

室内采暖供热管道安装施工中，采暖干管常见的质量缺陷及其防治措施见表11-41。

表 11-41　采暖干管常见的质量缺陷及其防治措施

项　目	现　象	原因分析	预防措施
坡度不合适	采暖干管安装过程中，如果干管的坡度不合适，将会导致管道窝气、存水等现象，从而影响水、汽的正常运行，甚至会发出水击声	管子安装前没调直存在弯曲；干管安装穿墙堵洞时，标高发生变动；所用支架距离不合理或安装松动，造成管子局部存在塌腰现象	(1)安装时应按照如图11-5所示制作干管变径部位，并且在安装前应进行调直 (2)焊接时要用卡口装置定位，保证接口平直 (3)干管穿墙后，在堵洞时要保持好管子坡度 (4)支架距离要合理且安装牢固
支架固定位置不当	供热管道上出现渗漏或引起管段纵、横向变形和弯曲(管子本身质量或接口渗漏除外)	固定支架安装不牢或间距不合理，伸缩节不起作用	在进行干管安装时，管道固定支架的位置和构造必须符合设计要求，安装要牢固可靠，以保证伸缩节能正常作用
甩口位置不合理	如果干管甩口位置不合理，易造成干管与立管的连接不直，立管距墙尺寸不一致	计算或放线不准，或土建墙体轴线偏差过大	为了保证干管甩口位置正确，必须在现场实测实量，并预先弹出粉线，按线施工

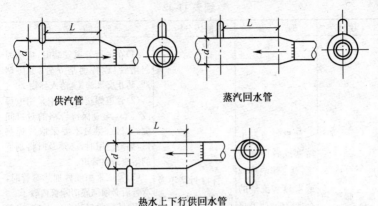

供汽管　　　　　　　　　　蒸汽回水管

热水上下行供回水管

图 11-5　管道变径接管作法

$d \geqslant 70\text{mm}$ 时 $L=300\text{mm}$；$d<50\text{mm}$ 时 $L=200\text{mm}$

2. 采暖立管安装缺陷与防治

室内采暖立管在安装过程中,采暖立管安装常见的缺陷和防治措施见表 11-42。

表 11-42　采暖立管安装常见的缺陷和防治措施

项目	现　象	原因分析	预 防 措 施
支管坡度不一致	连接暖气片的支管坡度不一致,甚至会出现倒坡等现象	支架与暖气片以及立管的连接接口位置不当	在测量立管尺寸时,最好使用木尺杆,并做好详细记录。立管的中间尺寸要适合支管的坡度要求,如图 11-6 所示,一般支管坡度以 1‰为宜。为了减少地面施工标高偏差的影响,暖气片应尽量采取挂装;土建在施工地面时要严格遵守基准线,保证其偏差不超出暖气片安装要求规定
立管变形	立管与干管连接不当,影响了立管的自由伸缩	安装时没有考虑到管道的伸缩	在从干管往下连接立管时,在顶棚内应采取如图 11-7 所示的形式;在地沟内应采取如图 11-8 所示的形式;室内干管与立管连接如图 11-9 所示

续表 11-42

项目	现象	原因分析	预防措施
采暖管道堵塞	如果管道发生堵塞或者局部堵塞,就会影响蒸汽或者热水流量的合理分配,使采暖系统不能正常工作,甚至使管道或者暖气片冻裂,严重影响使用	管口封堵不及时或封堵不严,将会使杂物堵塞管道	(1)在进行管道安装时,应随时封堵管口,特别是立管,更应堵严,防止交叉施工,落入异物 (2)管道焊接时,无论采用电焊或气焊,均应保持合格的对口间隙。但是,尽量不要采取气焊割口,如需使用时,必须及时将割下的熔渣清出管道 (3)管道采用灌砂加热弯管时,弯管后必须彻底清除管内砂子 (4)铸铁暖气片在组对前,应敲打以清除暖气片内在翻砂时残留的砂子 (5)采暖系统安装完毕,应对系统吹污(用压缩空气)或打开泄水阀用水冲洗,用来清除系统内杂物 (6)在开启管道系统内的阀门时,应通过操作,以手感来确定阀芯是否旋启;如果发现阀芯脱落,应拆下修理或更换

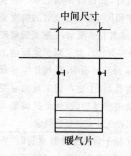

图 11-6　立管的中间尺寸

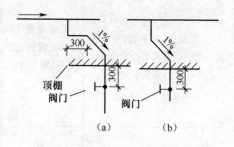

图 11-7　立管与顶棚内干管连接

(a)蒸汽四层以上,热水五层以上

(b)蒸汽三层以下,热水四层以下

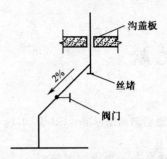
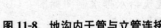

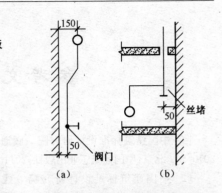

图 11-8　地沟内干管与立管连接　　　**图 11-9　室内干管与立管连接**

(a)与供热干管连接　(b)与回水干管连接

参 考 文 献

[1] 中国建筑标准设计研究院．暖通空调制图标准　GB/T 50114—2010[S]．北京：中国建筑工业出版社，2011.

[2] 中国建筑标准设计研究院．建筑给水排水制图标准　GB/T 50106—2010[S]．北京：中国建筑工业出版社，2011.

[3] 北京市政建设集团有限责任公司．给水排水管道工程施工及验收规范　GB 50268—2008[S]．北京：中国建筑工业出版社，2009.

[4] 李春桥．管道安装与维修手册[M]．北京：化学工业出版社，2009.

[5] 蓝天．管道设备施工技术手册[M]．北京：中国建筑工业出版社，2010.

[6] 张金和，王鹏，黄文刚．塑料管道施工技术[M]．北京：化学工业出版社，2010.

[7] 李士琦．管道工程施工技术与质量控制[M]．北京：机械工业出版社，2009.

[8] 张忠孝．管道工长手册（第二版）[M]．北京：中国建筑工业出版社，2009.

[9] 陈文兵．给水排水管道工程精讲精练[M]．北京：化学工业出版社，2010.

[10] 李杨．给排水管道工程技术[M]．北京：水利水电出版社，2010.

[11] 曲云霞．暖通空调施工图解读[M]．北京：中国建筑工业出版社，2009.

[12] 张思梅．室外排水管道施工[M]．合肥：合肥工业大学出版社，2010.

[13] 蒋柱武，黄天寅．给排水管道工程[M]．上海：同济大学出版社，2011.